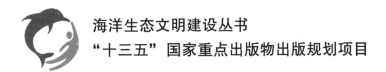

海洋生态文明建设丛书

"十三五"国家重点出版物出版规划项目

广西海岸带海洋环境污染变化与控制研究

陈波　董德信　李谊纯　编著

海洋出版社

2017年·北京

图书在版编目（CIP）数据

广西海岸带海洋环境污染变化与控制研究/陈波，董德信，李谊纯编著.
—北京：海洋出版社，2017.8
ISBN 978-7-5027-9887-1

Ⅰ.①广…　Ⅱ.①陈…②董…③李…　Ⅲ.①海岸带-海洋环境-污染控制-研究-广西　Ⅳ.①X55

中国版本图书馆 CIP 数据核字（2017）第 196666 号

责任编辑：朱　林　张　波
责任印制：赵麟苏

海洋出版社　出版发行

http://www.oceanpress.com.cn

北京市海淀区大慧寺路 8 号　邮编：100081
北京朝阳印刷厂有限责任公司印刷　新华书店北京发行所经销
2017 年 8 月第 1 版　2017 年 8 月第 1 次印刷
开本：889mm×1194mm　1/16　印张：21
字数：423 千字　定价：88.00 元
发行部：010-62132549　邮购部：010-68038093　总编室：010-62114335
海洋版图书印、装错误可随时退换

前　言

近年来，随着广西北部湾经济区建设步伐的加快，沿海区域经济发展呈现出加速化、临海化、重工业化的总体趋势。频繁的开发利用活动带来经济效益的同时，也对海洋自然环境、生态环境及渔业资源等产生了较大的影响，近岸海域环境受到污染，赤潮灾害现象频发、生态系统退化、海水质量下降、海湾水交换能力减弱以及近岸渔业资源衰减等问题日渐突出。广西海岸带地区将面临前所未有的经济发展与海洋资源生态环境之间的矛盾，并将成为海洋经济可持续发展的重要制约因素。

基于上述考虑，广西科学院、广西师范大学、广西师范学院、广西红树林研究中心于 2011 年 8 月联合提出"广西北部湾经济区海陆交错带环境与生态演变过程及适应性调控"项目，2012 年 4 月，广西科技厅以合同形式下达该项研究任务（广西自然科学基金重大项目：2012GXNSFEA0533001）。该项目的研究内容分为 3 个专题：广西海陆交错带现代海岸环境演化机制及稳定性维持、污染时空变化动力过程及控制预测、典型生态系统退化机制及适应性调控。广西科学院负责第二专题的研究内容，该课题主要包括 3 个方面：(1) 交错带海洋环境污染现状和发展趋势；(2) 污染物迁移转化及动力响应机制；(3) 污染控制预测模型建立与应用及控制。广西科学院根据上述内容组织制订实施方案，组织开展外业调查、资料收集整理、数值模型建立、调试与计算及数据库构建等工作，在此基础上，经综合分析、汇总各部分的研究成果，最后编著成本书。

本书采用各章节独立又相互兼容的形式，力求反映广西海岸带最新科研成果，尽可能采用或引用权威数据与结论，并结合现场大量的科学调查与计算结果，分析广西海岸带地区环境与生态演变的原因，提出环境污染及生态退化等防控措施，为北部湾经济区环境与资源可持续利用和社会经济的协调发展提供依据。

本书共 12 章，其中第 1 章由赖俊翔执笔；第 2 章由庄军莲、陈波执笔；第 3 章由庄军莲、张荣灿、牙韩争执笔；第 4 章由姜发军、许铭本执笔；第 5 章由陈波、牙韩争、陈宪云执笔；第 6、8 章由董德信执笔；第 7 章由高劲松执笔；第9、10章由李谊纯执笔；第11、12章由陈波执笔。各章节经汇总编纂，最后由陈波、董德信、李谊纯对全书文字及图表作了修改和审定。

　　本研究的完成，是我院广西北部湾海洋研究中心全体同仁集体劳动的科研成果。高程海、邱绍芳、柯珂、王一兵等参加了海上调查、室内样品分析、资料收集整理、图表制作及有关章节的编写等工作。此外，在项目实施过程中，得到了广西师范大学、广西师范学院、广西红树林研究中心、防城港市海洋局等单位的大力支持和帮助，使项目得以顺利进行。本书的完成还得到"防城港市入海污染物排放总量控制研究与规划"、"广西北部湾海洋环境与生态背景调查及数据库构建"项目的资助，在此我们表示衷心感谢！

　　由于水平有限，难免存在错误和不足之处，恳请批评指正。

陈波

2015年6月于南宁

目　次

第1章 绪 论

1.1 海岸带的定义及相关概念

1.1.1 海岸带的定义及范围

海岸带是指海洋和陆地相互交接、相互作用的地带，是海陆之间的过渡地带，它以海岸线为基线，向海陆两侧扩展，包括一定宽度的浅海区和陆地区，其地理位置优越、资源丰富、环境特殊，在此区域物理、化学、生物及地质过程交织耦合，陆海相互作用强烈。海岸带接受陆地输入的大量营养物质，养分丰富，生产力高，但最易受到陆地污染物的污染。海岸带是目前人类活动最密集的地带，是典型的脆弱生态区，生态系统易被破坏且难以修复。对于我国而言，海岸带是我国最发达的区域，由于社会经济开发的需求不断扩大，生态环境日益恶化，有些区域已经面临生态崩溃的边缘，因此迫切需要深入开展海岸带相关研究。

目前，学术界对海岸带的定义和界定尚无统一的标准，不同的研究者对海岸带的内涵也有不同的认识和理解。狭义的海岸带，是指海岸线向陆海两侧各扩展一定宽度的地带，即从波浪所能作用到的深度（波浪基面）向陆延至暴风浪所能达到的地带。一般认为向海延伸至 20 m 等深线（大致相当于中等海浪的 1/2 波长），向陆延伸至10 km左右。海岸带的上界是指波浪的作用上限，在陡峻的基岩海岸是指海蚀崖的顶部，而在平缓的沙质海岸则指海滩的顶部，以及风浪、风暴潮的越流能够作用到的海岸沙丘后侧的潟湖洼地。海岸带的下界是指波浪开始扰动海底泥沙之处，这个界限随波浪的强度而变动，一般而言，在水深相当于波浪平均波长的1/2~1/3 处。

从地理学角度描述的海岸带范围，包括沿岸陆地、潮间带和水下岸坡，这种划分主要依据的是海陆相互作用关系，不便于管理和利用海岸带的具体运作。因此各沿海国家往往在地理学概念的基础上，对海岸带的范围进一步作了规定。中国在 20 世纪 80年代初的《全国海岸带和海涂资源综合调查简明规程》中规定：海岸带内界一般在海岸线的陆侧 10 km 左右，外界在向海延伸至水深 10~15 m 处。美国 1972 年的《联邦海岸带管理条例》中规定：海岸带的外界为美国领海的外界，内界则由沿岸各州自行划定。

1995 年国际地圈-生物圈（International Global-Biosphere Programme，IGBP）核心计划之一的海岸带陆海相互作用（Land-Ocean Interactions in the Coastal Zone，LOICZ）

中认为，海岸带大陆侧的上限是 200 m 等高线，海洋侧的下限是大陆架的边缘，大致与-20 m 等深线相当（图 1-1）。

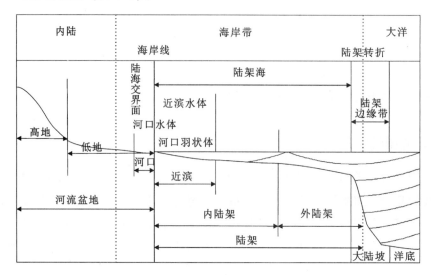

图 1-1　海岸带概念示意图（IGBP，1995）

1.1.2　海岸带的地位

受陆地与海洋两大生态系统物质、能量、结构、功能体系的影响，海岸带表现出复合性、边缘性和活跃性的特征。海岸带滨海相地层（水深 0~20 m）经历了亿万年的生物沉积作用，往往蕴藏着丰富的石油和天然气资源，是海洋油气开采的主战场。近岸浅海水域生产力高、生物多样性丰富，又成为发展水产养殖和渔业捕捞的主要场所。而曲曲折折的海岸线以及大大小小的港湾，又为建设港口、发展航运提供了有利条件。得天独厚的环境与区位优势使得海岸带成为第一海洋经济区，区域内人力资源和生产要素高度集中，生产力向陆海双向辐射，因此成为人口稠密分布和社会经济高度繁荣的区域。据不完全统计，全球沿海地区目前已集中世界约 60% 的人口和 2/3 的大中城市，并且全球人口不断向海岸带集聚的趋势有增无减。

海洋经济已成为带动中国经济快速增长的重要引擎。在"十一五"期间，我国海洋经济的年均增长速度为 130.5%，远高于同期国民经济的增长速度。在 2012 年，我国海洋生产总值已经突破 5 万亿元人民币。

海岸带不仅承载着高强度的社会生产活动，还提供了丰富的生态服务功能（表 1-1）。Costanza 等（1997）估计，全世界海岸带的平均单位生态服务价值为 4 052 美元/（hm² · a），全球海岸带总服务价值为 12 568×10⁹ 美元/a，占全球生态系统总服务价值的 37.8%，是服务价值最高的生态系统类型之一。

表 1-1　海岸带生态系统提供的生态服务

海洋生态系统服务类型	亚类
供给服务	食品供给、原材料供给、基因资源供给
调节服务	气候调节、气体调节、生物控制、污染物处理、干扰调节
文化服务	旅游娱乐、科研文化
支持服务	初级生产、营养物质循环、物种多样性维持

1.1.3　海岸带的特征

海岸带是海陆交互作用强烈、自然环境很不稳定的特殊的国土区域，它是地球上水圈、岩石圈、大气圈和生物圈相互作用最频繁、最活跃的地带，兼有独特的陆、海两种不同属性的环境特征，在自然和人文等方面具有以下特征：

（1）地貌类型复杂多样，在海岸带内有海蚀洞、海蚀崖、海蚀平台、海蚀柱、砂砾质海岸、淤泥质海岸、三角洲海岸、生物海岸等。

（2）资源种类丰富，包括各种土地资源、矿产资源、油气能源资源、生物资源、潮汐能源、滨海旅游资源以及可供利用的其他海洋资源；海岸带地区水体只占全球8%的海洋表面积，0.5%的海洋水体，却拥有全球1/4的初级生产力，80%的海洋有机物矿藏，90%的沉积矿体以及50%以上的碳酸盐沉积。

（3）生物多样性程度高，与相邻生态系统相比，海-陆生态交错带的群落结构更为复杂，这里不仅栖息着海洋生态系统和陆地生态系统的物种，还为某些边缘物种（即能适应多变生境的物种）或特有物种提供合适的生态位。

（4）人类活动相对频繁，海岸带人口相对集中，经济、文化、科技发达，是人类活动最频繁的地带，也是人类社会经济发展相对集中的区域。

（5）生态脆弱区，陆海污染特别集中，受到陆源和海洋资源开发等造成的污染相互叠加，生态环境最容易遭受破坏，是全球变化影响下的生态环境恶化敏感地带，一旦遭受灾难，其影响的范围和程度都将是十分严重的。

（6）自然-社会-经济的复合生态系统，海岸带的自然、经济和社会3个系统，结构不同，功能和发展规律也不同，这三者相互影响，相互作用，共同构成了海岸带生态系统的有机整体。3个系统强烈地制约彼此的存在和发展，一方面人类的各种经济社会活动改变着海岸带生态系统的存在状态，另一方面海岸带的存在状态又会反作用于人类的社会、经济活动。

1.1.4　海岸带环境相关概念

环境是相对于某一事物来说的，是指围绕着某一事物（通常称其为主体）并对该事物会产生某些影响的所有外界事物（通常称其为客体），即环境是指相对并相关于某项中心事物的周围事物。环境是相对于某个主体而言的，主体不同，环境的大小、内容等也就不同，随中心事物的变化而变化。围绕中心事物的外部空间、条件和状况，构成中心事物的环境。环境既包括以空气、水、土地、植物、动物等为内容的物质因素，也包括以观念、制度、行为准则等为内容的非物质因素；既包括自然因素，也包括社会因素；既包括非生命体形式，也包括生命体形式。环境科学把地球环境按其组成要素分为大气环境、水环境、土壤环境和生态环境，对应于地球科学所称的大气圈、水圈、岩石圈（土圈）和居于上述三圈界面上的生物圈。对于海岸带而言，环境是指海陆交错地带以人类为主体的大气、水、土壤、地质地貌和生态环境以及社会经济环境的总和，按照研究习惯，分为自然意义上的地质环境、地形地貌环境、气候环境、水文动力环境、海水水质环境、地质沉积环境、生态环境以及经济环境、社会环境、文化环境、景观环境等。海岸带处于海洋与陆地交互作用的过渡带，各种环境条件在海陆垂直方向上往往呈梯度分布，如温度、盐度、悬沙、沉积物颗粒、生物群落、景观等都具有梯度变化的特征，包括纬度梯度、海陆梯度和垂向梯度。

1.1.5 海岸带生境系统

海岸带生境，是指海岸带范围内的生境，生物的个体、种群或群落生活的地域。它为众多的海洋生物提供产卵、索饵、孵化和栖息地，一般包括水体、潮间带、水下岸坡和水生植被等。在海岸带地区，存在一些典型的生境系统，是海岸带生命支持系统的关键部分，具有高生物生产力和高生态服务功能，在保护生物多样性、固碳释氧、净化空气、美化环境、维持生态平衡、抵御海洋灾害等方面具有重要作用，在海岸带资源开发利用和保护中，必须予以特别关注。

（1）海岸湿地生境系统

海岸湿地生境系统包括砂质海岸、泥质海岸、基岩海岸生境系统，指水深6 m以浅的浅海和潮间带、潮上带盐渍积水洼地与生活在其中的各种动物共同组成的有机整体。砂、泥质海岸生境系统是许多速生经济鱼类的幼仔滋养地和一些珍稀、濒危或保护物种的生存场所，特别是饵料丰富、天敌较少的浅水区域，显得尤为重要；同时还有减弱潮流、波浪以及风暴潮对陆地侵袭的作用；砂质海滩还是人类休闲旅游的场所。基岩海岸则为固着类海藻和野生动物提供了生长和栖息之地，适合多种经济鱼类和贝类的生产，也是多种珍稀、濒危或保护物种（如海豹、海鸟）的觅食和繁殖的地方，此外还可以保护滨海土地不受波浪、潮汐的侵蚀，同时还具有美学和旅游价值。

（2）河口生境系统

河口生境系统是由内陆河流在入海口形成的一种独特的生态系统。河流带来的大量营养元素使这里的浮游植物繁盛发育；大量淤泥和有机碎屑在河口区沉积，为许多底栖生物提供良好的生息地，鱼虾蟹等浮游动物阶段性地生活在河口区，将河口区作为它们产卵、索饵育肥的重要场所；河口还通过潮汐循环输出营养盐和有机物到外部海域，为洄游性动物提供洄游通道。众多的生物种类构成了复杂的食物网结构，使河口保持了特别高的生物生产力水平并发挥着重要的生态作用。同时河口附近还是人类活动频繁的地方，例如，养殖、捕捞、砂矿开采、港口和工业开发、防洪调水、旅游、休闲娱乐等。

（3）红树林生境系统

红树林生长于高温、低盐的热带和亚热带低能海岸潮间带低潮线以上，主要分布在溺谷湾、三角洲潮滩，为常绿灌木和小乔木，落潮后暴露于淤泥质海滩上，涨潮时又被海水淹没。不同的红树林群落类型在潮间带大致与海岸线平行，呈带状分布，还可沿注入港湾的河道两岸分布，与盐水影响范围相当。茂盛的红树林带构成的森林系统，有海底森林之称。由于红树林植物具有复杂的地面根系和地下根系，能够阻挡潮流，使潮流发生滞后效应，促使悬浮泥沙沉积，并固结和稳定滩面淤泥，起防浪护岸的作用。当红树林带宽度较大时，沿滩坡会发育潮沟系统，加速疏通潮汐水流在林区的满溢和排泄。红树林可吸收入海污水中的氮、磷、重金属等威胁海洋生物及人体健康的物质，如秋茄红树林植物能将吸收的汞储存在不易被动物取食的部位，避免了汞在环境中的再扩散；红树林对油污染也有净化能力，如白骨壤红树叶表吸附大量油污染物时仍能正常生长，其幼苗甚至在含风化油的土壤里会迅速生长。红树林是世界上最多产、生物种类最繁多的生态系统之一，为众多鱼类、甲壳动物和鸟类等物种提供繁殖栖息地和觅食生境。此外，还提供木材、食物、药材和其他化工原料，并被认为是二氧化碳的容器，同时兼具旅游娱乐景观价值。

（4）珊瑚礁生境系统

珊瑚礁生态系统由利用二氧化碳和积聚碳酸钙（钙化）的造礁珊瑚和造礁藻类形成的珊瑚礁以及栖息于礁中的动植物共同组成，在深海和浅海均有珊瑚礁存在，具有坚固的物理特性，坚强地附着在海底；珊瑚礁坪构成护岸屏障，可有效地抵御强风巨浪的冲击，是天然的防波堤。珊瑚礁生境系统在海洋生态系统中，属于高生产力生态系统，是重要的渔业资源地，约1/3的海洋鱼类生活在礁群中，常被称为"海洋中的热带雨林"，对全球生物多样性保护具有特别重要的意义；可提供多种海洋药物和工艺品，是尚未开发的巨大生物宝库；是海洋中的奇异景观，也是珍贵的滨海旅游资源。

（5）海草生境系统

海草是一类适应海洋环境的导管植物，在世界各地滨海地带均有分布。海草在生态上有许多好处；利用光合作用生产大量生物能，成为草食动物的食物；海草草丛本身成为动物的繁殖、栖息之地；能够保护滩地和海岸，并过滤、净化水质。

（6）海岛生境系统

海岛相对孤立地散布于海上，海岛植被资源、淡水资源严重短缺，土地相对贫瘠，生物多样性程度低，自然灾害频繁，生态系统十分脆弱。有些海岛地理位置特殊，对维护国家海洋权益和国土主权完整具有重要的意义。

（7）濒危物种生境系统

濒危动物的生存环境或生息繁衍场所和濒危植物的生长环境，包括该物种所占有的资源（如食物、隐蔽物、水土资源和空间资源等）、物理化学因子（温度、湿度、盐度、雨量等）以及生物之间（濒危物种和其他物种间的捕食和竞争关系）的相互作用环境。

1.1.6 海岸带面临的环境问题

环境问题是指由于人类活动作用于周围环境所引起的环境质量变化，以及这种变化对人类的生产、生活和健康造成的影响。人类在改造自然环境和创建社会环境的过程中，自然环境仍以其固有的自然规律变化着。社会环境一方面受自然环境的制约，另一方面也以其固有的规律运动着。人类与环境不断地相互影响和作用，产生环境问题。海洋环境问题包括两个方面：一是海洋污染，即污染物质进入海洋，超过海洋的自净能力；二是海洋生态破坏，即在各种人为因素和自然因素的影响下，海洋生态环境遭到破坏。

目前，全球每年有大量废水、有毒有机污染物和有毒金属材料倾入海岸带水体中，造成全球近岸海域大面积的低氧区。有资料显示，世界范围内海岸带区域的氮负荷已经增加了约80%，而在人类活动影响下由河流输送到韩国、欧洲北海沿岸生态系统中的氮通量更是较工业革命前分别增长了17倍和15倍，而大量陆源营养盐入海使近岸水域严重富营养化，有害藻华（HABs）频发，给近海捕捞和水产养殖造成了极大损失。海岸带地区人口稠密，人地矛盾突出，因此"向大海要地"的观念驱动了高强度的围填开垦工程。专家预计到2020年地中海沿岸将有超过一半的海岸（约23 000 km）受到开发，而我国自1949年至20世纪末，沿海地区累计填海造陆超过12 000 km²。

目前，全世界有超过一半的海岸带受到人类活动的威胁。20世纪以来，全球范围内的河口与海岸带生态系统中，有50%的盐沼湿地、35%的红树林、30%的珊瑚礁和29%的海草场退化甚至消失，进而削弱了3项关键的生态服务功能。1950年至2005年期间，近海渔获量减少了33%，生境（牡蛎礁、海草床、湿地）供给服务减少了69%，过滤和脱毒服务功能降低了63%（Barbier et al.，2011）。

作为世界第二大经济体的中国，海岸带所面临的环境问题也十分严峻。近岸自然生态系统大量退化、消失，人工岸线长度和比例越来越高，近海污染越来严重。近40年来，因围海造田、造地和发展滩涂养殖业为目标的大规模围垦，使沿海地区累计丧失海滨滩涂湿地约 219 万 hm^2，相当于沿海湿地总面积的 50%，严重破坏了湿地景观，造成了巨大的损失。我国红树林的生态状况令人堪忧。红树林素有"海底森林"之称，是珍贵的生态资源。红树林具有防浪护岸功能，对维护海岸生物多样性和资源生产力至关重要，并能减轻污染、净化环境，是重要的生物资源和旅游资源。近 40 年来，特别是最近十多年来，由于围海造田、围海养殖、砍伐等人为因素，不少地区的红树林面积锐减，甚至已经消失。我国红树林面积已由 40 年前的 $4.2×10^4$ hm^2 减少到 $1.46×$ 10^4 hm^2。《2012 年中国海洋环境状况公报》（国家海洋局，2012）显示，2012 年中国未达到第一类海水水质标准的海域面积达 $17×10^4$ km^2，海水水质为劣四类的近岸海域面积约为 $6.8×10^4$ km^2，较上年增加了 $2.4×10^4$ km^2，近岸约 $1.9×10^4$ km^2 的海域呈重度富营养化状态。同时，在实施监测的近岸典型生态监控区的河口、海湾、滩涂湿地、红树林、珊瑚礁和海草床生态系统中，有 81% 处于亚健康和不健康状态。72 条主要江河携带入海的污染物总量约 $1\ 705×10^4$ t。辽河口、黄河口、长江口和珠江口等主要河口区环境状况受到明显影响。我国近海近年来随着局部海域富营养化加重，赤潮灾害的发生频率、持续时间和危害程度都呈上升趋势。2012 年，我国全海域共发现赤潮 73 次，累计面积 $7\ 971$ km^2（表 1-2，图 1-2），其中 12 次造成灾害，直接经济损失 20.15 亿元（国家海洋局，2012）。

表 1-2　2012 年全国各海区赤潮发生情况

海区	赤潮发现次数	赤潮累计面积/km^2
渤海	8	3 869
黄海	11	1 333
东海	38	2 028
南海	16	741
合计	73	7 971

1.2　海岸带与海洋污染

海洋污染通常是指人类改变了海洋原来的状态，使海洋生态系统遭到破坏。有害物质进入海洋环境而造成的污染，会损害生物资源，危害人类健康，妨碍捕鱼和人类在海上的其他活动，损坏海水质量和环境质量等。

1.2.1　海洋污染的来源

（1）陆源污染

大量未经处理的城市污水和工业废水直接或间接流入海洋，陆源污染物质种类最

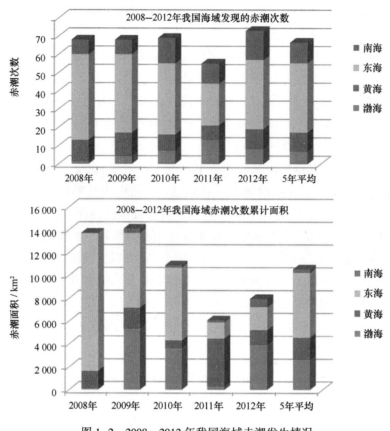

图1-2　2008—2012年我国海域赤潮发生情况

多、数量最大，对海洋环境的影响最大。陆源污染物对封闭和半封闭海区的影响尤为严重。陆源污染物可以通过入海排污管道或沟渠、入海河流等途径进入海洋。沿海农田施用化学农药，在岸滩弃置、堆放垃圾和废弃物，也可以对环境造成污染损害。

（2）船舶污染

船舶污染主要是指船舶在航行、停泊港口、装卸货物的过程中对周围水环境和大气环境产生的污染，主要污染物有含油污水、生活污水、船舶垃圾3类。另外，也将产生粉尘、化学物品、废气等，但总的说来，对环境影响较小。

（3）海上事故

海上事故污染主要是指船舶发生搁浅、触礁、沉没、碰撞、火灾、爆炸等意外事故以及井喷和输运管道破裂造成石油、天然气、化学品等泄漏导致海洋环境受到污染。

（4）海洋倾废

海洋倾废是指向海洋倾泻废物以减轻陆地环境污染的处理方法。包括通过船舶、航空器、平台或其他载运工具向海洋处置废弃物或其他有害物质以及弃置船舶、航空器、平台和其他浮动工具等行为。这是人类利用海洋环境处置废弃物的方法之一。

（5）海岸工程建设

一些海岸工程建设改变了海岸、滩涂和潮下带及其底土的自然性状，破坏了海洋的生态平衡和海岸景观。

1.2.2 海洋污染的特点

海洋污染的特点是污染源多、持续性强、扩散范围广、难以控制。海洋污染造成的海水浑浊严重影响海洋植物（浮游植物和海藻）的光合作用，从而影响海域的生产力，对鱼类也有危害。重金属和有毒有机化合物等有毒物质在海域中累积，并通过海洋生物的富集作用，对海洋动物和以此为食的其他动物造成毒害。石油污染在海洋表面形成面积广大的油膜，阻止空气中的氧气向海水中溶解，同时石油的分解也消耗水中的溶解氧，造成海水缺氧，对海洋生物产生危害，并祸及海鸟和人类。由于好氧有机物污染引起的赤潮（海水富营养化的结果），造成海水缺氧，导致海洋生物死亡。海洋污染还会破坏海滨旅游资源。因此，海洋污染已经引起国际社会越来越多的重视。

由于海洋的特殊性，海洋污染与大气、陆地污染有很多不同，其突出的特点如下：

（1）污染源广。不仅人类在海洋的活动可以污染海洋，人类在陆地和其他活动方面所产生的污染物，也将通过江河径流、大气扩散和雨雪等降水形式，最终都汇入海洋。

（2）持续性强。海洋是地球上地势最低的区域，不可能像大气和江河那样，通过一次暴雨或一个汛期，使污染物转移或消除；一旦污染物进入海洋后，很难再转移出去，不能溶解和不易分解的物质在海洋中越积越多，往往通过生物的浓缩作用和食物链传递，对人类造成潜在威胁。

（3）扩散范围广。全球海洋是相互连通的一个整体，一个海域污染了，往往会扩散到周边，甚至有的后期效应还会波及全球。

（4）防治难、危害大。海洋污染有很长的积累过程，不易及时发现，一旦形成污染，需要长期治理才能消除影响，且治理费用大，造成的危害会影响到各方面，特别是对人体产生的毒害，更是难以彻底清除干净。

1.2.3 海岸带入海污染物种类及其迁移转化对生态环境的影响

海洋污染物是指主要经由人类活动而直接或间接进入海洋环境，并能产生有害影响的物质或能量。人们在海上和沿海地区排污可以污染海洋，投弃在内陆地区的污染物亦能通过大气的搬运、河流的携带而进入海洋。海洋中累积着的人为污染物不仅种类多、数量大，而且危害深远。

入海污染物按照污染物的来源、性质和毒性，可有多种分类法。目前，入海污染物主要分为石油类污染物、金属和酸、碱类污染物、农药类污染物、放射性污染物、生活污水、固体废物和热污染等。

一种物质入海后，是否成为污染物，与物质的性质、数量（或浓度）、时间和海洋环境特征有关。有些物质若入海量少，对海洋生物的生长有利；如果入海量大，则成为对海域生态环境有害的物质，如城市生活污水中所含的氮、磷，工业污水中所含的铜、锌等元素。污染物入海后，经过一系列物理、化学、生物和地质过程，其存在形态、浓度、时空分布，以及对生物的毒性亦会发生较大的变化。在多数情况下受污染的水域往往有多种污染物，因此，污染物的交互作用也会影响各自对海洋的污染程度。如无机汞进入海洋中，若被转化为有机汞，毒性将显著增强；但若有较高浓度的硒元素或含硫氨基酸存在时，其毒性则会降低。有些化学性质稳定的污染物，当排入海中的数量少时，其影响不易被察觉，但由于这些污染物不易分解，能较长时间地滞留和积累，一旦造成不良的影响则不易消除。海洋污染物对人体健康的危害，主要是通过食用受污染海产品和直接污染的途径。随着人们对污染物的认识，科学和技术的发展，以及不同海域环境条件的差异，主要的海洋污染物将随着时间和海域而发生变化。

海洋污染物进入海洋环境中会对海洋生态环境产生影响，导致海洋污染物（生态）效应。海洋污染生物效应是指海洋环境污染对生物个体、种群、群落乃至生态系统造成的有害影响，也称海洋污染生态效应。海洋生物通过新陈代谢同周围环境不断进行物质和能量的交换，使其物质组成与环境保持动态平衡，以维持正常的生命活动。然而，海洋污染会在较短时间内改变环境理化条件，干扰或破坏生物与环境的平衡关系，引起生物发生一系列的变化和负反应，甚至构成对人类安全的严重威胁。

高浓度或剧毒性污染物可以引起海洋生物个体直接中毒致死或机械致死，而低浓度污染物对个体生物的效应主要是通过其内部的生理、生化、形态、行为的变化和遗传的变异而实现的。污染物对生物生理、生化的影响，主要是改变细胞的化学组成，抑制酶的活性，影响渗透压的调节和正常代谢机制，并进而影响生物的行为、生长和生殖。有些污染物还能使生物发生变异、致癌和致畸。比如，DDT 能抑制 ATP 酶的活性；石油及分散剂能影响双壳软体动物的呼吸速率及龙虾的摄食习性；低浓度的甲基汞能抑制浮游植物的光合作用等。

海洋受污染通常能改变生物群落的组成和结构，导致某些对污染敏感的生物种类个体数量减少甚至消失，造成耐污染生物种类的个体数量增多。如美国加利福尼亚近海，因一艘油轮失事流出的柴油杀死大量植食性动物海胆和鲍鱼，致使海藻得以大量增殖，改变了生物群落原有的结构。通过控制生态系实验，发现许多海洋生物对重金属、有机氯农药和放射性物质具有很强的富集能力，它们可以通过直接吸收和食物链（网）的积累、转移，参与生态系统物质循环，干扰或破坏生态系统的结果和功能，甚至危及人体健康。

1.2.3.1 石油污染的危害

石油及其炼制品（汽油、煤油、柴油等）在开采、炼制、贮存和使用过程中进入海洋环境，是一种世界性的严重的海洋污染。海上石油污染主要发生在河流入海口、港湾及近海水域、海上运油线和海底油田周围。

石油的生态危害主要表现在以下几个方面：

（1）生态危害

① 影响海气交换。溢油在海面迅速散开，形成油膜，油膜会阻断 O_2、CO_2 等气体的交换，破坏海洋中溶解气体的循环平衡。O_2 的交换被阻断导致海洋中的 O_2 被消耗后无法由大气中补充，造成海水缺氧、使浮游动物、鱼类、虾、贝、珊瑚及其卵和幼体等水生生物窒息死亡。同时 CO_2 交换被阻断，妨碍海洋从大气中吸收 CO_2 形成 HCO_3^-、CO_3^{2-} 缓冲盐，从而影响海岸水体的 pH。

② 影响光合作用。大面积的油膜阻碍阳光射入海洋；同时，破坏了海洋中 O_2、CO_2 的平衡，这也破坏了光合作用的客观条件。同时，分散和乳化油侵入海洋植物体内，破坏叶绿素，阻碍细胞正常分裂，堵塞植物呼吸孔道，进而破坏光合作用的主体，海洋食物网的中心环节（浮游植物）不再生长，将破坏食物链，导致水生生物死亡。

③ 消耗海水中溶解氧。石油的降解大量消耗水体中氧，在海洋环境中，1 L 的石油完全氧化达到无害化的程度，大约要消耗 320 m^3 海水中的溶解氧，然而海水复氧的主要途径（大气溶氧）又被阻断，直接导致海水的缺氧，引起海洋中大量藻类和微生物死亡，厌氧生物大量繁衍，海洋生态系统的食物链遭到破坏，从而导致整个海洋生态系统的失衡。

④ 毒化作用。石油中所含的稠环芳香烃（PAHs）对生物体呈剧毒，由于其潜在的毒性、致癌性及致畸变作用，这些污染物质进入海洋环境会对水生生物的生长、繁殖以及整个生态系统发生巨大的影响。石油泄漏到海面，几小时后便会发生光化学反应，生成醌、酮、醇、酚、酸和硫的氧化物等，对海洋生物有很大的危害。污染物中的毒性化合物可以改变细胞的渗透性，影响鱼卵和鱼类的早期发育，使藻类等浮游生物急性中毒死亡。同时沉积物的污染水平增高可导致水生生物丰度的降低和毒性的增加，溢油平台附近生长的生物体受影响的程度比较严重，表现在生理代谢异常、组织生化改变等，从而扰乱物种的生物繁殖，改变生物群落的生态结构和生活特性。此外，海洋石油污染所造成的慢性生态学危害更难以评估。由于向海洋排放的含有油类物质的废水比重大于海水，以及泄漏后的油滴会黏附在海洋悬浮的颗粒物上沉降于海底，这些有毒物质常常沿海底流动，污染了海底的底质和生物等，使底栖生物大量死亡，破坏了海洋的生物多样性。石油开采过程中原油中的重金属可在生物体内富集，从而对整个生物链造成严重危害。

⑤ 影响人类健康。石油的化学组成极其复杂，其中燃料油类致人麻醉和窒息，引发化学性肺炎、皮炎等。此外，石油成分中许多有害物质进入海洋后不易分解，经生物富集使得被污染海域内的鱼、虾等生物体内的致癌物浓度明显增高，最终通过食物

链传递进入人体，危害人的肝、肠、肾、胃等，使人体组织细胞突变致癌，对人体及生态系统产生长期的影响。

⑥ 全球温室效应。海洋是大气中的 CO_2 汇，石油污染阻隔了海洋与大气的 CO_2 交换，必将加剧温室效应，也可能促使厄尔尼诺现象的频繁发生。

⑦ 破坏滨海湿地。溢油因其物理影响和化学毒性，会导致海岸带初级生产力降低，植物枝叶枯萎，湿地生态环境遭到破坏，许多鸟类等珍稀动物的生存受到严重威胁，从而严重危害海岸带生态。

（2）社会危害

油污会改变某些鱼类的洄游路线；沾染油污的鱼、贝等海产食品，难以销售或不能食用。石油污染会破坏海滨风景区和海滨浴场。

① 高昂的治污费用。1989 年，美国阿拉斯加州威廉王子湾"埃克松瓦尔迪兹"号油轮触礁事故，泄漏原油 $3.5×10^4$ t，石油覆盖面积超过 32 600 km^2 的海岸和海域，清油除污费用高达 22 亿美元，海洋生态环境恢复需要 20~70 年。2011 年在我国发生的蓬莱 19-3 油田溢油事故对渤海海洋环境造成严重的污染损害，康菲石油中国有限公司和中国海洋石油总公司总计支付 16.83 亿元人民币，其中，康菲公司出资 10.9 亿元人民币，用于赔偿本次溢油事故对海洋生态造成的损失；中国海油和康菲公司分别出资 4.8 亿元人民币和 1.13 亿元人民币，以承担保护渤海环境的社会责任。

② 危害渔业生产。在被污染的水域，油膜和油块能粘住大量的鱼卵和幼鱼，使鱼类和滩涂贝类大量死亡。存活下来的也因含有石油污染物而有异味，导致无法食用。由于石油污染抑制光合作用，降低海水中的溶解氧含量，破坏生物生理机能，导致海洋渔业资源逐步衰退，部分鱼类濒临灭绝。在捕捞过程中，海洋中的石油易附着在渔船网具上，加上清洗困难，降低了网具使用效率，增加捕捞成本。此外，鱼、虾、蟹、龟等一些海洋生物的行为，例如觅食、归巢、交配、迁徙等，是靠某些烃类来传递信息的。油膜分解所产生的某些烃类可能与海洋动物的化学信息和化学结构相同或类似，从而影响到这些海洋动物的正常行为。

③ 刺激赤潮的发生。石油污染影响多种海洋浮游生物的生长、分布、营养吸收、光合作用及浮游植物参与二甲基硫（DMS）的产生和循环的过程，低浓度石油烃可对海洋浮游生物的生长产生促进作用，而引发赤潮。在受到石油污染的海区，赤潮的发生概率增加。

④ 对工农业生产的影响。对海滩晒盐厂，受污染海水将难以使用，造成巨大经济损失，而对于海水淡化厂和其他需要海水为原料的企业，受污染海水必然大幅增加生产成本。

⑤ 对旅游业的影响。海洋石油受洋流和海浪的影响，极易聚积在岸边，使海滩受到污染，许多海鸟因为翅膀黏附石油而不能飞行或在海中因食用被石油污染的鱼虾生

病死亡而尸浮海面，破坏了风景区及其景观，影响滨海城市形象，给当地旅游业造成沉重打击。

为了控制含油污水对海洋的影响，避免原油泄漏造成的大规模海洋灾难的发生，各国家和世界组织需要制定严格的法规，执行和完善现有的法规和国际公约，制止海洋活动过程中非法排放含油污水，严格控制沿岸炼油厂和其他工厂含油污水的排放。加强监测海区石油污染状况，改进油轮的导航通讯等设备的性能，防止海难事故。发生石油污染后，应及时用围油栏等把浮油阻隔包围起来，防止其扩散和漂流，并用各种低毒性的化学消油剂消除油污。鉴于港湾和近海地形复杂，且回收和消除海上油污的技术和方法尚待改进，因此，目前尚难以全部消除海上油污。

1.2.3.2 重金属污染的危害

目前，污染海洋的重金属元素主要有汞、镉、铅、锌、铬、铜等。海洋中的重金属有 3 个来源：天然来源、大气沉降和陆源输入。天然来源包括地壳岩石风化、海底火山喷发。大气沉降是人类活动和天然产生的各种重金属释放到大气中，经大气运动进入海洋。陆源输入是指人类各种采矿冶炼、燃料燃烧及工农业生活废水中的重金属物质由各种途径间接或直接注入海洋。据估计，全世界每年由于矿物燃烧而进入海洋中的汞多于 3 000 t。此外，含汞的矿渣和矿浆，也将一部分汞释入海洋。全世界每年因人类活动而进入海洋中的汞达 1×10^4 t 左右，与目前世界汞的年产量相当。自 1924 年开始使用四乙基铅作为汽油抗爆剂以来，大气中铅的浓度急速地增高。通过大气输送的铅是污染海洋的重要途径，经气溶胶带入开阔大洋中的铅、锌、镉、汞和硒较陆地输入总量多 50%。

汞、镉、铅、锌、铬、铜等金属对人和其他生物都会产生危害。重金属污染物在海洋中的生物过程主要是指海洋生物通过吸附、吸收或摄食而将重金属富集在体内，并随生物的运动而产生水平和垂直方向的迁移，或经由浮游植物、浮游动物、鱼类等食物链（网）而逐级放大，致使鱼类等高营养阶的生物体内富集着较高浓度的重金属，或危害生物本身，或由于人类取食而损害人体健康。此外，海洋中的微生物能将某些重金属转化为毒性更强的化合物，如无机汞在微生物作用下能转化为毒性更强的甲基汞。某些微量金属元素是生物体必需元素，但是，超过一定含量就会产生危害作用。海洋中的重金属一般是通过食用海产品的途径进入人体。汞（甲基汞）引起水俣病；镉、铅、铬等亦能引起机体中毒，或有致癌、致畸等作用；其他的重金属剂量超过一定限度时，对人和其他生物都会产生危害。

重金属对生物体的危害程度，不仅与金属的性质、浓度和存在形式有关，而且也取决于生物的种类和发育阶段。对生物体的危害从大到小一般是汞、铅、镉、锌、铜，有机汞、无机汞、六价铬、三价铬。一般海洋生物的种苗和幼体对重金属污染较之成体更为敏感；此外，两种以上的重金属共同作用于生物体时比单一重金属的作用要复杂得多，归纳起来有 3 种形式，即两种以上重金属的混合毒性等于各重金属单独毒性之和时称为相加作用，若大于各单独毒性之和则为相乘作用或协同作用，若低于各单独毒性之和则为拮抗作用。两种以上重金属的混合毒性不仅取决于重金属的种类组成，且亦与其浓度组合及温度、pH 等条件有关。一般来说，镉和铜有相加或相乘作用，硒对汞有拮抗作用。生物体对摄入体内的重金属有一定的解毒功能，如体内的巯基蛋白与荃重金属结合成金属巯基排出体外。当摄入的重金属剂量超出巯基蛋白的结合能力时，会出现中毒症状。

随着我国沿海地区经济的快速发展，人口和产业的高度聚集，人类活动对海洋生态环境的影响越来越大，海洋重金属污染问题变得越来越敏感。环境保护部的一项调查显示，我国近岸海域海水采样品中铅的超标率达 62.9%，最大值超第一类海水标准 49 倍，铜的超标率为 25.9%，汞和镉的含量也有超标现象。近年来，我国重金属排海量较大且呈增加趋势。2009 年，我国局部海域沉积物受到重金属污染，江河污染物入海量为 $1\,367\times10^4$ t，其中重金属为 3.8×10^4 t。2010 年，我国江河污染物入海量超过 $1\,760\times10^4$ t，较 2009 年增加 28.7%，其中重金属为 4.6×10^4 t，较 2009 年增加 21.1%。

重金属污染具有蓄积性、难降解、不易修复、易生物富集、污染来源广、潜在毒性时间长等特征，对海洋生物物种及其多样性具有直接和间接的威胁。海洋一旦受重金属污染，治理十分困难。防止海洋重金属污染的最有效方法，是在废水等废弃物排放入海前处理，以预防为主，控制污染的源头；改进落后的生产工艺，回收废弃物中的重金属，防止重金属流失；切实执行有关环境保护法规，经常对海域进行监测和监视，是防止海域受重金属污染的重要措施。

1.2.3.3 有机物污染的危害

海洋化学所研究的有机物，主要为海水中海洋生物的代谢物、分解物、残骸和碎屑等，它们是海洋中固有的；还有一部分是陆地上的生物和人类在活动中生成的有机物，通过大气或河流带入海洋中的。以有机物在海水中的存在状态而言，可分为 3 类：溶解有机物（DOM）、颗粒有机物（POM）和挥发性有机物（VOM）。

海洋有机物污染是指进入河口近海的生活污水、工业废水、农牧业排水和地面径流污水中过量有机物质（碳水化合物、蛋白质、油脂、氨基酸、脂肪酸酯类等）和营养盐（氮、磷等）造成的污染（不包括石油和有机农药），是世界海洋近岸河口普遍存在并最早引人注意的一种污染。与石油、重金属、农药等污染物不同，有机污染物不会在生物体内积累。通常在海水中排入适量的有机物和营养盐，有利于生物的生长，但过量排入辅以合适的环境条件则造成水体溶解氧的锐减或浮游植物的急剧繁殖。进入河口沿岸的有机污染物在潮流的作用下，不断稀释扩散，其中大多数都可以为细菌所利用并分解为二氧化碳和水等。细菌在有机物的代谢过程中，要消耗大量溶解氧。因而可被生物降解的有机物在海水中的浓度，常用在 20℃时五日生化需氧量（BOD_5）

来表示，有机物在水体中的浓度也可用化学需氧量（COD）或总有机碳（TOC）表示。

有机物污染的危害作用，主要取决于入海污水的类型和数量，以及接纳水体的净化能力。其直接或间接的危害作用主要有：①覆盖，遮光。进入海洋的有机物部分漂浮或悬浮于海面，增加了海水的混浊度，影响海洋植物的光合作用和鱼类的洄游，破坏产卵场。覆盖力很强的纤维素等黏稠物，能使海洋动物窒息而死；②耗氧。过量有机物在微生物降解过程中会消耗大量溶解氧。据测定每生产 1 t 纸浆所排出的木质素要消耗 200~500 kg 氧气，即可以耗尽 $2 \times 10^4 \sim 7 \times 10^4$ t 普通海水中的氧，而入海的木质素多数沉于海底，造成近底层海水缺氧，引起硫化物的形成，直接危害生物。大量有机物排放入海，促使水体富营养化，导致生物区系组成简单化，污水生物大量生长，干扰或破坏海洋生态平衡；③致病，致毒。过量营养盐排入海洋，成为各种细菌和病毒的养料而使之大量繁殖，进而影响人类活动；海水中的病毒还可以进入鱼贝类体内，直接危害鱼贝类的生长发育，或通过食物进入人体内，引起各种疾病（见 1.2.3.6 节）。如土耳其的伊斯坦布尔，由于污水中病菌大量繁殖，曾使该市居民面临伤寒、肝炎、大肠杆菌、痢疾和肠胃炎的威胁，据 20 世纪 70 年代初该市公共卫生组织调查，在 22 个海水浴场中有 7 个被污水严重污染，曾被迫关闭；过量的营养盐能使紫菜患癌肿病；具有毒性的糠醛，还能使鱼的鳃和肝出血，导致其死亡；含短纤维的造纸废水能使对虾苗死亡。

有机物较之其他污染较易治理，只要对污水加以处理或排放量不超过被排入海区的环境自净能力，就不会导致海域污染。例如，英国泰晤士河曾由于有机物污染，鱼虾绝迹，水体臭不可闻，经过治理，目前已有 100 多种鱼类在河中繁殖生长。

1.2.3.4 营养盐污染的危害

人类活动导致大量富含氮、磷的工业废水和城市生活污水排入海湾、河口和沿岸水域，导致水域富营养化，破坏了水域的生态平衡，使原有生态系统发生结构的改变和功能的退化。海洋富营养化的主要症状包括浮游生物、细菌生物量大量增加、透明度降低、大型藻类过度生长、低氧和缺氧区的形成、有毒有害赤潮的发生以及沉水植物的消亡和鱼类的死亡等。其中赤潮的发生是由富营养化问题所产生的一种最典型的富营养化症状。

赤潮（目前国际上统称为有害藻华，Harmful Algal Blooms，HABs）是一种微型藻类通过产生藻毒素或增加生物量，影响其他生物生长和正常食物链结构，危害生态环境和人类健康的异常增殖现象（NOAA report，2006）。作为一种自然现象，赤潮的发生在很久之前就有记录。但近年来随着沿海经济的快速发展、人类活动的加剧和对近海资源的过度开发，在全球范围内，赤潮的发生状况及其所带来的危害日趋严重，美国、日本、中国、加拿大、法国、瑞典、挪威、菲律宾、印度、印度尼西亚、马来西亚、韩国等 30 多个国家都频繁发生有害赤潮。赤潮已成为一种全球性的海洋生态灾害，被联合国海洋环境保护专家组列为当今世界最主要的近海污染问题之一。

赤潮的危害主要包括以下方面:

(1) 破坏海洋生态平衡

海洋是一种生物与环境、生物与生物之间相互依存,相互制约的复杂生态系统。在一定的空间和时间尺度上,系统中的物质循环、能量流动应是处于相对稳定、动态平衡的状态。当赤潮发生时这种平衡遭到干扰和破坏。自赤潮发生初期,由于藻类的光合作用,随着藻细胞的快速增殖,水体会出现高生物量(叶绿素 a)、高溶解氧、高化学需氧量;而在赤潮发生后期,大量藻细胞死亡、分解,又导致水体缺氧。这种水体环境的改变,致使其他海洋生物不能正常生长、发育和繁殖,导致一些生物逃避甚至死亡,破坏了原有的食物链和生态平衡。所以,赤潮是一种异常生态现象,对海洋生态系统具有很大的破坏作用。此外,形成赤潮的某些浮游植物是海洋次级生产者的良好饲料,但在经济海藻养殖区,往往与海带、紫菜等争夺营养,使经济藻类变色甚至腐烂,从而失去商业价值。

(2) 危害海洋渔业资源与水产养殖

除对海洋生态平衡的影响外,赤潮还会直接对海洋渔业和水产资源产生不利影响,造成严重经济损失。赤潮破坏鱼、虾、贝类等生物资源的主要原因是:①破坏渔场的饵料基础,造成渔业减产;②赤潮生物的异常增殖,可导致鱼、虾、贝等经济生物呼吸堵塞,窒息死亡;③赤潮后期,赤潮生物细胞大量死亡、分解,导致环境缺氧,产生硫化氢等有害物质,使海洋生物、特别是某些底栖生物因缺氧或中毒死亡;④有些赤潮生物的体内或代谢产物中含有生物毒素,能直接毒死鱼、虾、贝类等生物。

(3) 危害人类身体健康

有些赤潮生物分泌赤潮毒素,当鱼、贝类处于有毒赤潮区域内,摄食这些有毒生物,虽不能被毒死,但生物毒素可在体内积累,其含量大大超过食用时人体可接受的水平。这些鱼虾、贝类如果不慎被人食用,就引起人体中毒,严重时可导致死亡。由赤潮引发的赤潮毒素统称贝毒,暂时确定有 10 余种贝毒其毒素比眼镜蛇毒素高 80 倍,比一般的麻醉剂,如普鲁卡因、可卡因还强 10 万多倍。贝毒中毒症状为:初期唇舌麻木,发展到四肢麻木,并伴有头晕、恶心、胸闷、站立不稳、腹痛、呕吐等,严重者出现昏迷,呼吸困难。赤潮毒素引起人体中毒事件在世界沿海地区时有发生,引起国际上的高度重视。

(4) 影响海上娱乐与滨海旅游业

多数赤潮暴发时会导致水体变色、透明度变差,破坏了海水正常的蔚蓝与清澈。特别是赤潮发生后期,由于大量赤潮生物死亡分解,以及因赤潮而死亡的其他生物腐烂,可导致水体出现异味,水体表面浮有大量的泡沫,海洋景观遭到破坏,使海岸海域使用价值降低,影响近海旅游业、商业交流,造成一定的经济损失。在赤潮发生水域，通常要求浴场关闭，据报道 20 世纪 70 年代，仅仅两年的时间美国佛罗里达州因赤潮造成的旅游业损失就达 1 亿 5 千万美元。2010 年深圳东部海域暴发了一起 15 km²，持续时间长达 20 天的赤潮，导致接待游客下降 50%，赤潮退去后才缓慢回升。

（5）威胁滨海核电安全

随着我国经济的快速发展，对电力能源的需求日益增加，沿海地区常常是建立核电厂的理想地区，其中核电厂冷源用水系统的连续、可靠运行是保障核电厂正常运行的前提条件，但近年来我国近海核电厂周边海域的水质状况趋于恶化，赤潮、水母等生态灾害时有发生，给核电厂冷源系统的正常运行带来了一定程度的不利影响，如广西防城港核电厂一期工程因冷源取水海域赤潮生物球形棕囊藻暴发造成核电厂冷源用水系统贝类捕集器滤网部分堵塞从而影响核电厂的冷源安全问题等。

1.2.3.5　持久性有机物污染的危害

持久性有机污染物（Persistent Organic Pollutants，POPs）是指具有高毒性、持久性、生物蓄积性、半挥发性及长距离迁移性等特性的天然或人工合成的有机污染物。

国际上已经公认的 POPs 有 20 多种（类）。其中，2001 年 5 月 23 日在瑞典首都斯德哥尔摩签署的《关于持久性有机污染物的斯德歌尔摩公约》中规定了 12 种 POPs，包括 3 类：一是有机杀虫剂，分别为滴滴涕（DDT）、六氯苯（HCB）、艾氏剂（aldrine）、氯丹（chlordane）、狄氏剂（dieldrine）、异狄氏剂（endrine）、七氯（heptachlore）、灭蚁灵（mirex）、毒杀芬（toxaphene）；二是人工合成的化工产品，主要是多氯联苯（PCBs）；三是工业生产或燃烧产生的副产物，主要是二噁英（PCDDs）和呋喃（PCDFs）。2009 年 5 月 9 日该公约又增列 9 种 POPs：α-六氯环己烷（α-六六六）、β-六氯环己烷（β-六六六）、六溴联苯醚和七溴联苯醚、四溴联苯醚和五溴联苯醚、十氯酮、六溴联苯（HBB）、林丹、五氯苯、全氟辛磺酸和其盐类以及全氟辛基磺酰氟。此外，1998 年 6 月在丹麦签署的《关于长距离越境空气污染物公约》中提出把 16 种多环芳烃（PAHs）、五氯酚等列入受控的 POPs 名单中。目前，相关领域专家正在进行包括短链氯化石蜡（short chain chlorinated paraffins，SCCPs）、硫丹（Endosulfans）及六溴环十二烷（Hexabromocyclodo-decanes，HBCD）等化学品的评估，考虑列入受控名单。

POPs 物质一旦通过各种途径进入生物体内就会在生物体内的脂肪组织、胚胎和肝脏等器官中积累下来，到一定程度后就会对生物体造成伤害。各种 POPs 的毒性作用机制现在并不是完全明确，POPs 物质对人体造成伤害，一般并不是某一种或某一族 POPs 单独作用的结果，而是某几族 POPs 相互协同作用的结果。大部分 POPs 物质具有致癌性、致突变和致畸变作用。此外，POPs 可以导致糖尿病、新生儿缺陷、阻碍儿童健康发展、男性雌性化和女性雄性化。

据相关研究的报道，POPs 能破坏人体内正常的内分泌。POPs 物质可以限制荷尔蒙的作用功能，或者影响和改变免疫系统、神经系统和内分泌系统的正常调节功能。

女性的乳腺癌和子宫内膜移位，男性的睾丸癌和前列腺病症，性发育异常和免疫系统功能减弱及垂体和甲状腺分泌失常均与内分泌系统受影响有关。

POPs 物质对人类的影响主要是通过食物链来实现的，其次是通过呼吸和皮肤接触进入人体体内。通常，POPs 首先被植物、海洋微生物及昆虫所吸收，然后以上生物又被较强大的生物捕食，这些 POPs 污染物随着其在食物链中的循环，最终会污染了鱼、肉及奶乳食品。这些被污染的食品被人类食后，POPs 就被藏匿于脂肪纤维中，并且可通过胎盘和哺乳传递给婴儿。美国科学家就发现过多氯联苯可以导致儿童弱智。据我国学者研究发现，高浓度的 POPs 对人体中枢神经有麻痹作用，慢性接触则可使肝、肾、肺等内脏发生病理改变，即使在极低的浓度下 POPs 还是可以对生物和环境造成伤害。而氯丹在人体内代谢后，就会转化为毒性更强的环氧化物，使血钙降低，引起中枢神经损伤。二噁英可经皮肤、黏膜、呼吸道、消化道进入体内，使人免疫力下降、内分泌紊乱等，损伤人的肝、肾，而且还会影响人的生殖机能。长期极低剂量接触二噁英，会导致癌症、雌性化和胎儿畸形，而且比致癌低 100 倍的浓度的就足以造成人的生殖和发育障碍。美国在评价二噁英的生殖毒和内分泌毒的同时指出，它可使男性儿童雌性化、影响儿童发育、抑制肌体免疫功能，对肝脏等都可能造成伤害。日本将二噁英列入影响人类生育的三大环境激素中最难解决的一种，声称它可致人的流产、死胎和子宫内膜移位和子宫内膜炎等。1997 年，世界卫生组织（WHO）的国际癌症研究中心（IARC），在流行学调查的基础上，宣布二噁英为一级致癌物，完全确定了它对人类的致癌作用。

POPs 来源可以归纳为两大方面：（1）一级来源：指能生产和产生 POPs 的过程或物质；（2）二级来源：指的是含有 POPs 物质的产品和物质，或能积蓄 POPs 的物质（例如，土壤、垃圾和沉积物等）。虽然人工合成化学品的发明和大规模使用曾给人类带来极大便利，但同时也给人类及其赖以生存的环境造成了很大危害，尤其是这些 POPs 物质。因为其流动范围大，POPs 的污染在全球很多区域已经造成危害。人们已认识到 POPs 物质污染的严重性。

海洋环境中的持久性有机污染物主要是通过陆地径流、船舶溢油及大气沉降等途径进入海洋的。当持久性有机污染物进入海洋环境后，其可在环境介质中残留数年。并且由于其具有憎水性、脂溶性等特点，可在生物体脂肪中发生生物蓄积，并沿着食物链传递而浓缩放大，位于生物链顶端的人类，则把这些毒性放大到了 7 万倍。其对海洋生物的毒性主要是对海洋动物胚胎产生急性或慢性毒理效应，特别是低等海洋动物，早期胚胎以浮游形式直接暴露于海洋环境，易受环境污染的影响。这对海洋动物种群繁衍、群落结构以及海洋生态系统等产生重要影响。

因此，2001 年 5 月 23 日包括中国在内的 90 个国家签署了《关于持久性有机污染物的斯德哥尔摩公约》（简称《斯德哥尔摩公约》），正式启动了 POPs 的削减与控制工作。通过禁用政策、替代技术与清洁生产方面实现减排成为主流，针对库存和已经扩散到环境中的 POPs 则需要销毁与实施污染控制。

1.2.3.6 病原菌污染的危害

由于人类活动使致病性细菌、病毒和寄生虫等进入海洋水体、底质和生物体而造成的污染。它降低或破坏海水和海产品的使用价值，并经一定途径造成对人体健康及海洋生物的危害。海洋环境中的病原体主要来源于未经消毒处理的人畜粪便等排泄物、城市生活及医院污水、工农业及养殖业废水等。进入海洋环境的病原体，大部分因不适应环境条件的改变而很快死亡，但有一部分能存活一段时间，条件适宜时甚至可以繁殖，成为疾病的传染源。此外，海洋中一些天然存在的微生物，可因人为造成的环境条件改变，大量繁殖而成为危害海洋生物或人类的病原体。海洋病原体进入人体的途径是生食或食用烹调不当的染菌海产品，或在海水浴场时接触了受病原体沾染的海水。至于病原体进入海洋生物体内，除接触传染外，摄食是一个重要的途径。病原体的致病作用主要取决于病原微生物的致病能力、机体的抵抗力以及环境条件等因素。

目前已知的海洋病原体主要有：沙门氏菌属、志贺氏菌属、霍乱弧菌、副溶血弧菌、龙虾加夫基氏菌、假单胞杆菌、病毒、线虫等。人类粪便等排泄物及生物污水中的志贺氏菌进入海洋环境后，可在沿岸海水中存活较长的时间（水温13℃时存活25日，37℃时存活4日），并可污染海洋中的鱼、贝类。人类接触污染的海水或生食污染的海产品后，可引起症状轻重不等的腹泻或急性痢疾，有时甚至引起水型痢疾暴发流行。副溶血弧菌是沿海居民食物中毒的最常见病原菌，是海洋环境中正常的菌群之一，在沿海水域和鱼、虾、贝等海洋生物体内经常分离到。当环境条件不利，如养殖密度过高、水温突然变化时，该菌可大量繁殖而引起生物病害或大量死亡。霍乱弧菌是"国境卫生检疫传染病"病原体之一，沿海和港湾附近的居民发病率较高，该菌能在水体和贝类等海洋生物中生存。

一些引起人类传染病的病毒，可随着粪便等排泄物污染海水并能存活于牡蛎等海洋生物体中，成为疾病的传染源。海洋环境中的这类病毒主要包括：肝炎病毒、轮状病毒和诺瓦克病毒等，这些病毒经常在沿岸水体中分离出来。

水体中病原体污染目前常以大肠杆菌总数表示，也可以以人体体表存在的葡萄球菌和绿脓假单胞菌作为指示菌，大肠杆菌噬菌体也可作为水质病毒污染的指标。由于受分离和计数方法的限制，选择这些微生物作为水体污染的指标只有相对的意义，如某些肠道病毒不能完全被指示出来。防治措施应以预防为主，对含病原体的医疗污水、生活废水和养殖废水等，必须经过处理和严格消毒后，方能排入海域。不提倡生吃海产品，对含有病原体的海产品，要进行检疫和处理。对渔业区域和滨海风景及海水浴场区域，要定期进行卫生监测。

1.2.3.7 放射性污染的危害

海洋放射性污染是指人类活动产生的放射性物质进入海洋而造成的污染。海洋中的天然放射性核素，主要有 ^{40}K、^{87}Rb、^{14}C、^{3}H、Th、Ra、U 等 60 余种，它们不是人为产生，不作为污染研究的范畴。

1944 年，美国汉福特原子能工厂通过哥伦比亚河把大量人工核素排入太平洋，从而开始了海洋的放射性污染。海洋的放射性污染主要来自：

（1）核武器在大气层和水下爆炸使大量放射性核素进入海洋。核爆炸所产生的裂变核素和诱生（中子活化）核素共有 200 多种，其中 ^{90}Sr、^{137}Cs、^{239}Pu、^{55}Fe 以及 ^{54}Mn、^{65}Zn、^{95}Zr、^{95}Nb、^{106}Ru、^{144}Ce 等最引人注意。据估算，到 1970 年，由于核爆炸注入海洋的 ^{3}H 为 10^8 居里（1 居里 = $3.7×10^{10}$ 贝可勒尔），裂变核约达（2~6）$×10^8$ 居里（其中 ^{90}Sr 约为 $8×10^6$ 居里，^{137}Cs 为 $12×10^6$ 居里），使海洋受到污染。

（2）核工厂向海洋排放低水平放射性废物。建在海边或河边的原子能工厂，包括核燃料后处理厂，核电站和军用核工厂在生产过程中，将低水平放射性废液直接或间接排入海中。最典型的例子是美国汉福特工厂和英国温茨凯尔核燃料后处理厂。前者 1960 年排入太平洋的放射性废物达 36 万居里，主要是 ^{51}Cr、^{65}Zn、^{239}Np 和 ^{32}P，后者自 50 年代初起，每天大约把 100 万加仑含有 ^{137}Cs、^{134}Cs、^{90}Sr、^{106}Ru、Pu、^{241}Am 和 ^{3}H 等核素的放射性废水排入爱尔兰海，年排放总量近 20 万居里，该厂 ^{137}Cs 的排放总量逐年增加，1975 年高达 141 360 居里，已成为爱尔兰海、北海和北大西洋局部水域的放射性主要污染源。核电站向水域排入的低水平放射性液体废物，其数量要比核燃料后处理厂要少得多。据对 32 座加压水动力堆核电站 1978 年液体放射性废物的排放量调查，除 ^{3}H 外，大多数没有超过 1 居里。但设在沿海的原子能工厂，由于定点向近海排废，所以对环境的污染问题应予重视。

（3）向海底投放放射性废物。美国、英国、日本、荷兰以及西欧其他一些国家，从 1946 年起先后向太平洋和大西洋海底投放不锈钢桶包装的固化放射性废物，到 1980 年底，共投放约 100 万居里。据调查，少数容器已出现渗漏现象，成为海洋的潜在放射性污染源。

（4）此外，核动力舰艇在海上航行也有少量放射性废物泄入海中。不测事故，如用同位素作辅助能源的航天器焚烧，核动力潜艇沉没，也是不可忽视的污染源。

放射性物质入海后，经过物理、化学、生物和地质等作用过程，改变其时空分布。核工厂向近海排放的低水平液体废物，大部分沉积在离排污口数千米到数十千米距离的沉积物里。海流、波浪和底栖生物还可以使沉积物吸着的核素解吸，重新进入水体中，造成二次污染。近海和河口核素沉积的速率高于外海。

在海水中，有些人工放射性核素的理化形式可能与其稳定性元素不同。如，20 世纪 60 年代中期，太平洋东北部鲑鱼体内 ^{55}Fe 的比活性（放射性原子与相同元素的总原子之比）要比鲑鱼生活环境（海水）的比活性高 1 000 到 10 000 倍。由此推测，从大气沉降到海水中的 ^{55}Fe 与海水中的稳定性 Fe 有不同的理化形式，而海洋生物又比较能吸收和积累^{55}Fe。环境条件能改变核素的存在形式。在 pH = 8 时,^{65}Zn 在海水中以离子、微粒子和络合物的形式存在；当 pH = 6 时，仅以离子和络合物的形式存在。核素在海水中的存在形式，与核素在海洋中的迁移归宿密切相关。核素可以用作示踪剂，帮助阐明诸如海流运动、海气相互作用、沉积速率、生物海洋学和污染物扩散规律等一些重要海洋学问题。

海洋生物能直接从海水或通过摄食的途径吸收和累积核素，其累积能力通常用生物浓缩系数（CF）表示。CF 值的大小因核素的理化特性、生物种类和环境条件的不同有较大的差异，波动在 $1 \sim 10^6$ 之间。牡蛎对^{65}Zn 的 CF 值可达 $10^5 \sim 10^6$。核素能沿着海洋食物链（网）转移，有的还能沿着食物链扩大。在受污染的环境，海洋生物受到体内外射线的照射。不同种类生物，对照射的抗性有较大的差异。低等生物对辐射的抗性比高等生物强。胚胎和幼体对射线辐射的敏感性高于成体。而海水低浓度放射性污染是否对鱼类胚胎发育有影响，尚无定论。

对人体的影响，主要是通过射线的内辐射和外辐射。受到内辐射的原因，主要是吃了受污染的海产食物；受外辐射的原因主要是在受污染海域作业或活动。影响的程度取决于辐射剂量的大小、机体和环境状况。已有资料表明，核工厂排污海域，虽然受到放射性污染，但食用这些受污染水产品所受到的辐射剂量低于国际辐射防护机构规定的容许剂量，尚没有观察到对人体健康造成有害的影响。

在沿海地区兴建原子能工厂，必须事先进行包括对海域影响的环境预评价，严格执行国家颁发的有关原子能工厂管理规定，加强环境监测，深入进行低水平放射性污染对海洋生态系统和人体健康影响的研究，严格控制向海域排放放射性废物等。

第2章 广西海岸带概况

2.1 自然环境

广西北部湾经济区（以下简称"北部湾经济区"）地处我国沿海西南端，由南宁、北海、钦州、防城港四市所辖行政区域组成，陆地国土面积 4.25×10^4 km²。广西海岸带主要由北海、钦州、防城港三市组成。沿海三市的陆域土地面积为 20 361 km²，占广西陆域土地总面积的 8.6%。2012 年广西沿海三市总人口为 648.2 万人，占广西总人口的 12.5%。

2.1.1 地理概况

广西沿海岸段东起与广东交界处的白沙半岛高桥镇，西至中越边境北仑河口。广西海岸线总长 1 628.59 km。其中北海、钦州和防城港管辖岸段的大陆岸线长度分别为 528.16 km、562.64 km 和 537.79 km。

2.1.2 地形地貌

广西海岸带陆域自海岸线向陆延伸 5 km 范围内的地形海拔高度均小于 200 m，地势呈西北高、东南低的特点，大体上以中部大风江为界，东、西具有不同的地形地貌特征。东部地区主要地貌类型是由第四系湛江组及北海组构成的古洪积-冲积平原，其地势平坦，微向南面海岸倾斜，在古洪积-冲积平原上有零星侵蚀剥蚀残留台地点缀其间，铁山港湾北部沿岸分布有基岩侵蚀剥蚀台地，其次是南流江河口三角洲平原，第三为海积平原，地势平缓；西部地区主要地貌类型是由下古生界志留系、泥盆系及中生界侏罗系砂岩、粉砂岩、泥岩构成的多级基岩侵蚀剥蚀台地，其次是钦江-茅岭江复合河口三角洲平原，第三是江平一带的海积平原，地势起伏不平。广西沿海地区，人工地貌突出，河口三角平原及海积平原已大面积开辟为海水养殖场。

广西海岸带地貌按其成因可划分为侵蚀-剥蚀地貌、洪积-冲积地貌、河流冲积地貌、河海混合堆积地貌、海蚀地貌、海积地貌、生物海岸地貌等。水下地貌分为河口沙坝和潮流脊两个亚类。河口沙坝分布于南流江、钦江、茅岭江等河口地带，是河流和潮流共同作用的产物。河口沙坝的存在往往使河床或汊道河床进一步分汊。沙坝成分主要为中、细粒石英沙，泥质含量占0%～14%，钛铁矿等重矿物含量占2.31%～2.72%。潮流沙脊主要见于钦州湾和铁山港，是近岸浅海中由潮流形成的线状沙体。其方向与潮流方向致，常呈脊、槽（沟）相间，平行排列成指状伸展。

2.1.3 气候特征

广西沿海地区位于北回归线以南，属南亚热带气候区，受大气环流和海岸地形的共同影响，形成了典型的南亚热带海洋性季风气候。其主要特点是高温多雨、干湿分明、夏长冬短、季风盛行。本节气候特征主要是引用北海市气象台、钦州市气象站、防城港气象站等多年的气象资料进行分析。

2.1.3.1 气温

北海市气象台1972—2007年36年气象观测资料统计分析结果表明，北海市历年平均气温为22.9℃；历年年极端最高气温为37.1℃（出现在1963年9月6日）；历年年极端最低气温为2℃（出现在1975年12月14日，1977年1月31日）；历年最热月为7月，平均气温为28.7℃；历年年最冷月为1月，平均为14.3℃。

钦州市气象站1956—2007年52年气象观测资料统计分析表明，钦州市历年年平均气温为23.4℃，历年月平均最高气温为26.2℃，月平均最低气温为19.2℃。最热月为7月，平均气温为28.4℃，极端最高气温为37.5℃（出现在1963年7月16日）；最冷月为1月，平均气温为13.4℃，极端最低气温为-1.8℃（出现在1956年1月13日）。

防城港气象站1994—2007年14年气象观测资料统计分析结果表明，防城港历年年平均气温为23.0℃，最热月为7月，平均气温为29.0℃；最冷月为1月，平均气温为14.7℃。历年极端最高气温为37.7℃（出现在1998年7月24日）；极端最低气温为1.2℃（出现在1994年12月29日）。

沿海三市的气温水平分布特点是：南暖北冷，东高西低。

2.1.3.2 降水

北海市雨量较为充沛，每年5—9月为雨季，占全年降水量的78.7%，10月至翌年4月为旱季，降水量较少，占全年降水量的21.3%。历年年平均降水量为1663.7 mm，历年年最大降水量为2211.2 mm；历年年最小降水量为849.1 mm。

钦州多年平均年降水量为2057.7 mm，年平均降水日数在135.5～169.8 d之间。全年的降水量多集中在4—10月，约占全年降水量的90%。下半年的降水高峰期又相对集中在6—8月，这3个月的降水量约占全年降水量的57%。根据钦州市的资料（1953—2005年），钦州市最大年降水量达2807.7 mm（1970年），最小年降水量仅为1255.2 mm（1977年）。24 h最大降水量为313 mm（出现在1985年8月28日），1小时最大降水量达99.6 mm（出现在1962年6月7日）。

防城港多年平均降水量为 2 102.2 mm，大部分集中在 6—8 月，占全年平均降水量的 71%。1—8 月雨量逐月增加，8 月为高峰期；9—12 月逐月递减，12 月雨量最少。24 h 最大降水量为 365.3 mm（出现在 2001 年 7 月 23 日）。

沿海三市的降水量分布特点是：西部大于东部，陆地多于海面。

2.1.3.3 风况

北海市常风向为 N 向，频率为 22.1%；次风向为 ESE 向，频率为 10.8%；强风向为 SE 向，实测最大风速 29 m/s。该地区风向季节变化显著，冬季盛吹北风，夏季盛吹偏南风。据统计，风速不小于 17 m/s（8 级以上）的大风天数，历年最多 25 d，最少 3 d，平均 11.8 d。

钦州市沿海地区的风向以北风为主，南风次之，其平均风速大小处在不同区域具有明显差异，湾中部龙门居首，平均风速为 3.9 m/s，湾东岸犀牛脚次之，为 3.0 m/s，钦州市区最小，为 2.7 m/s，历年最大风速为 30 m/s。风速不小于 17 m/s（8 级以上）的大风天数，历年最多 9.0 d，平均 5.1 d。

防城港市历年年平均风速为 3.1 m/s，历年月平均最大风速出现在 12 月，为 3.9 m/s，其次为 1 月和 2 月，为 3.7 m/s；最小风速出现在 8 月，为 2.3 m/s。该区冬季风速比夏季风速大。防城港的常风向为 NNE，频率为 30.9%；次常风向为 SSW，频率为 8.5%，强风向为 E，频率为 4.7%。

沿海三市风况特点是：冬季盛行东北风、夏季盛行南或西南风，春季是东北季风向西南季风过渡时期，秋季则是西南风向东北风过渡的季节。

2.1.3.4 自然灾害

广西沿海主要自然灾害种类有台风、风暴潮、低温阴雨、暴雨、海雾等。

（1）台风

热带气旋（台风）是下半年袭击广西沿海的大范围灾害性天气，在 1950—2012 年的 63 年内，影响广西沿海的热带气旋总数为 305 个，平均每年为 4.84 个，其中以 1970—1979 年这 10 年为最多，平均每年达 5.9 个；2001—2010 年的 10 年间为最少，平均每年仅 3.7 个。台风的影响季节始于 5 月，终于 11 月；其中 7 月受台风影响最多，8 月次之，5 月和 11 月最少。从全年来看，涠洲岛、北海、合浦和东兴受台风影响的机会较多，钦州受台风影响的机会较少。

比如，2003 年第 12 号台风"科罗旺"，最大风速 40.0 m/s，日降雨量达 300 mm，2008 年第 14 号台风"黑格比"，进入广西境内时最大的风速达 33.0 m/s，使得广西区境内 35 个县（区）不同程度受灾，造成直接经济损失 14.12 亿元。2014 年第 9 号超强台风"威马逊"，最大风速约 50.0 m/s，导致广西 11 市 52 个县 332.91 万人受灾，因灾死亡 9 人，直接经济损失 56.46 亿元。

（2）低温阴雨

低温阴雨是广西沿海的主要灾害性天气，其特点是范围广且维持时间长，影响程度严重。据统计，低温阴雨出现频率最大的时段是 1 月 26 日—2 月 24 日。历史记录该地区最长低温阴雨过程出现在 1968 年，从 2 月 1 日起至 27 日止，持续 27 d，日平均气温在 4.7~6.0℃之间，最低气温为 1.6~4.3℃。

（3）暴雨

暴雨是广西沿海常见的灾害性天气。一年四季均可出现，尤以 5—9 月较频繁，7—8 月受台风的影响最甚，暴雨日数最多，6 月的暴雨日数次之，12 月至翌年 2 月暴雨日数最少。产生暴雨的水汽源地，一是孟加拉湾，二是南海和太平洋。

（4）风暴潮

广西沿海遭受风暴潮灾害的影响较为严重。根据《中国海洋灾害公报》（1989—2010）统计数据，近 20 年来，广西沿海因风暴潮（含近岸浪）灾害造成的累计损失为：直接经济损失高达 60.32 亿元，受灾人数 1 053.73 万人，死亡（含失踪）77 人，农业和养殖受灾面积 $6.1×10^5$ hm^2，房屋损毁 16.29 万间，冲毁海岸工程 476.57 km，损毁船只 1 613 艘，其中以 1996 年的 15 号台风风暴潮造成的损失最为严重，直接经济损失 25.55 亿元。

2.1.4 陆地水文

注入广西沿岸有 120 余条中、小型河流，其中 95% 为间歇性的季节性小河流，常年性的主要河流有南流江、大风江、钦江、茅岭江、防城江、北仑河 6 条。其中，南流江发源于广西玉林市大容山，在合浦县总江口下游分 3 条支流呈网状河流入海，河长 287 km，流域面积 8 635 km^2，多年平均径流量为 $68.3×10^9$ m^3，多年平均输沙量为 $118.0×10^4$ t。大风江发源于广西灵山县伯劳乡万利村，于犀牛脚炮台角入海，河长 185 km，流域面积为 1 927 km^2，多年平均径流量为 $18.3×10^9$ m^3，多年平均输沙量为 $11.77×10^4$ t。钦江发源于灵山县罗阳山，于钦州西南部附近呈网状河流注入茅尾海，河长 179 km，流域面积 2 457 km^2，多年平均径流量为 $11.69×10^9$ m^3，多年平均输沙量为 $26.99×10^4$ t。茅岭江发源于灵山县的罗岭，由北向南流经钦州境内于防城港市茅岭镇东南侧流入茅尾海，河长 121 km，流域面积 1 949 km^2，多年平均径流量为 $15.95×10^9$ m^3，多年平均输沙量为 $31.68×10^4$ t。防城江发源于上思县十万大山附近，河长 100 km，流域面积 750 km^2，多年平均径流量为 $17.9×10^9$ m^3，于防城港渔澫岛北端分为东西两支，流入防城港湾，多年平均输沙量为 $23.7×10^4$ t。北仑河发源于东兴市峒中镇捕老山东侧，自西北向东南流经东兴至竹山附近注入北部湾，河长 107 km，流域面积 1 187 km^2（部分面积在国界线以外），多年平均径流量为 $29.4×10^9$ m^3，多年平均输

沙量为 22.7×10^4 t。

2.1.5 海洋水文

2.1.5.1 潮汐

（1）潮波系统与类型

根据《广西壮族自治区海岸带和海涂资源综合调查报告》的调查结果，广西沿海岸段一年当中，一天一次涨落潮的时间约占 60%~70%，是较为典型的全日潮海区，整个调查区域除龙门港和铁山港附近为非正规全日潮外，其余均为正规全日潮，潮汐性质系数约在 3.2~5.6 之间，其中珍珠港至防城港一带的比值最大，铁山港的比值最小。

（2）潮差

广西沿岸及港湾平均潮差约 2.2~2.5 m，最大潮差一般在 4.9 m 以上，最大潮差由西南向东北不断递增，至铁山港附近，潮差达最大，最大潮差超过 6.2 m。在近海岛屿，如涠洲岛，平均潮差为 2.13 m，最大潮差 4.51 m。在河口潮区界附近，潮差最小，在钦州黄屋屯附近，平均潮差在 1.01 m 以下，最大潮差不到 2.7 m。

（3）潮历时及高低潮间隙

在沿岸及近海区，涨潮平均历时大于落潮平均历时，而河口区的平均涨潮历时则小于平均落潮历时。平均高潮间隙约为 5~7 h，平均低潮间隙为 12~14 h。

（4）平均海平面

广西沿海平均海平面具有西高东低的趋势，如西部白龙尾的平均海平面为 0.44 m（56 黄海基面，下同），东部石头埠仅 0.34 m。在沿岸区域，平均海平面具有较明显的年变化周期，一般是上半年低，下半年高，最低值约出现在 2—3 月，最高值则出现在 10 月，平均海平面夏季上升，冬季下降，春秋两季相对稳定，其年变化值约 0.2~0.3 m。

2.1.5.2 潮流

广西沿海岸段潮流流速分布西部大于东部，近岸大于浅海，表层大于底层。潮流性质以不规则全日潮流为主，但仍存在着不规则半日潮流。潮流类型主要为往复流，其主流方向大致与岸线或河口湾内的深槽相一致。涨、落潮历时不等，在 5 m 等深线以外海域，涨潮历时大于落潮历时，在河口湾上游，涨潮历时小于落潮历时。在海湾外海，潮流旋转方向以顺时针为主，局部地区出现逆时针，这可能是受潮波及地形影响所致。

2.1.5.3 余流

广西沿海岸段余流分布西部大于东部，夏季大于冬季，表层大于底层，最大余流位于白龙半岛外侧。余流与季风、径流、地形有很大关系。夏季，余流大体上呈现两个分布系统，河口区和浅海区。河口区受径流的影响，余流随径流往偏南方向流动；浅海区在偏南季风和北上海流的作用下，沿岸水向湾顶扩展，余流往偏北方向流动。入秋后，径流量大为减弱，此时控制岸段的余流的主要因素是东北季风。风场改变，余流出现了与夏季相反的流动模式，除钦州湾外，余流均呈偏南方向流动，但强度较夏季减弱。

2.1.5.4 波浪

广西沿岸受季风影响，海浪主要是由风力对海水表面的直接作用所产生的风浪以及从外海传送而来的涌浪组合而形成，其发展、消衰主要取决于风的盛衰，同时也受地形、水深因素的影响。海浪的分布、变化与季节有密切的关系。广西近岸海域夏半年盛行南-东南风，冬半年盛行北-东北风，4月、5月和9月为季风过渡期，风向不稳定。波浪随季节变化十分明显，以西南偏南向为主，其次为东北向。多年平均波高为 0.3~0.6 m，其中夏季 0.50~0.72 m，冬季 0.40~0.58 m，春季 0.35~0.51 m，秋季 0.45~0.50 m。常见浪为 0~3 级，占全年波浪频率的 96%。5~6 级的波浪仅占 0.07%~0.09%，多出现于台风季节。最大实测波高 4.1~5.0 m（东南向），多年波浪平均周期 1.8~3.4 s，最大波浪周期为 8.7 s。

2.1.6 海洋自然资源

2.1.6.1 海洋生物资源

根据"我国近海海洋综合调查与评价"专项调查资料，北部湾海域面积为 $12.93×10^4$ km²，平均水深 38 m，最大水深 100 m，生长鱼贝类 500 多种，其中具有捕捞价值的 50 多种，最著名的有红鱼、石斑鱼、马鲛鱼、鲳鱼、鲷鱼、金线鱼等 10 多种，其他优质的海产品还有鱿鱼、墨鱼、青蟹、对虾、泥蚶、文蛤、扇贝等。据估算，海区鱼类总资源量为 $140×10^4$ t，其中底栖鱼类资源量为 $35×10^4$ t，总可捕量约为 $70×10^4$ t。滩涂资源有 47 科、140 多种，以贝类为主，其中牡蛎资源量为 4 000 t，文蛤资源量为 8 500 t，毛蚶资源量为 22 000 t，方格星虫资源量为 4 000 t，锯缘青蟹资源量为 140 t，江篱资源量为 190 t。浅海区有浮游植物 104 种，浮游动物 132 种，其年平均总量分别为 $1 850×10^4$ 个细胞/m³ 和 137 mg/m³；各类海洋生物达 1 155 种，其中虾类 35 种，蟹类 191 种，螺类 143 种，贝类 178 种，头足类 17 种，鱼类 326 种。经济生物中，有 20 多种主要经济鱼类，资源量 6 000 t；有 10 多种经济虾类，资源量 6 000 t；有 3 种经济头足类，资源量 700 t。另外，北部湾有昂贵药用价值的海洋生物资源也较为丰富。其中鲎 4 种，资源量数上万吨，年产量约 20 万对；河豚 8 种，仅棕斑兔头鲀，年可捕量为 $1.1×10^4$ t；海蛇 9 种，沿海的活海蛇年产量约为 75 t。

2.1.6.2　林木资源

根据《广西壮族自治区海岸带和海涂资源综合调查报告》，广西海岸带森林以松、桉类、木麻黄为优势种，松、桉类、木麻黄林的林木蓄积量分别占总森林蓄积量的55.3%、26.2%和12.5%。其他树种小片状零星分布，林木蓄积量仅占海岸带森林总蓄积量的6%。马尾松林主要分布在海岸带的丘陵地，中段最多，西段次之，东段最少，就林木蓄积量而言，中段占松林总蓄积量的52.5%，西段占35.2%，东段仅占12.3%。桉类（隆缘桉为主，柠檬桉等）主要分布在东段的台地平原，而且比较连片集中，林木蓄积量占桉类总蓄积量的91.0%，西段、中段很少，仅占9%。木麻黄分布在海岸线上，作为防护林带，东段的防护林居首，其蓄积量占木麻黄总蓄积量的43.4%，其次西段占34%，中段最少仅占22.6%。广西海岸带森林以马尾松蓄积总量最高，其次是桉类，麻木黄居第三位。马尾松在钦州市蓄积量最高，其次是防城港市；桉类在北海市蓄积量最高；木麻黄在防城港市蓄积量最高，其次是北海市。

2.1.6.3　红树林资源

红树林是生长在热带、亚热带低能海岸潮间带上部，受周期性潮水浸淹，以红树植物为主体的常绿乔木或灌木组成的潮滩湿地木本生物群落。红树林在保持生物物种多样性、防风固堤、净化海洋环境等方面都具有重要的生态环境价值，并且在渔业生产和旅游开发上也有巨大的潜力。

根据"我国近海海洋综合调查与评价"专项统计结果，广西现有红树林总面积为9 202 hm²，其中，天然林面积约为7 326 hm²，人工林面积为1 876 hm²。北海市约3 421 hm²，主要分布于南流江入海口、北海市大冠沙、铁山港湾顶部和东岸及英罗湾和丹兜海；钦州市约3 421 hm²，主要分布于茅尾海；防城港市约2 360 hm²，主要分布于北仑河口、珍珠湾、防城江入海口及渔洲坪一带，其中钦州市的人工林面积最大，约为1 133 hm²，主要为引种的无瓣海桑。

（1）红树植物种类及群落类型

李信贤等记载广西有红树林植物14科21属22种，把钝叶豆腐术（*Premna obtusi-folia*）、苦槟树（*Clerodendron inerrne*）、草海桐（*Scaevola* spp.）、水黄皮（*Pongamia pannata*）、凹叶女贞（*Liqustium retusum*）、苦槛蓝（*Myoporum bontioides*）等列为红树植物；范航清记载7科10属10种；宁世江等记载广西海岛红树林的植物种类有14科19属20种。各学者对红树植物种类的报道不同，主要是没有严格把真红树与半红树分开，一些学者还列入其他的喜盐或耐盐植物。为了和目前国内外学者的观点一致，梁士楚整理出广西的红树植物种类（真红树）有8科11属11种，半红树植物4科5属5种，常见的伴生植物6科6属7种。徐淑庆等于2006年5月至2008年10月进行走访调查，统计结果显示广西沿海共有真红树8科11种，半红树6科8种，伴生植物有12科14种，详见表2-1。

表 2-1　广西近岸海域红树植物种类及分布

科名	中文名	拉丁名	分布区			
			北海	钦州	防城	合浦
卤蕨科 Acrostichaceae	卤蕨	*Acrostichum aureum*		+	+	+
大戟科 Euphorbiaceae	海漆	*Excoecaria agallocha*	+	+	+	+
红树科 Rhizophoraceae	木榄	*Bruguiera gymnorrhiza*	+	+	+	+
	秋茄	*Kandelia obovata*	+	+	+	+
	红海榄	*Rhizophora stylosa*	+	+	+	+
	角果木	*Ceriops tagal*	O	O	O	O
爵床科 Acanthaceae	老鼠簕	*Acanthus ilicifolius*	+		+	+
	小花老鼠簕	*Acanthus ebracteatus*			□	+
使君子科 Combretaceae	榄李	*Lumnitzera racemosa*		+	+	+
紫金牛科 Myrsinaceae	桐花树	*Aegiceras corniculata*	+	+	+	+
马鞭草科 Verbenaceae	白骨壤	*Aricennia marina*	+	+	+	+
海桑科 Sonneratiaceae	无瓣海桑	*Sonneratia apetala*	※	※	※	※
锦葵科 Malvaceae	黄槿	*Hibiscus tiliaceus*	+	+		+
	杨叶肖槿	*Thespesia populnea*	+	+		+
梧桐科 Sterculiaceae	银叶树	*Heritiera littoralis*				+
豆科 Leguminosae	水黄皮	*Pongamia pinnata*		+		+
夹竹桃科 Apocynaceae	海芒果	*Cerbera manghas .*		+	+	+
菊科 Compositae	阔苞菊	*Pluchea indica*	+	+	+	+
马鞭草科 Verbenaceae	苦郎树	*Clerodendrum inerme*	+	+	+	+
	钝叶臭黄荆	*Premna obtusifolia*		+	+	+
草海桐科 Goodeniaceae	草海桐	*Scaevola sericea*				+
	海南草海桐	*Scaevola hainanensis*		+	+	+
露兜树科 Pandanaceae	露兜树	*Pandanus tectorius*	+	+	+	+
旋花科 Convolvulaceae	二叶红薯	*Ipomoea pes-caprae*	+	+	+	+
苦槛蓝科 Myoporaceae	苦槛蓝	*Myoporum bontioides*		+	+	+
豆科 Leguminosae	鱼藤	*Derris trifoliata*		+		+
	海刀豆	*Canavalia maritima*	+	+	+	+
樟科 Lauraceae	无根藤	*Cassytha filiformis*	+	+	+	+
藜科 Chenopodiaceae	南方碱蓬	*Suaeda australis*		+	+	+
木犀科 Oleaceae	凹叶女贞	*Ligustrum retusum*		+	+	+
石蒜科 Amaryllidaceae	文殊兰	*Crinum asiaticum*	+	+	+	+
番杏科 Aizoaceae	海马齿	*Sesuvium portulacastrum*	+	+	+	+
棕榈科 Palmae	刺葵	*Phoenix hanceana*	+	+	+	+
木麻黄科 Casuarinaceae	木麻黄	*Casuarina equisetifolia*	+	+	+	+

（真红树植物 Ture mangrove / 半红树植物 Semi-mangroe / 红树林伴生植物 Accompanying plant）

注："+"表示常见种；"O"表示文献有记载，但在近年的调查中未发现，该天然分布种在广西已经绝灭；"※"表示成功引种的红树物种；"□"表示最新的天然分布种。

广西红树林以桐花树群落（Comm. *Aegiceras corniculatum*）、白骨壤群落（Comm. *Avicennia marina*）、秋茄-桐花树群落（Comm. *Kandelia candel*，*Aegiceras corniculatum*）、白骨壤+桐花树群落（Comm. *Avicennia marina*，*Aegiceras corniculatum*）最为常见，面积分别占红树林总面积的33.5%、27.1%、14.3%和10.7%。红海榄（Comm. *Rhizophora stylosa*）、木榄（*Bruguiera gymnorrhiza*）+秋茄-桐花树等其他群落类型面积都很少。

（2）红树林资源变化情况

广西沿海红树林面积经历了先减少后增加的阶段。20世纪50年代至70年代中期，红树林面积约为9 300~8 300 hm²，1988—1998年10年间，红树林面积仅为4 600~6 000 hm²，减少最多达4 700 hm²。2005年后，红树林得到了较好恢复，面积基本维持在70年代初的水平（表2-2）。80年代末开始，中国沿海掀起了较大规模的围海造田活动，成片的红树林被围垦，受其影响，广西近岸海域沿岸天然红树林资源也遭到不同程度的人为破坏，这一时期广西沿海红树林面积减少最多。2000年开始，由于红树林的重要生态功能越来越引起人们重视，并开始保护红树林湿地，人工种植红树林，广西沿海红树林得到了恢复，面积有所增加。但近几年来，除北仑河口自然保护区、茅尾海红树林自然保护区和山口红树林自然保护区外，广西沿岸有大量的红树林未得到有效的合理保护，许多斑块较小、分布较散的天然红树林仍然是受到围填海项目建设的较大影响，如钦州港勒沟以及金鼓江口附近原来分布有连片的红树林，现已被港区建设围填破坏。因此，天然红树林面积的减少，主要是由于围填海以及临岸工业用地等人类开发占地造成的。同时，在一些地方，由于人工林的增加，也出现了红树林的种群结构已变得简单化、林内生物多样性降低的现象。

表2-2　广西沿海红树林面积统计

	1955年	1977年	1988年	1998年	2004年	2008年	2012年
红树林面积/hm²	9 351.18	8 288.68	4 671.39	6 027.32	7 066.4	9 202	9 100

注：2008年数据来源于"广西壮族自治区海洋环境资源基本现状"中"908"专项调查数据；2012年数据来源于"防城港大力保护红树林纪实"，《防城港日报》，2013年2月17日。

红树林作为生长在滨海潮滩湿地中一种特有的植物群落，是自然界最富生物多样性的典型生态系统之一，因其极高的初级生产力，与珊瑚礁、上升流、沿海沼泽湿地并称为世界四大最富生产力的海洋生态系统。它不仅具有重要的经济和环境方面的价值，还在抵御洪水、调节径流、改善气候、控制污染、保护海岸和维护区域生态平衡等方面有着其他系统所不能替代的作用。红树林生态系统一经破坏，势必造成海岸水土的严重流失，环境资源不可恢复。例如：我国北仑河口由于红树林面积显著减少，海岸植被的生态护岸功能大为降低，造成水土冲刷流失严重，岸线蚀退加速，河口主航道深水线向我国偏移2.2 km，在中越北部湾划界时，使我国固有领土8.7 km²海洋权益发生权属争端。

2.1.6.4 海草资源

海草是生活于热带和温带海域浅水中的单子叶植物，不包括咸淡水生的类型在内，也就是说海草是只适应于海洋环境生活的水生种子植物。在热带亚热带地区，海草与红树林和珊瑚礁是三大典型的海洋生态系统，是有关国际公约和我国政府的重要保护对象。

（1）面积及分布

长期以来，业内认为广西的海草只分布于合浦一带。范航清等在2000—2007年的调查中发现，在防城港市的珍珠港、北海大冠沙以及北海竹山盐场也有少量海草分布。从广西沿海三市的海草分布情况来看，北海市所拥有的海草分布点最多，共42处，占全广西的61%；其次是防城港，有18处，占全广西26%；钦州的海草分布点最少，仅9处，占全广西的13%。

从沿海三市的海草面积分布来看，北海海草分布在全广西中占绝对优势，面积共876.1 hm²，占广西海草总面积的91%；防城港的海草面积为41.6 hm²，占广西海草总面积的7%；钦州海草面积最小，仅17.2 hm²，占广西海草总面积的2%。沿海三市最大海草床分别位于：北海（283.1 hm²），防城港（64.4 hm²），钦州（10.7 hm²）。

各海草分布点的平均面积：北海为20.8 hm²，防城港为3.6 hm²，而钦州仅为1.9 hm²。由此可看出北海海草床（分布点）的连片面积最大，其次是防城港，连片面积最小的是钦州的海草床（分布点）。

（2）种类及群落类型

海草属于沼生目，目前全世界共发现有海草约12属67种，在我国共分布有5科11属21种海草。范航清等（2010）对广西沿海的海草调查，发现海草种类7种，约占中国海草总种类数的33%，广西沿海三市中，北海市海草种类最丰富，广西所有的海草种类在北海均有分布，防城港市与钦州市各有海草5种，占广西沿海海草种类的62.5%。

矮大叶藻 *Zostera japonica*、喜盐草 *Halophila ovalis*、贝克喜盐草 *Halophila beccarii*、小喜盐草 *Halophila minor*、流苏藻 *Ruppia maritima* 等5种海草在广西沿海三市均有分布；二药藻 *Halodule uninervis* 与羽叶二药藻 *Halodule pinifolia* 仅在北海市有分布。

经统计，广西出现的海草群落类型总共有17种，其中以喜盐草单生群落所占面积最大，面积达763.6 hm²。矮大叶藻群落、喜盐草群落、流苏藻群落、贝克喜盐草群落、矮大叶藻-贝克喜盐草群落、喜盐草-矮大叶藻-二药藻群落、喜盐草-矮大叶藻-羽叶二药藻群落这7种为广西主要的海草群落类型，这7种群落共有49处，占全区海草分布点总数量的83.1%，总面积为903.4 hm²，占广西海草总面积的95.9%。

2.1.6.5 珊瑚礁资源

珊瑚礁是广西近岸海域的重要特色海洋自然资源，经调查确定，涸洲岛、斜阳岛珊瑚礁分布海域内共采样鉴定出腔肠动物门珊瑚虫纲 3 目 14 科 38 种，其中，石珊瑚目 11 科 33 种；软珊瑚目 2 科 4 种；群体海葵目 1 科 1 属 1 种。涸洲岛珊瑚核心礁区主要分布于其西南部沿岸浅海、西北沿岸浅海、东北沿岸浅海一带海域。涸洲岛珊瑚沿着海岸线分布，西北部沿岸海域最宽，分布外沿垂向岸线宽度最宽处约为 2.56 km，东北部、东部、东南部、西南部次之，分别为 0.98～2.07 km，1.11～2.35 km，1.10～2.08 km，0.86～1.15 km，猪仔岭南侧沿岸有小范围岸礁分布，宽度为 0.20～0.34 km，西部（竹蔗寮–大岭脚）沿岸海域只有零星活石珊瑚分布，南湾内仅有西侧沿岸发现零星的石珊瑚分布。涸洲岛沿岸珊瑚分布的岸线较长，岛上沿岸均有出现，分布的岸线长约 19.84 km，面积约为 29.05 km²，涸洲岛猪仔岭珊瑚分布的岸线约为 0.12 km，面积约 0.07 km²。斜阳岛整个沿岸均有珊瑚分布，其中东北沿岸、东部、东南沿岸海域珊瑚分布范围较大，垂向岸线宽度约为 0.47～0.56 km，南部、西南部、西部、北部沿岸分布范围较小，垂向岸线宽度约为 0.025～0.34 km。斜阳岛珊瑚分布的岸线长度约为 5.73 km，面积约 1.42 km²。白龙尾岛的珊瑚沿基岩海岸生长，呈现零星状分布，垂向岸线宽度约为 0.24～0.57 km，珊瑚分布的岸线长度约为 1.73 km，面积约为 0.72 km²。

2.1.6.6 滨海旅游资源

广西滨海旅游资源主要分为水体沙滩旅游、生态旅游和人文旅游三大类型。水体沙滩旅游区包括北海市的银滩、侨港、涸洲岛西部海岸，钦州市的三娘湾、月亮湾，防城港市的天堂滩、大平坡、玉石滩、怪石滩、以及金滩。生态旅游类包括滨海红树林湿地、滨海生态林、滨海动物栖息地以及相关保护区、滨海海岛等。人文旅游包括合浦古汉墓群、文昌塔、东坡亭、白龙珍珠城遗址、冯子材故居和墓、刘永福故居和墓、北海近代建筑群、海上丝绸之路、胡志明小道等。

广西滨海主要有 10 个旅游区，其中生态滨海旅游区 3 个（北仑河口海洋自然保护区、山口红树林–合浦儒艮自然保护区、党江红树林湿地自然保护区），休闲渔业滨海旅游区 1 个（企沙休闲渔业滨海旅游区），观光滨海旅游区 1 个（三娘湾观光滨海旅游区），度假滨海旅游区 3 个（北海银滩度假滨海旅游区、江山半岛度假滨海旅游区、金滩京族三岛度假滨海旅游区），游艇旅游区 1 个（钦州茅尾海游艇旅游区），海岛综合旅游区（涸洲、斜阳岛海岛综合旅游区）。

目前广西滨海地区共有 A 级以上景区 9 个，其中 AAAA 级景区 6 个（北海市的银滩旅游区、海底世界、海洋之窗，钦州市的三娘湾旅游区、刘冯故居景区和八寨沟景区），AAA 级景区 2 个（钦州市龙门岛海上生态公园、防城港市东兴京岛景区），AA 级景区 1 个（防城港十万大山国家森林公园）。

2.1.6.7 海岛资源

广西现有海岛 709 个，其中有居民海岛 16 个，无居民海岛 693 个；广西海岛总面积为 155.58 km²，其中有居民海岛面积 137.03 km²，无居民海岛面积 18.55 km²；广西海岛岸线总长 671.17 km，其中有居民海岛岸线长 268.06 km，无居民海岛岸线长 403.11 km。广西海岛基本上沿大陆岸线分布，远离大陆海岸的岛屿极少；钦州湾内的海岛分布较为密集，其次是大风江口、防城湾、珍珠湾、铁山港和廉州湾。按物质组成来划分，709 个海岛中，基岩岛有 679 个，分布于钦州湾、防城湾、大风江口、铁山港湾和珍珠湾等；泥沙岛有 30 个，主要分布于南流江等河口地区或大陆砂质岸滩之上。

2.1.6.8 岸线和滩涂资源

广西海岸线东起于两广交界处的北海市白沙半岛高桥镇，西至中越边境的防城港市北仑河口。根据广西壮族自治区测绘局的测量，广西海岸线总长 1 628.59 km，其中防城港市海岸线长 537.79 km，钦州市海岸线长 562.64 km，北海市海岸线长 528.16 km。详见表 2-3。

表 2-3 广西壮族自治区海岸线修测成果 单位：km

行政区	人工岸线	河口岸线	沙质海岸	粉砂淤泥质海岸	生物海岸	基岩海岸	小计
北海市	439.39	3.08	50.60	4.64	27.18	3.28	528.16
钦州市	445.47	1.55	26.14	23.46	57.66	8.35	562.64
防城港市	395.35	1.09	35.22	82.51	4.46	19.16	537.79
总计	1 280.21	5.72	111.96	110.61	89.30	30.79	1 628.59

广西潮间带滩涂总面积约为 14×10^4 hm²，其中红树林滩 1.126×10^4 hm²，草滩 585 hm²，泥滩 6 719 hm²，泥砂混合滩 16 569 hm²，沙滩 88 231 hm²，其他 16 636 hm²。

2.1.6.9 港口航运资源

广西近海有铁山港湾、廉州湾、大风江口、钦州湾、防城港湾、珍珠湾及北仑河口共 7 处重要海湾。其中铁山港湾、大风江口、钦州湾和防城港湾拥有丰富的港口、锚地和航道资源。

（1）港口资源

广西沿岸有天然港湾 53 个，可开发的大小港口 21 个。除防城港、钦州港、北海港 3 个深水港口外，可供发展万吨级以上深水码头的海湾、岸段有 10 多处。2013 年，广西沿海港口共有生产性泊位 241 个，万吨级以上泊位 66 个，设计年通过能力为：货物综合通过能力 $16\,251 \times 10^4$ t，其中货物 $12\,611 \times 10^4$ t、集装箱 355 万 TEU、汽车 40 万辆，旅客 491 万人。2013 年，广西沿海港口完成货物吞吐量 $18\,674 \times 10^4$ t，比上年增长 7.09%。

根据《广西沿海港口布局规划》和《广西北部湾港总体规划》，广西北部湾港规划为"一港、三域、八区、多港点"："一港"即广西北部湾港；"三域"指防城港域、钦州港域和北海港域；"八区"指广西北部湾港规划期内重点发展的渔氵万港区、企沙西港区、龙门港区、金谷港区、大榄坪港区、石步岭港区、铁山港西港区、铁山港东港区等 8 个枢纽港区；"多港点"包括主要为当地生产生活及旅游客运服务的规模较小的港点。因此，广西的港口资源主要分布在防城港域、钦州港域和北海港域的 8 个港区和多个港点。

防城港的蝴蝶岭岸线、钦州的三墩岸线、北海的涠洲岛岸线，可作为 15 万吨级以上原油码头岸线。防城港的第四港区岸线、企沙半岛西岸线南段，钦州的果子山岸线、鹰岭岸线、大榄坪岸线、大榄坪南岸线、三墩岸线，北海的铁山港岸线，可作为建设 10 万~20 万吨级干散货码头的岸线。防城港的第二港区和第三港区岸线，钦州的勒沟岸线、大榄坪南岸线、大环岸线，北海的石步岭岸线、铁山港岸线，可作为建设 5 万吨级以上集装箱码头岸线。防城港的蝴蝶岭岸线和渔氵万半岛东岸线，钦州的鹰岭岸线，北海的铁山港岸线、涠洲岛岸线，可作为建设 5 万~10 万吨级成品油或液化气码头的岸线。小型码头岸线主要包括潭吉、京岛、竹山、白龙、茅岭、潭油和市边贸岸线等 7 段岸线，主要从事杂货和对越南的边境贸易。

（2）航道资源

广西沿海现有港口进港航道 131 km，其中防城港有 3 条进港航道，分别为：三牙航道（15 万吨级，长 11.7 km）、西湾航道西贤、牛头段（5 万吨级，长 5.5 km）、东湾航道（3 万~5 万吨级，长 8.2 km）；钦州港有 2 条进港航道，分别为西航道（1 万吨级，长 24.4 km）和东航道（3 万~10 万吨级，长 36.0 km）；北海有 2 条进港航道，分别为石步岭港区航道（5 万吨级，长 16.4 km）和铁山港区进港航道（3.5 万~5 万吨级，长 28.8 km）。根据《广西沿海港口布局规划》和《广西北部湾港总体规划》，广西沿海将规划建设 18 条新航道。

（3）锚地资源

防城港域：0# 锚地是防城湾的引航检疫锚地，半径 1 000 m；1# 锚地为 1 万~3 万吨级船舶待泊及避风锚地，面积 7.9×4.7 km²；3 号锚地为 3 万~15 万吨级船舶引航检疫锚地，面积 5.7×5.6 km²；4# 锚地规划建设于 3# 锚地以南约 8 km 处，为 20 万吨级船舶待泊、检疫锚地，面积 4.5×3.0 km²。

钦州港域：0# 锚地位于钦州湾西航道进口处西南约 5.6 km 处水域，为万吨级锚地，面积 1.6×1.6 km²；1# 锚地位于钦州湾 10 万吨级东航道进口东侧约 2.3 km 处，为 1 万~2 万吨级锚地，面积 5.0×2.0 km²；2#、3# 锚地位于钦州湾 10 万吨级东航道进口南面约 7 km 处，为 5 万吨级船舶锚地，面积 10.0×5.0 km²；4# 锚地位于 3# 锚地南侧约 17.5 km

处，为 10 万~20 万吨级锚地，面积 6.0×6.0 km²。

北海港域：主要有石步岭港区锚地和铁山港区锚地。石步岭港区的锚地中，万吨级和 2 万吨级锚地半径约为 1 000 m；3 万~5 万吨级锚地、5 万吨级锚地位于石步岭航道进口西南侧约 6.5 km 处，面积均为 3.0×1.9 km²。铁山港区的锚地中，5 万吨级锚地位于铁山港进港航道进口东侧，面积 23.5 km²；10 万吨级锚地位于铁山港进港航道东侧，面积 12 km²；10 万吨级 LNG 船舶锚地位于 10 万吨级锚地西南约 12 km 处，面积 23.4 km²；10 万~15 万吨级锚地位于涠洲岛西北约 7 km 处，面积 64 km²；30 万吨级锚地规划建设于钦州湾 30 万吨级东航道拐点东南约 21 km、涠洲岛西南约 32 km 处，面积 24 km²。

2.1.7 海域开发利用现状

2.1.7.1 围填海现状

近年来，随着人口的增长和土地资源的消耗，我国人多地少的矛盾日益突出。作为经济增长最活跃、工业化和城市化进程最快的地区，我国沿海地区工业、城镇等各种非农建设用地和农用地的扩张势在必行。一方面沿海滩涂拥有丰富的土地资源，尤其是河口和淤泥质海岸的滩涂；另一方面河流泥沙会源源不断地入海，因此滩涂还是一种动态增长的后备土地资源。这两方面使得滩涂围垦成为沿海地区缓解土地供求矛盾、扩大社会生存和发展空间的有效手段。一直以来，沿海滩涂围垦多用于农田和水产养殖，但在沿海经济发达地区，随着社会经济的不断发展，土地资源短缺矛盾日渐突出的情况下，滩涂围垦将用于建设用地，来为经济建设服务。如开发为房地产业、临岸工业；具有一定的水深条件的岸线或水域开发为港口运输业等。

广西自 2008 年以来，国家批准《广西北部湾经济区发展规划》实施后，广西沿海地区的开放开发迎来了一个前所未有的高潮。大规模利用近岸海域、滩涂建设一批临海（临港）工业，例如：广西总投资约 600 多亿元建设 43 项临海产业重点项目、总装机达 600×10⁴ kW 的 3 个火电厂、中石油 1 000×10⁴ t 炼油厂、年产 180×10⁴ t 浆及 250×10⁴ t 纸项目、北海哈纳利 12×10⁴ m³ 铁山港 LPG 大型冷冻储存库、防城港 1 000×10⁴ t 钢铁项目、钦州中石化年产 300×10⁴ t LNG 项目、总装机 600×10⁴ kW 的防城港核电项目、年产 300×10⁴ t 重油沥青项目、防城港企沙半岛沿岸的 60×10⁴ t 铜冶练及配套项目等纷纷落户广西沿海。同时，为了满足港口建设用地需要，防城港、钦州港、北海港、铁山港不断通过填海方式扩大港口建设，这些项目都集中建在海岸，通过直接开发利用海域和滩涂解决项目的用地需求。据统计，从 2000—2012 年共 13 年间，广西沿海地区利用海域面积达 5 612.0 hm²，主要用海方式为围填海。2008—2012 年围填海面积为 4 649.8 hm²，相当于 2000 年到 2007 年围填海面积（962.15 hm²）的 5 倍左右。目前，整个广西沿海海域围填海面积已超过 60 km²。根据《国务院关于广西海洋功能区划

（2011—2020 年）的批复》（国函〔2012〕166 号），到 2020 年，广西沿海围填海面积将达到 161 km²。

2000—2012 年广西围填海面积统计见表 2-4。

表 2-4　广西沿海地区围填海面积统计表　　单位：hm²

年份	北海市	钦州市	防城港市	合计
2000—2007	89.86	420	452.29	962.15
2008—2012	1 038.60	1 922.40	1 688.80	4 649.80
小计	1 128.50	2 342.40	2 141.09	5 612.00

（1）北海市围填海情况

北海市历年项目工程建设围填海面积统计见表 2-5。从统计数字看，2003—2007 年北海市围填海面积变化相对平稳，且围填海面积均较小，而从 2008 年开始围填海面积开始显著升高，2007 年为 102.86 hm²，2008 年为 194.51 hm²，增加接近 1 倍。此后，尽管 2009 年项目围填海有所放缓，但从 2010 年开始又迅速增加，2012 年累计填海面积达 1 128.47 hm²，约为 2003 年填海面积的 150 倍。2010—2012 年，北海市围填海面积增加最快，几乎每年按 200 hm² 左右幅度递增（图 2-1）。根据北部湾港总体规划，到 2030 年，北海市北海港区发展计划使用海域及滩涂将达到 6 913 hm²。

表 2-5　北海市历年围填海面积统计　　单位：hm²

年份	各年填海面积	累计填海面积
2003	7.51	7.51
2004	0	7.51
2005	24.21	31.72
2006	58.14	89.86
2007	12.99	102.86
2008	91.65	194.51
2009	4.86	199.37
2010	408.73	608.10
2011	154.54	762.64
2012	365.83	1 128.47

（2）钦州市围填海情况

钦州市历年项目工程围填海面积统计见表 2-6。从统计数字看，从 2009 年开始，钦州市建设项目工程围填海面积成倍增长，2009—2010 年 2 年间累计填海面积达 1 242.69 hm²。根据北部湾港总体规划，到 2030 年，钦州港区发展计划使用海域及滩

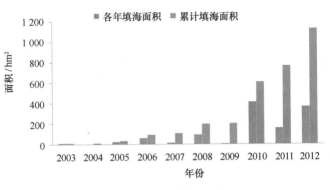

图 2-1　北海市围填海面积变化

涂将达到 5 167.8 hm²，再加上其他工业项目的填海，钦州市的围填海面积还会显著增加。

<table><tr><td colspan="3">表 2-6　钦州市历年围填海面积统计　　　　　　　　　　单位：hm²</td></tr><tr><td>年份</td><td>各年填海面积</td><td>累计填海面积</td></tr><tr><td>2008</td><td>281.01</td><td>281.01</td></tr><tr><td>2009</td><td>451.74</td><td>732.75</td></tr><tr><td>2010</td><td>790.95</td><td>1 523.70</td></tr><tr><td>2011</td><td>211.88</td><td>1 735.58</td></tr><tr><td>2012</td><td>186.77</td><td>1 922.35</td></tr></table>

根据有关卫片资料分析（图 2-2），2000 年前，钦州港尚未建设，海岸线为自然岸线。到 2000 年，钦州港基本有了港口和深水港码头的雏形，围填海面积约 2 km²。2005 年后，钦州港逐步完善第一个深水港码头的同时，钦州港保税港区也开始围堰，2008 年，钦州港保税港区水下工程基本完成。2012 年，随着钦州港的开发热潮兴起，钦州港围填海造地逐渐增多，填海面积已接近 28 km²。大规模填海面积集中在金谷港区和大榄坪港区，其中，钦州港保税港区填海面积 10 km²，大榄坪港区填海面积约 12 km²（图 2-3）。

（3）防城港市围填海情况

防城港市历年项目工程围填海面积统计见表 2-7。从统计数字看，2001—2009 年除 2011 年和 2006 年围填海面积较大外，其他年份面积均较小，而从 2010 年开始围填海面积迅速增加，累计填海面积从 2009 年的 467.87 hm² 增加到 2010 年的 962.02 hm²，2012 年累计填海面积达 2 141.09 hm²，为 2003 年累计填海面积的 13 倍。2010—2012年，防城港市围填海面积增加最快，几乎每年按 500 hm² 左右幅度递增（图 2-4）。面积增加趋势与北海市一样。2010 年，防城港 18#~22# 泊位码头以及各沿海仓储工业项

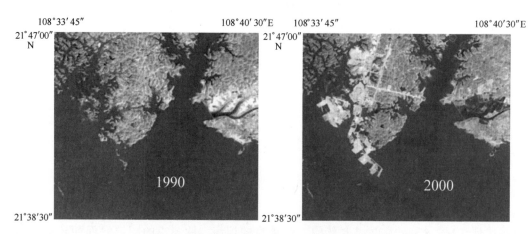

图 2-2 钦州港 1990 和 2000 年围填海面积示意图

图 2-3 2012 年钦州港围填海状况示意图

(黄色为钦州港填海区；红色为企沙东港未来发展填海区)

目的建设，是防城港市围填海面积迅速增加的主要原因。根据北部湾港总体规划，到 2030 年，防城港区发展计划使用海域及滩涂将达到 4 190 hm^2，还不包括工业项目的用海。

表 2-7　防城港市历年围填海面积统计　　　　　单位：hm²

年份	各年填海面积	累计填海面积
2001	154.63	154.63
2002	0.00	154.63
2003	10.21	164.84
2004	43.99	208.84
2005	29.45	238.29
2006	214.01	452.29
2007	2.65	454.95
2008	7.59	462.53
2009	5.33	467.87
2010	494.16	962.02
2011	756.85	1 718.87
2012	422.22	2 141.09

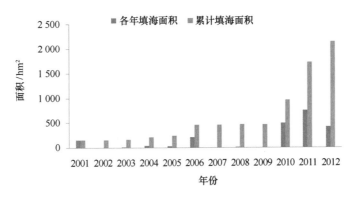

图 2-4　防城港市围填海面积变化

2.1.7.2　海岸线利用情况

海岸是陆海相互作用的敏感地带，在陆海交互的动力条件作用下，海岸进行着侵蚀和堆积的变化过程。世界上的海岸呈现局部或全线冲刷后退，海岸侵蚀的速度，随着组成物质的差异有着很大的差别。基岩海岸侵蚀速度常以若干毫米/年乃至若干厘米/年计，砂质海岸常以米/年计，而淤泥质海岸以其组成物质疏松，抗冲力很弱，在强烈动力袭击下，有时可以达每年数百米的侵蚀速度。特别是近年来的人类活动对海岸淤、蚀的影响，已经成为导致海岸演变的一种主要驱动力。海岸线是环境的脆弱区，人们对岸线的过度开发，改变岸段曲直比，平直化的岸线抗拒波浪、潮流的能力大为减弱，海岸脆弱性明显加强。所以，大规模的海岸开发工程，自然岸线减少后也因改变着海岸的自然属性和潮滩、浅海生态结构而带来许多重大的环境及生态的重大问题。

近30年来，广西大陆海岸线呈现人工岸线逐年增加，自然岸线逐年减少的发展趋势。根据统计，从20世纪90年代初到2010年，广西海岸线共减少168.66 km，年均减少8.43 km。其中，2005—2010年，海岸线总计缩减52.19 km，年均减少10.44 km，是近30年来年均减少速度最快的时期，这与2008年广西北部湾发展规划开始实施、大批项目建设利用岸线有关。

广西海岸线变化情况统计见表2-8、表2-9。

表2-8　各种海岸线类型变化情况　　　　　　　单位：km

岸线类型		1990 年	2000 年	2005 年	2010 年
人工海岸	人工港口填海	95.76	112.21	130.22	159.41
	滩涂养殖场	156.32	178.73	199.45	209.28
	人工段总长	252.08	290.94	329.67	368.69
自然海岸	基岩海岸	85.30	70.76	64.88	53.52
	淤泥质海岸	339.43	298.23	273.59	243.40
	砂质海岸	187.86	157.33	130.84	116.38
	生物海岸	388.90	359.93	338.12	302.92
	自然段总长	1 001.49	886.25	777.43	716.22
全海岸总长		1 253.57	1 177.19	1 137.10	1 084.91

表2-9　各时段海岸线长度变化情况　　　　　　　单位：km

时相区间	减少长度	年均减少长度
1990—2000 年	76.38	7.64
2000—2005 年	40.09	8.02
2005—2010 年	52.19	10.44
合计	168.66	8.43

由表2-8、表2-9可知，从20世纪90年代初到2010年，各种海岸线类型变化情况中，人工岸线：1990年为252.08 km，2010年为368.69 km，人工岸线增加116.61 km；自然海岸：1990年为1 001.49 km，2010年为716.22 km，自然海岸减少285.27 km。各时段海岸线长度变化情况，从1990—2010年，岸线减少总长度168.66 km，年均减少长度8.43 km。其中，1990—2000年，岸线减少长度76.38 km，年均减少长度7.64 km，2000—2005年，岸线减少长度40.09 km，年均减少长度8.02 km，2005—2010年，岸线减少长度52.19 km，年均减少长度10.44 km。1990—2010年，人工岸线增加233.21 km，自然岸线减少285.27 km，人工岸线增加与自然岸线减少的主要原因是人为填海。此

外，人为滥砍乱伐红树林，也使广西沿海生物岸线减缩将近 85.99 km。

2.1.7.3 滩涂利用情况

广西沿海滩涂利用变化经历了加速递减、增加、再次递减的 3 个阶段。而海水养殖以及围垦造地及临海工业、城镇用地面积的增加，则是减少滩涂面积的主要原因。目前，广西沿海滩涂利用面积最大仍为海水滩涂养殖，占 21.90%，其次是围垦造地和盐田及临海工业、城镇利用面积，占 17.05%。在广西沿海三市中，钦州市在围垦造地和盐田及临海工业、城镇利用滩涂面积接近于北海市和防城港市总和，为 $0.88×10^4$ hm^2，占滩涂总面积的 8.38%，北海市为 $0.45×10^4$ hm^2，占滩涂总面积的 4.29%，防城港市为 $0.46×10^4$ hm^2，占滩涂总面积的 4.38%。滩涂面积的变化趋势是越来越小，而围垦造地和临海工业、城镇建设、盐田等利用滩涂面积呈现较快增大的发展趋势。

2012 年广西沿海滩涂利用统计见表 2-10。

表 2-10　广西沿海滩涂利用情况统计

滩涂利用情况		面积/10^4 hm^2	占滩涂总面积的比例/%
滩涂总面积		10.50	100.00
适宜水产养殖滩涂面积		6.70	63.81
实际海水滩涂养殖面积		2.30	21.90
围垦造地和盐田及临海工业、城镇利用面积	钦州市	0.88	8.38
	北海市	0.45	4.29
	防城港市	0.46	4.38
	合计	1.79	17.05

广西海岸线曲折，海岛密布，港湾众多，滩涂资源丰富。沿岸水深 0~20 m 的浅海面积约 6 650 km^2，其中，0~5 m 的浅海面积 1 430 km^2，5~20 m 的浅海面积 5 220 km^2。近年来，除港口、盐田及临海工业、城镇利用滩涂面积外，滨海旅游业也在利用大量的滩涂资源。如北海市银滩公园开发占用潮间带滩涂自然岸线 5~6 km，但由于不合理的人工开发导致海岸侵蚀和环境恶化，沿岸泥沙动力场平衡受到破坏，原来平缓的潮间带沙滩变得起伏不平，海滩剖面宽度明显变窄。据 1976—1985 年的航片资料比较，沙滩缩窄率 3.5~5.6 m/a，主要是 1990 年银滩公园开始建设使用海滩的缘故。由于银滩公园西段挡浪墙侵入到高潮线以下的潮间带，导致海滩坡度变大，宽度变小，1985—1994 年缩窄率高达 17.8 m/a。1994 年现场测量结果表明，银滩公园以东的自然海滩坡度为 0.93‰，进入银滩公园内，海滩坡度为 1.80‰~10‰，坡度明显变大。整个银滩公园西段沙滩已经缩窄了 160 m。

沿海滩涂是一种动态增长的后备土地资源，蕴藏着丰富的土地、港口、旅游和水生生物等资源。由于其特定的自然条件、复杂的生态系统和特殊的经济价值，长期以来，一直与人类社会发展密切相关。但广西沿海滩涂开发利用程度低，开发多为传统的种植业、养植业，开发层次不高，利用方向单一，资源综合利用效率不高；还有，对滩涂利用不合理，造成生态环境问题日渐突出，对滩涂资源的持续利用和滩涂经济的持续发展带来直接影响。

2.2 社会经济

2.2.1 行政区划

广西沿海地区三市地理位置由东至西依次为北海市、钦州市、防城港市。其中北海市现辖银海区、海城区、铁山港区和合浦县，行政区域面积 3 337 km²；钦州现辖灵山县、浦北县、钦南区、钦北区、钦州港经济技术开发区、三娘湾旅游管理区，行政区域面积 10 800 km²；防城港市现辖港口区、防城区、上思县和东兴市，行政区域面积 6 222 km²。

2.2.2 沿岸各市社会经济概况

根据沿海三市政府 2014 年工作报告：

2013 年，北海市完成地区生产总值 735 亿元，增长 13.3%；财政收入 113.6 亿元、增长 13.5%；规模以上工业总产值 1 300.9 亿元，增长 27%；规模以上工业增加值增长 24.6%；全社会固定资产投资 685.9 亿元，增长 23.5%。三次产业结构调整为 19.4：50.8：29.8。完成农林牧渔业总产值 212.83 亿元，增长 5.6%。接待国内游客 1 500 万人次，增长 15%，完成国内旅游收入 130 亿元，增长 20%。完成港口吞吐量 2 078 万吨，增长 18.2%。完成外贸进出口总额 27 亿美元，增长 29.9%。

2013 年，钦州市完成生产总值 750 亿元，同比增长 9%；规模以上工业总产值 1 115亿元，增长 2%；固定资产投资 560 亿元，增长 35%；地方公共财政预算收入 42 亿元，增长 25%；城镇居民人均可支配收入 23 760 元，增长 10%；农民人均纯收入 8 140元，增长 14%。港口吞吐量突破 6 000 万吨，其中集装箱吞吐量 60 万标箱。

2013 年，防城港市完成生产总值 525 亿元，增长 12.4%；工业总产值突破 1 000 亿元大关，增长 23.3%；财政收入 59.3 亿元，增长 13.1%；全社会固定资产投资 475 亿元，增长 14.5%；港口货物吞吐量 1.06 亿吨，增长 5%；全年社会消费品零售总额 81.4 亿元，增长 14.2%。实现外贸进出口总额 43 亿美元。边境贸易进出口总额 241.5 亿元，增长 19.6%。旅游业取得新突破，接待游客 965 万人次，增长 19.6%。农林牧渔业总产值 111.6 亿元，增长 5.6%。

2.2.3 海洋经济与海洋产业现状

现代海洋经济包括为开发海洋资源和依赖海洋空间而进行的生产活动，以及直接或间接为开发海洋资源及空间的相关服务性产业活动，这样一些产业活动而形成的经济集合均被视为现代海洋经济范畴。主要包括海洋渔业、海洋交通运输业、海洋船舶工业、海盐业、海洋油气业、滨海旅游业。

广西是我国重要的沿海省区之一，海域空间广阔，海洋资源丰富，可开发利用潜力巨大，海洋经济正逐渐成为国民经济新的增长点。2010 年，全区海洋经济生产总值（不含临海工业）由 2005 年的 190 亿元增加到 570 亿元，全区海洋经济生产总值占广西地区生产总值比重为 6%，"十一五"期间海洋经济生产总值年均增长 21.10%，五年累计实现生产总值 2 039 亿元，其中：第一产业增加值由 47 亿元增加到 107 亿元，第二产业增加值由 66 亿元增加到 233 亿元，第三产业增加值由 77 亿元增加到 229 亿元；主要海洋产业完成总产值 342 亿元，实现增加值 289 亿元，北海市、钦州市、防城港市主要海洋产业总产值分别为 144.5 亿元、112.6 亿元、84.5 亿元，占全区主要海洋产业总产值比重为 42.25%、32.92%、24.71%。

根据广西壮族自治区海洋局发布的《2013 年广西海洋经济统计公报》，2013 年，广西海洋经济总产值按产业结构划分，海洋第一产业增加值 154 亿元，海洋第二产业增加值 377 亿元，海洋第三产业增加值 369 亿元。海洋第一、第二、第三产业增加值占海洋生产总值的比重分别为 17.1%、41.9%、41.0%。2013 年广西主要海洋产业全年实现增加值 462 亿元，比上年增长 17.3%。其中，海洋渔业比重最大，增加值 171 亿元，占 37.0%；第二位是海洋交通运输业，增加值 111 亿元，占 24.0%；第三位是海洋工程建筑业，增加值 107 亿元，占 23.2%。海洋科研教育服务业的发展稳中有升，全年实现增加值 84 亿元，比 2012 年增长 12.0%。海洋相关产业随着主要海洋产业的较快发展增长迅速，全年实现增加值 353 亿元，比 2012 年增长 20.9%。《2013 年广西海洋经济统计公报》显示，北海市海洋生产总值为 328 亿元，占全区海洋生产总值的 36.5%；钦州市海洋生产总值为 336 亿元，占全区海洋生产总值的 37.4%；防城港市海洋生产总值为 234 亿元，占全区海洋生产总值的 26.1%。

广西壮族自治区人民政府《关于加快培育发展战略性新兴产业的意见》指出，充分发挥我区拥有一片海的资源优势，以陆域为支撑，以港口为依托，以产业优化升级为主线，在发展壮大传统海洋产业同时，大力培育发展新兴海洋产业。近年来，随着港口及临港工业建设速度加快，海洋产业发展有长足进步，尤其是海洋交通运输业、滨海旅游业等产业规模不断壮大，一些战略性新兴海洋产业也在加快发展，一批龙头企业和产业集群辐射带动力日益增强。但广西海洋产业发展仍存在增长方式粗放、产业集中度低、科技力量薄弱等瓶颈问题。面对这些瓶颈问题，广西必须依靠科技手段，实现经济增长由资源驱动型向技术驱动型转变，提高生产力和生产效率，降低生产成本，提高海洋产业的市场竞争力。广西拥有中国近 9% 的海岸线，是西南的出海通道，是中国-东盟自由贸易区前沿，加快建设广西海洋经济与海上丝绸之路沿线国家和地区的产业合作，推进海洋产业发展高端化、集群化、国际化；加强海洋开发合作，联合打造海上丝绸之路海洋经济走廊，壮大海洋产业发展规模，提升产业技术创新能力，融入国家提出的"一带一路"建设，意义十分重要。

第3章　海洋与环境功能区划及其环境目标

　　海洋与环境功能区划是根据海域的地理区位、地理条件、自然资源与环境等自然属性，并考虑海洋开发利用现状和区域经济、社会发展需要，把海域划分成具有不同类型的基本功能，用来指导、约束海洋开发利用实践活动，保证海上开发的经济、环境和社会效益的协调发展，并作为海洋管理的基础。我国的海洋与环境功能区一般分为八大类，即农渔业、港口航运、工业与城镇用海、矿产与能源、旅游休闲娱乐、海洋保护、特殊利用、保留区。广西的海洋与环境功能区划则是在科学评价海域自然资源、环境条件和社会经济发展需求的基础上，根据国家海洋与环境功能区划、国民经济和社会发展中长期规划、区域规划等，制定本地区海洋资源利用和保护战略，定位海域空间的基本功能，明确功能区的管理要求，为广西海洋开发活动及海域管理和海洋环境保护工作提供科学依据。

　　广西壮族自治区沿海地区包括北海市、防城港市、钦州市3个行政区域，大陆海岸线长 1 628 km，沿海滩涂面积 1 005 km^2，是广西北部湾经济区的核心区域，在泛北部湾经济区区域经济合作中具有明显的战略地位优势。广西海洋与环境功能区划主要是根据这一区域的资源现状、环境条件、社会经济及发展需求进行划定的，并基于海洋资源的可持续利用、生态系统的完整性、各功能区的相近性方面考虑，从生态的角度提出了不同的环境保护目标。

3.1　海洋功能区划及其环境保护目标

　　根据广西壮族自治区海洋功能区划（2011—2020），广西海域划分为10个单元，即铁山港海域、银滩海域、廉州湾海域、大风江-三娘湾海域、钦州湾海域、防城港市海域、珍珠湾海域、北仑河口海域、广西近海南部海域和涠洲岛-斜阳岛海域。在10个单元中，按照功能的要求，划分为农渔业区、港口航运区、工业与城镇用海区、矿产与能源区、旅游休闲娱乐区、海洋保护区、特殊利用区和保留区共8个类别74个海岸基本功能区以及29个近海基本功能区。

　　广西海洋功能区划的总面积约 7 000 km^2，范围详见图3-1。

3.1.1　农渔业区

　　农渔业区是指农业围垦区、渔业基础设施区、养殖区、增殖区、捕捞区和水产种

45

质资源保护区。在广西海岸带中划分农渔业区 25 个，其中海岸基本功能区 12 个，近海基本功能区 13 个，总面积 391 589 hm²。各基本功能区及环境保护目标见表 3-1。

表 3-1　农渔业区海洋功能区划及环境保护目标

类别	环境保护目标	功能区名称	备注
海岸基本功能区	海水水质不劣于二类标准，海洋沉积物和海洋生物执行一类标准。渔港海域水质执行不劣于三类标准，海洋沉积物和海洋生物执行不劣于二类标准	珍珠湾农渔业区	渔业用海，适当旅游娱乐开发，优先保护红树林、珍珠贝与海草床生境
		企沙农渔业区	渔业用海，保障企沙渔港用海，兼顾旅游娱乐功能
		防城港红沙农渔业区	渔业用海，禁止新的围填海；严格污水达标排放和生活垃圾科学处置
		茅尾海西岸农渔业区	渔业用海，重点保护渔业生境和海岸景观和湿地景观；严格污水达标排放
		茅尾海农渔业区	渔业用海，保护牡蛎资源，兼顾旅游娱乐功能；严格实行污水达标排放
		茅尾海东部农渔业区	渔业用海，兼顾旅游娱乐功能；严格污水达标排放和生活垃圾科学处置
		三娘湾农渔业区	渔业用海；严格控制陆域面源污染和点源污染
		廉州湾农渔业区	渔业用海，可适当安排与渔业相关的兼容性开发活动
		营盘农渔业区	渔业用海，重点保护珍珠贝；减少渔业用海对滨海旅游区的污染
		白沙头至红坎农渔业区	渔业用海
		沙塍至闸口农渔业区	
		根竹山至良港村农渔业区	渔业用海，可适当安排与渔业相关的兼容性开发活动
近海基本功能区	海水水质不劣于二类标准，海洋沉积物和海洋生物执行一类标准；广西近海南部农渔业区、水产种质资源保护区执行不劣于一类海水水质标准，海洋沉积物和海洋生物执行一类标准；航道锚地、倾倒区以及防城港核电厂废水影响区执行相应的海洋环境标准	北仑河口农渔业区	渔业用海
		防城港金滩南部农渔业区	
		江山半岛南部农渔业区	渔业用海，可适当安排与渔业相关的兼容性开发活动
		企沙半岛南部农渔业区	
		钦州湾外湾农渔业区	渔业用海，加强白海豚生境的保护；可适当安排与渔业相关的兼容性开发活动
		钦州湾东南部农渔业区	
		大风江航道南侧农渔业区	
		电建南部浅海农渔业区	渔业用海，可适当安排与渔业相关的兼容性开发活动
		廉州湾西南部浅海农渔业区	
		白虎头南部浅海农渔业区	
		西村港至营盘南部浅海农渔业区	渔业用海，加强珍珠贝的保护；可适当安排与渔业相关的兼容性开发活动
		营盘至彬塘南部浅海农渔业区	
		广西近海南部农渔业区	渔业用海

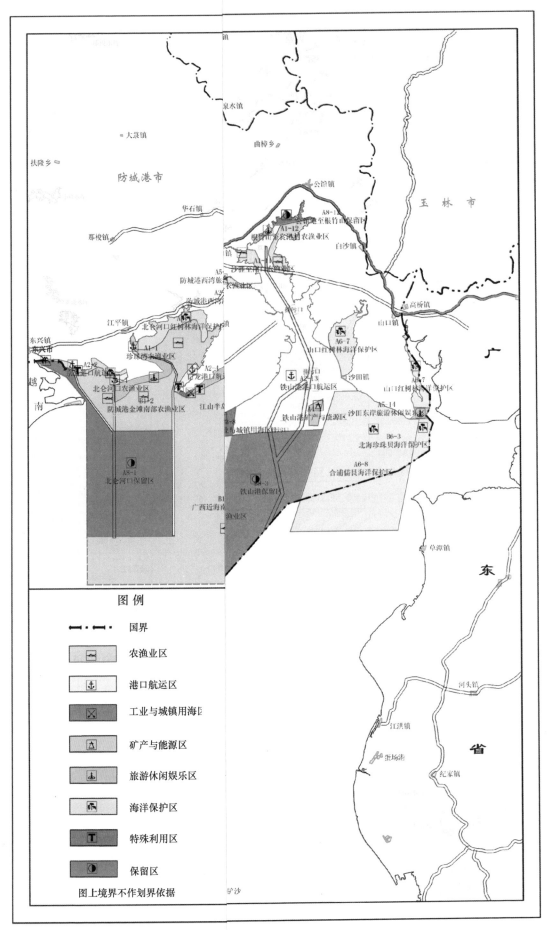

图 例

	国界
🐟	农渔业区
⚓	港口航运区
⊠	工业与城镇用海区
△	矿产与能源区
⛱	旅游休闲娱乐区
⌖	海洋保护区
T	特殊利用区
◐	保留区

图上境界不作划界依据

广西壮族自治区海洋局　广西地图院　　　　　　　　　　审图号：桂S（2013）7号　　　　2013年2月

3.1.2 港口航运区

港口航运区是指适于开发利用港口航运资源，可供港口、航道和锚地建设的海域，包括港口区、航道区和锚地区。在海岸带中划分港口航运区15个，其中海岸基本功能区13个，近海基本功能区2个，总面积57 927 hm²。各基本功能区及环境保护目标见表3-2。

表3-2 港口航运区海洋功能区划及环境保护目标

类别	环境保护目标	功能区名称	备注
海岸基本功能区	水质不劣于三类标准，海洋沉积物和海洋生物不劣于二类标准	竹山港口航运区	港口航运用海，兼顾旅游娱乐功能；禁止向港口水域倾倒泥土、砂石以及超过规定标准的有毒、有害物质
		京岛港口航运区	
		潭吉港口航运区	
		茅岭港口航运区	
		那丽港口航运区	港口航运用海，兼顾旅游娱乐功能
	水质不劣于四类标准，海洋沉积物和海洋生物不劣于三类标准；禁止向港口水域倾倒泥土、砂石以及超过规定标准的有毒、有害物质	白龙港口航运区	港口航运用海，兼容旅游娱乐功能
		沙井港口航运区	
		防城港西湾港口航运区	港口航运用海，用于公务码头建设
		防城港港口航运区	港口航运用海，兼顾工业与城镇用海
	水质不劣于四类标准，海洋沉积物和海洋生物不劣于三类标准；对排污区进行污染监测	鹰岭-果子山-金鼓江港口航运区	港口航运、临港工业园区用海需求，可适度开展工业与城镇建设
		大榄坪至三墩港口航运区	港口航运用海
		北海港口航运区	港口航运用海
		铁山港港口航运区	港口航运及相关临港（海）工业用海
近海基本功能区	港口区水质不劣于四类标准，海洋沉积物和海洋生物不劣于二类标准	三墩外港口航运区	港口航运用海，布置大宗散货、液体散货或石油泊位
		涠洲岛港口航运区	港口航运用海，满足石油码头终端的用海需求，合理发展客货码头

3.1.3 工业与城镇用海区

工业与城镇用海区是指适于发展临海工业与滨海城镇的海域，包括工业用海区和城镇用海区。在海岸带中划分工业与城镇用海区9个，其中海岸工业与城镇用海区8个，近海工业与城镇用海区1个，总面积20 037 hm²。各基本功能区及环境保护目标见表3-3。

表3-3　工业与城镇用海区海洋功能区划及环境保护目标

类别	环境保护目标	功能区名称	备注
海岸基本功能区	严格把关工业废水或城市废水的达标排放；海域开发前基本保持所在海域环境质量现状水平	白龙工业与城镇用海区	工业用海，兼顾旅游娱乐功能
		企沙半岛工业与城镇用海区	企沙工业区用海
		茅尾海东岸工业与城镇用海区	钦州市滨海新城用海
		金鼓江工业与城镇用海区	中马钦州产业园用海
		大榄坪工业与城镇用海区	钦州港工业区用海
		廉州湾工业与城镇用海区	保障北海市城市建设需求
		营盘彬塘工业与城镇用海区	保障城市与工业发展用海需求
	水质不劣于四类标准，海洋沉积物和海洋生物不劣于三类	企沙半岛东侧工业与城镇用海区	防城港核电厂用海，兼容风电场建设
近海基本功能区	水质不劣于三类标准，海洋沉积物和海洋生物不劣于二类标准	企沙半岛南侧工业与城镇用海区	可适度开展围填海活动

3.1.4　矿产与能源区

矿产与能源区是指适于开发利用矿产资源与海上能源，可供油气和固体矿产等勘探、开采作业，以及盐田和可再生能源等开发利用的海域，包括油气区、固体矿产区、盐田区和可再生能源区。在海岸带中划分矿产与能源区3个，总面积2 190 hm²。其中海岸矿产与能源区1个，近海矿产与能源区2个。各基本功能区及环境保护目标见表3-4。

表3-4　矿产与能源区海洋功能区划及环境保护目标

类别	环境保护目标	功能区名称	备注
海岸基本功能区	水质不劣于四类标准，海洋沉积物和海洋生物不劣于三类标准	铁山港矿产与能源区	海砂开采
近海基本功能区	水质不劣于四类标准，海洋沉积物和海洋生物不劣于三类标准	钦州湾矿产与能源区	采砂
		大风江东岸矿产与能源区	

3.1.5　旅游休闲娱乐区

旅游休闲娱乐区是指适于开发利用滨海和海上旅游资源，可供旅游景区开发和海上文体娱乐活动场所建设的海域，包括风景旅游区和文体休闲娱乐区。在海岸带中划分旅游休闲娱乐区 15 个，总面积 36 319 hm²。其中海岸旅游休闲娱乐区 14 个，近海旅游休闲娱乐区 1 个。各基本功能区及环境保护目标见表 3-5。

表 3-5 旅游休闲娱乐区海洋功能区划及环境保护目标

类别	环境保护目标	功能区名称	备注
海岸基本功能区	水质不劣于二类标准，海洋沉积物和海洋生物执行一类标准；严格实行污水达标排放和生活垃圾科学处置	万尾半岛海岸至金滩旅游休闲娱乐区	旅游娱乐用海
		防城港西湾旅游休闲娱乐区	旅游娱乐用海，发展生态旅游
		防城港东湾旅游休闲娱乐区	
		沙井西侧旅游休闲娱乐区	
		茅尾海东岸旅游休闲娱乐区	
		七十二泾旅游休闲娱乐区	海岛旅游区
		龙门及观音堂旅游休闲娱乐区	海滨度假
		三娘湾旅游休闲娱乐区	滨海浴场、白海豚驯养等
		沙田东岸旅游休闲娱乐区	旅游娱乐用海
	水质不劣于三类标准，海洋沉积物和海洋生物执行二类标准	廉州湾旅游休闲娱乐区	旅游娱乐用海
		闸口至公馆港旅游休闲娱乐区	
	渔业基地和渔港海域水质不劣于三类标准，海洋沉积物和海洋生物不劣于二类标准	江山半岛东岸旅游休闲娱乐区	旅游娱乐用海
		鹿耳环至三娘湾旅游休闲娱乐区	
		北海银滩旅游休闲娱乐区	
近海基本功能区	南湾海域水质不劣于三类标准，海洋沉积物和海洋生物不劣于二类标准；其他海域水质不劣于二类标准，海洋沉积物和海洋生物执行一类标准	涸洲岛旅游休闲娱乐区	旅游娱乐用海；北部兼容渔业养殖功能，南部兼容港口功能，旅游开发与珊瑚礁的保护相协调

3.1.6 海洋保护区

海洋保护区是指专供海洋资源、环境和生态保护的海域，包括海洋自然保护区、海洋特别保护区。在海岸带中划分海洋保护区 12 个，总面积 86 351 hm²。其中海岸海洋保护区 8 个，近海海洋保护区 4 个。各保护区功能区划及环境保护目标见表 3-6。

3.1.7 特殊利用区

特殊利用区是指供特殊用途排他使用的海域，包括用于海底管线铺设、路桥建设、污水达标排放、倾倒等的其他特殊利用区。在海岸带中划分特殊利用区 8 个，其中海岸基本功能区 6 个，近海基本功能区 2 个。特殊利用区功能区划及环境保护目标见表3-7。

表 3-6　海洋保护区海洋功能区划及环境保护目标

类别	环境保护目标	功能区名称	备注
海岸基本功能区	严格执行《自然保护区管理条例》和《海洋类自然保护区管理办法》，水质、海洋沉积物和海洋生物均执行一类标准	北仑河口红树林海洋保护区	海洋保护区用海，兼顾生态观光旅游和渔业用海，禁止围填海
		防城港东湾海洋保护区	海洋保护区用海，兼顾生态观光旅游、渔业用海等
		茅尾海红树林海洋保护区	
		大风江红树林海洋保护区	
		山口红树林海洋保护区	
		合浦儒艮海洋保护区	
	水质不劣于二类标准，海洋沉积物和海洋生物执行一类标准	三娘湾海洋保护区	海洋特别保护区用海，兼顾旅游娱乐功能
		茅尾海中部海洋保护区	海洋特别保护区用海，可适度开展海上观光旅游、休闲渔业等
近海基本功能区	水质执行不劣于二类标准，海洋沉积物和海洋生物执行一类标准	涠洲岛海洋保护区	用于涠洲岛周边珊瑚礁生态保护区建设
		斜阳岛海洋保护区	
		北海珍珠贝海洋保护区	兼顾渔业用海
	水质不劣于一类标准，海洋沉积物和海洋生物执行一类标准	广西近海南部海洋保护区	保护广西近海南部海域优质渔业品种、种质资源及其产卵场

表 3-7　特殊利用区海洋功能区划及环境保护目标

类别	环境保护目标	功能区名称	备注
海岸基本功能区	禁止向港口水域倾倒泥土、砂石，基本保持所在海域环境质量现状水平	北仑河口特殊利用区	维持现状，保护区域设施及效能
		白龙特殊利用区	
		江山半岛特殊利用区	
		龙门特殊利用区	
		北海特殊利用区	
	与穿越海域的环境保护要求一致	海底光缆特殊利用区	海底光缆保护
近海	保持现状水质水平	涠洲岛特殊利用区	维持现状，保护区域设施及效能
		斜阳岛特殊利用区	

3.1.8　保留区

保留区是指为保留海域后备空间资源，专门划定的在区划期限内限制开发的海域。在海岸带中划分保留区 16 个，总面积 81 998 hm²。其中海岸保留区 12 个，近海保留区 4 个。各保留区功能区划及环境保护目标见表 3-8。

表 3-8 保留区海洋功能区划及环境保护目标

类别	环境保护目标	功能区名称	备注
海岸基本功能区	保持所在海域环境质量现状水平	北仑河口保留区	保留区
		大小冬瓜保留区	未利用前可保留渔业、旅游用海
	水质不劣于二类标准，海洋沉积物和海洋生物执行二类标准	茅岭江保留区	兼容排洪泄洪功能
	保持所在海域环境质量现状水平	茅尾海北部保留区	
	水质不劣于三类，海洋沉积物和海洋生物执行二类标准	沙井北岸保留区	兼容排洪泄洪功能
		大风江口西岸保留区	严格论证海域最适合功能
	保持所在海域环境质量现状水平	龙门及观音堂保留区	严格论证海域最适合功能
		大风江保留区	
		大风江口东岸保留区	
		西场保留区	
		廉州湾保留区	
		公馆港至根竹山保留区	
近海基本功能区	保持所在海域环境质量现状水平	企沙半岛东侧保留区	防城港核电厂一侧为电厂排水区，其余区域严格论证最适合功能
		老人沙保留区	严格论证海域最适合功能
	不劣于现状水平	铁山港保留区	允许改、扩建航道、选划排污混合区等用海
		涠洲岛-斜阳岛保留区	严格论证海域最适合功能

3.2 近岸海域环境功能区划及其环境保护目标

广西近岸海域环境功能区划及其环境保护目标是根据国家关于近岸海域环境保护工作要求和广西沿海地区经济社会发展的实际情况制订的。2011年5月6日，经修编形成的《广西壮族自治区近岸海域环境功能区划调整方案》作为现今执行的海域环境功能区划及其环境保护目标的管理依据。"调整方案"遵循以下原则：近期计划与长远规划相结合；局部利益服从整体利益；与海洋功能区划主导功能相协调；陆域与海域统筹兼顾；合理利用海洋自净能力和环境容量。将海域环境功能区划的范围调整为广西壮族自治区行政区域内的大陆海岸、岛屿相毗连，《中华人民共和国领海及毗连区法》规定的领海外部界限向陆一侧的海域，重点是与城镇生活、经济建设和社会发展关系密切的入海河口、海湾及所涉及的岸线附近海域。体现了更加切合广西的实际，更加符合发展的需求。

3.2.1 近岸海域环境功能区分类、执行标准和命名方法

根据《海水水质标准》（GB 3097—1997）和《近岸海域环境功能区划分技术规范》（HJ/T 82—2001）要求，近岸海域环境功能区划分为4类，具体如下：

一类环境功能区（A）：适用于海洋渔业水域，海上自然保护区和珍稀濒危海洋生物保护区。水质保护目标为《海水水质标准》（GB 3097—1997）一类海水水质标准。

二类环境功能区（B）：适用于水产养殖区，海水浴场，人体直接接触海水的海上运动或娱乐区，以及与人类食用直接有关的工业用水区。水质保护目标为《海水水质标准》（GB 3097—1997）二类海水水质标准。

三类环境功能区（C）：适用于一般工业用水区，滨海风景旅游区。水质保护目标为《海水水质标准》（GB 3097—1997）三类海水水质标准。

四类环境功能区（D）：适用于海洋港口水域，海洋开发作业区。水质保护目标为不低于《海水水质标准》（GB 3097—1997）四类海水水质标准。

根据《近岸海域环境功能区划分技术规范》（HJ/T 82—2001）规定，近岸海域环境功能区的命名统一规定为，按海域所在地名和其环境功能名称命名，如"广西合浦儒艮国家级自然保护区"。

近岸海域环境功能区的统一代码由4部分组成：省名（2个大写拼音字母），省内编码（3个阿拉伯数字），功能区类别（1个大写英文字母）和水质保护目标（1个罗马数字）。如代码"GX045BⅡ"，"GX"表示该功能区位于广西，"045"表示广西第45号环境功能区，"B"表示二类环境功能区，"Ⅱ"表示水质保护目标为《海水水质标准》（GB 3097—1997）二类海水水质标准。

广西近岸海域环境功能区划调整方案共划分117个环境功能区，其中一类环境功能区7个，二类环境功能区22个，三类环境功能区8个，四类环境功能区80个（图3-2）。

3.2.2 近岸海域环境功能区划及其环境保护目标

3.2.2.1 北海市海域环境功能区划及保护目标

北海市海域共划分47个环境功能区，其中，一类环境功能区5个，水质保护目标为一类海水水质标准；二类环境功能区共10个，水质保护目标为一类海水水质标准的1个，二类海水水质标准9个；三类环境功能区3个，水质保护目标为三类海水水质标准；四类环境功能区29个，水质保护目标为三类海水水质标准14个，四类海水水质标准的15个。北海市海域环境功能区划情况见表3-9。

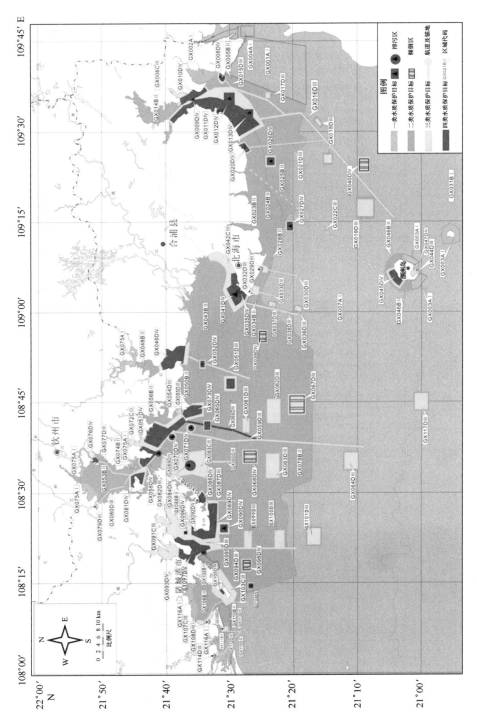

图3-2 广西近岸海域环境功能区划调整方案

表 3-9　北海市海域环境功能区划及保护目标

类别	水质保护目标	功能区名称	主导功能
一类环境功能区	一类	北部湾渔业捕捞区	海洋渔业用海
		广西合浦儒艮国家级自然保护区	儒艮、中华白海豚等珍稀海洋生物及其栖息环境
		广西马氏珍珠母贝原种场	马氏珍珠母贝原种群生存环境
		广西山口红树林生态自然保护区	红树林生态系统保护
		涠洲岛、斜阳岛珊瑚礁生态区	珊瑚礁生态系统保护
二类环境功能区	一类	二长棘鲷幼鱼和幼虾增殖区	二长棘鲷幼鱼和幼虾增殖用海
	二类	廉州湾海水养殖区	江篱、文蛤、牡蛎等海产品养殖用海
		铁山港水产养殖区	对虾、鱼、蟹等海产品养殖用海
		英罗港养殖区	方格星虫等海产品养殖用海
		营盘海水养殖区	珍珠等海产品养殖用海
		营盘海产品增殖区	海产品增殖、海洋渔业用海
		营盘沿岸水产品增殖区	方格星虫等海产品增殖用海
		北海银滩国家级旅游度假区	海水浴场和旅游度假用海
		冠头岭国家森林公园度假区	休闲度假旅游用海
		涠洲岛旅游区	旅游度假用海
三类环境功能区	三类	北海市北部滨海风景旅游区	滨海旅游观光用海
		榄子根工业用海区	工业建设用海
		涠洲岛至北海海底管线区	海底管线施工作业、海底管道运输用海
四类环境功能区	三类	北海港航道区	船舶通航用海
		铁山港航道区	
		营盘渔港航道区	
		沙田港航道区	
		南澫渔港航道区	
		电建渔港（含国际客运码头）航道区	
		北海涠洲渔港区	渔业港口用海
		南澫渔港港口区	
		电建渔港（含国际客运码头）区	渔业港口、客运港口用海
		石步岭港区3万~5万吨级锚地区	船舶停泊、避风、检疫用海
		石步岭港区万吨级、2万吨级锚地区	
		铁山港10万吨级锚地区、10万吨级LNG锚地区	
		铁山港10万~15万吨级锚地区	
		铁山港5万吨级锚地区	

续表

类别	水质保护目标	功能区名称	主导功能
四类环境功能区	四类	北海港临时倾废区	海洋倾废用海
		北海市永久倾废区	
		北海港铁山港作业区	港口、工业用海
		北海市北海港区	
		沙田港港口区	
		铁山港东岸港口工业区	
		北海市大冠沙排污区	工业、生活排污用海
		营盘西排污区	
		北海市地角排污区	港口、工业、生活排污用海
		铁山港东岸排污区	
		铁山港西岸排污区1	
		铁山港西岸排污区2	
		北海涠洲码头区	港口、工业、排污用海
		涠洲岛南湾排污区	城镇生活排污用海
		营盘渔港港口区	渔业港口用海

3.2.2.2　钦州市海域环境功能区划

钦州市海域共划分 35 个环境功能区，其中，一类环境功能区 1 个，水质保护目标为一类海水水质标准；二类环境功能区 6 个，水质保护目标为二类海水水质标准；三类环境功能区 1 个，水质保护目标为三类海水水质标准；四类环境功能区共 27 个，水质保护目标为三类海水水质标准的 13 个，水质保护目标为四类海水水质标准的 14 个。钦州湾海域海洋功能区划情况见表 3-10。

3.2.2.3　防城港市海域环境功能区划

防城港市海域共划分 35 个环境功能区，其中，一类环境功能区 1 个，水质保护目标为一类海水水质标准；二类环境功能区 6 个，水质保护目标为二类海水水质标准；三类环境功能区 4 个，水质保护目标为三类海水水质标准；四类环境功能区共 24 个，水质保护目标为三类海水水质标准的 13 个，水质保护目标为四类海水水质标准的 11 个。防城港市海域海洋功能区划情况见表 3-11。

表 3–10　钦州市海域环境功能区划及保护目标

类别	水质保护目标	功能区名称	主导功能
一类环境功能区	一类	茅尾海红树林自然保护区	红树林生态系统保护
二类环境功能区	二类	大风江养殖区	江篱、文蛤、牡蛎等海产品养殖用海
		茅尾海海产品养殖、增殖区	牡蛎、青蟹、石斑鱼、鲻鱼养殖、增殖、种苗繁殖用海
		钦州海产品增殖区	鱼类、对虾等海产品增殖用海
		犀牛脚旅游观光、养殖区	旅游观光及牡蛎、青蟹、对虾、鱼类养殖、种苗繁殖用海
		钦州七十二泾风景旅游区	旅游观光用海
		三娘湾旅游度假区	海水浴场、旅游度假用海
三类环境功能区	三类	金鼓江工业用海区	工业用海
四类环境功能区	三类	大风江港航道区	船舶通航用海
		茅岭港航道区	
		门港航道区	
		钦州港东航道区	
		钦州港西航道区	
		沙井港航道区	
		犀牛脚渔港航道区	
		钦州港 1# 锚地区	船舶引航、检疫用海
		钦州港 2# 锚地区	港船舶停泊、检疫用海
		钦州港 3# 锚地区	
		钦州港 4# 锚地区	
		犀牛脚渔港区	渔业港口用海
		茅岭港港口区	港口、工业用海
	四类	大风江港口、工业用海区	港口、工业用海
		钦州港果子山港口区	
		龙门港港口区	
		三墩港口工业区	
		沙井港港口区	
		钦州港大榄坪港口、工业区	

续表

类别	水质保护目标	功能区名称	主导功能
四类环境功能区	四类	大风江口排污区	港口、工业、生活排污用海
		钦州港大揽坪污水深海排放区	
		三墩污水深海排放区	
		钦州港金鼓江污水深海排放区	
		钦州港临时倾废区	海洋倾废用海
		钦州港三娘湾南部永久倾废区	
		钦州油码头港口区	油码头港口用海
		钦州油码头配套航道区	船舶通航用海

表 3-11 防城港市海域环境功能区划及保护目标

类别	水质保护目标	功能区名称	主导功能
一类环境功能区	一类	广西北仑河口海洋自然保护区	红树林生态系统保护
二类环境功能区	二类	东兴金滩旅游度假区	海滨浴场、滨海旅游用海
		江山半岛度假旅游区	海水浴场、旅游用海
		京岛西面养殖区	珍珠、对虾、鱼类等海产品养殖用海
		珍珠港海水养殖区	珍珠、对虾、鱼类、海参养殖、种苗繁殖用海
		揽埠江口养殖区	海产品养殖用海
		企沙港北部养殖区	
三类环境功能区	三类	红沙工业用海区	核电站温排水及工业用海
		防城港市工业用海区	工业、城市建设用海
		江山半岛南面工业区	工业用海
		江平工业区	
四类环境功能区	三类	京岛港航道区	船舶通航用海
		潭吉港航道区	
		防城港航道区	
		暗埠口江航道区	
		企沙港航道区	
		竹山港航道区	
		防城港 0#、1#锚地区（1 万~3 万吨级）	船舶引航、检疫、待泊、避风用海
		防城港 3#锚地区（3 万~15 万吨级）	
		防城港 4#锚地区（20 万吨级）	

续表

类别	水质保护目标	功能区名称	主导功能
四类环境功能区	三类	30 万吨级锚地	大型油轮引航、待泊用海
		潭吉港口区	港口、工业用海
		京岛港港口区	边贸、港口用海
		竹山港港口区	边贸、港口交通用海
	四类	白龙港口区	港口、工业用海
		防城港市港口区	
		企沙港口区	
		企沙南部工业、港口用海区	
		企沙西面港口区	
		防城港市市政排污区	港口、工业、生活排污用海
		防城港东湾排污区	
		红沙排污区	
		企沙南部排污区	
		江山半岛南面排污区	工业、生活排污用海
		防城港港池航道疏浚倾废区	港池、航道疏浚物倾废用海

3.3 海洋主体功能区划

海洋主体功能区规划，是指根据不同区域的资源环境承载能力、现有开发密度和发展潜力，统筹谋划未来人口分布、经济布局、国土利用和城镇化格局，将国土空间划分为优化开发、重点开发、限制开发和禁止开发四类，确定主体功能定位，明确开发方向，控制开发强度，规范开发秩序，完善开发政策，逐步形成人口、经济、资源环境相协调的空间开发格局。

广西壮族自治区海洋主体功能区规划于 2012 年 7 月编制完成。依据经济社会发展与安全的战略需求、海洋资源环境承载能力、现有开发强度和发展潜力，广西海洋空间划分为海洋优化开发区域、海洋重点开发区域、海洋限制开发区域和海洋禁止开发区域。各类主体功能区在广西北部湾经济区发展中具有同等重要地位，但发展目标不同、主体功能不同、开发方式不同、支持重点也不同。

海洋主体功能区按开发内容可分为工业与城镇建设、农渔业生产、海洋生态环境服务和战略安全保障四种功能。工业与城镇建设功能主要是为工业和城镇建设提供空间和资源，农渔业生产功能主要是提供海洋水产品，海洋生态服务功能主要是提供生活娱乐休闲的环境、保护生物多样性、调节气候、造氧固碳等生态服务，战略安全保障功能主要是提供海上通道安全、发展空间和战略资源储备。

海洋主体功能区的主要目标为：海洋空间资源实行合理利用，到 2020 年，海水养殖保有面积不小于 2 000 km²，大陆自然岸线（包括整治修复后具有自然海岸生态功能的岸线）保有率不低于 35%，开发岸线控制在 375 km；围填海规模实行总量控制，到 2020 年围填海控制面积符合国民经济宏观调控总体要求和海洋生态环境承载能力；海洋生态与环境得到明显修复，到 2020 年，海洋保护区面积达到管辖海域面积的 11%，整治和修复受损岸线长度不少于 360 km，整治海域面积不少于 300 km²；海洋环境质量状况明显改善，90%陆源排污口、海上石油平台、海上人工设施等实现达标排放，近岸海域水质总体保持稳定，近岸海域水质功能达标率 100%。

3.3.1 海洋优化开发区域

根据广西海洋自然环境状况、经济密集程度、产业布局及区域一体化趋势，廉州湾、钦州港海域、防城港湾划分为海洋优化开发区，优化开发海域总面积 785 km²，占规划海域总面积的 12%，占 3 海里以内海域总面积的 34%。

3.3.1.1 廉州湾功能定位及方向

廉州湾位于北海市北侧，属于典型的河口湾。海湾面积 190 km²，其中滩涂面积 100 km²，海湾口门宽约 17 km。流入廉州湾河流有南流江、廉州江、七星江等，其中南流江是广西沿海最大的入海河流。该湾沿岸包括北海市海城区、靖海镇、附城镇、党江镇、沙岗镇、西场镇。

功能定位：以滨海旅游和海湾新城为重点，发展高新技术产业和先进加工制造业，打造国际滨海旅游和生态宜居文明城市。

发展方向：发展滨海旅游业，重点建设北海市北部滨海旅游度假区、北海市北部帆板运动区、冠头岭森林公园等滨海旅游区，形成廉州湾东岸和南岸滨海商业带；依托廉州湾的景观优势，加快海湾新城建设，形成以滨海居住、现代商贸和旅游服务主要功能的滨海新城区；发展港口运输业，重点建设北海港石步岭深水港区，北海外沙渔港、东江口渔港、金滩渔港等渔港区；加强对南流江等主要江河入海口、各类陆源排污口污染排海监控，开展海域污染综合治理，保护海岸景观和生态功能。

3.3.1.2 钦州湾海域功能定位及方向

钦州湾位于广西沿岸中部，东以犀牛脚半岛南面的大面墩、西以企沙半岛的天堂角间的连线为其南界，水域面积约 400 km²。湾内岸线曲折，岛屿棋布，港汊众多。其中龙门港有建深水良港的条件。钦州湾北部为茅尾海，有钦江、茅岭江淡水汇入，饵料充足，鱼类资源丰富，水产养殖亦发达。钦州湾沿岸包据合浦县的西场镇、钦州市钦南区、防城港市茅岭乡（部分）、光坡乡（部分）等。

功能定位：坚持保护性开发的原则，发挥深水大港优势，建设保税港区，发展重化工精选港口物流，成为中国–东盟合作的国际航运中心、物流中心和出口加工基地。

发展方向：发展壮大海洋交通运输业，优化完善港口和交通布局，加快建立高效便捷的现代航运服务体系，建设钦州市大型工业港、沙井港、茅岭港等港口区，推进港区现代化建设，建成国际性综合型港口；优化提升钦州保税港区发展，合理布局码头作业区、保税物流区、出口加工区和综合服务区，完善基础设施和公共服务设施的配套功能；发挥滨海风光、海洋生态优势，大力发展海洋生态旅游、滨海休闲度假、海上运动休闲等特色旅游。重视发展渔业观光旅游等休闲渔业，延伸海洋渔业产业链。

3.3.1.3 防城港湾功能定位及方向

防城港湾位于广西沿岸西部，湾东是企沙半岛，湾西为江山半岛，湾内为东、西两湾。全湾岸线长 115 km，湾口宽约 10 km，海湾面积 115 km^2，其中滩涂面积 75 km^2。该湾西北有防城江注入，防城港湾沿岸乡镇有防城港区、公车镇、光坡镇（部分）、企沙镇（部分）、防城镇、江山乡（部分）。

功能定位：率先构筑沿海发展新高地，打造中国–东盟合作第一城，努力建设成为面向东盟乃至更大区域的现代化国际大型临海工业区和国际滨海旅游胜地。

发展方向：按照大型化、深水化、专业化综合组合港发展方向，以防城港渔漪港区为主体，重点发展港口运输、国际物流和中转业务，逐步成为多功能、现代化的综合性港区；以企沙工业区为主体，重点发展临海特色产业，形成产业集群，建成先进加工制造基地和能源基地，做大做强做优临港工业；加强海湾环境综合整治与修复，进一步保护好河口区的红树林生态系统及江山半岛沿岸自然生态系统。

3.3.2 海洋重点开发区域

海洋重点开发区域主要是通过重大基础设施建设，改变海岸线、海域的自然属性，并对海洋生态系统带来根本变化的高强度集中开发区域，开发用途为城市建设、港口和临港产业、海洋工程与能源开发等。根据广西海洋自然环境条件及社会发展的需要，铁山港湾东侧、茅尾海东侧、企沙半岛近岸海域划分为海洋重点开发区域，重点开发海域总面积 270 km^2，占规划海域总面积的 4%，占 3 海里以内海域总面积的 12%。

3.3.2.1 铁山港湾东侧功能定位及方向

铁山港湾东侧位于广西沿岸东部。海岸线长约 170 km，海湾面积约 340 km^2，其中滩涂面积 173 km^2。东侧沿岸包括合浦县沙田镇、白沙镇、公馆镇、十字乡、闸口镇和铁山港区的兴港镇、南康镇、营盘镇（部分）。

功能定位：以铁山港区为依托，建设成为北部湾经济区重要的工业基地、港口基地、物流基地。

发展方向：加快发展区域海陆空立体交通体系，加强深水航道和泊位建设，建设高水平的出海通道，依托商贸、旅游及临港工业，形成以大宗货物运输为主的集约化程度较高的综合性港区；加快建设铁山港工业区，依托铁山港大能力泊位和深水航道，重点发展能源、石油化工、修造船、港口机械等临港型产业及配套产业；建立完善红树林生态保护示范区，保护好红树林生态系统修复，构建海岸生态防护带，严格控制对生态和保护区岸线占用。

3.3.2.2 茅尾海东侧功能定位及方向

茅尾海东侧位于钦州湾内湾东面。海岸线长约120 km，面积约134 km²，南北纵深约18 km，东西最宽处为12.6 km，，大部分海域水深0.1~5 m，最深处可达29 m。

功能定位：以滨海旅游和钦州市滨海新城为重点，建设绿色海洋经济综合发展示范区，打造"海阔、浪静、泾幽"滨海型生态宜居城市和国际旅游区。

发展方向：适度满足城市交通和海防设施、居民住宅、服务业设施、城市景观等用海需求，提高海域空间资源整体使用效能。做好海洋防灾减灾工作，提高滨海城市堤防建设标准；充分发挥滨海旅游资源与区位优势，合理布局滨海旅游、城市休闲观光、旅游度假、海上游乐和观光游览开发，利用海岛优势，加快茅尾海东岸旅游休闲娱乐区建设，建成集自然景观和人文景观于一体的滨海型旅游区，合理控制旅游开发强度，保护重要自然景观和人文景观的完整性和原生性。

3.3.2.3 企沙半岛近岸海域功能定位及方向

企沙半岛近岸海域是指钦州湾西岸至防城港东湾相连的沿岸海域，拥有岸线长、水深的自然条件。

功能定位：以发展临港重化工业为重点，建设钢铁精品基地和多功能的现代化国际工业区。

发展方向：依托优良的深水岸线资源，以核电、钢铁、有色金属产业为龙头，主要发展与之相配套的关联产业，成为以工业港为主导的多功能现代化国际工业区。

3.3.3 海洋限制开发区域

海洋限制开发区域是指海洋渔业保障区及重要生态功能区。海洋渔业保障区是指具备良好的渔业养殖条件，或渔业资源丰富，以提供海洋水产品为主体功能，需要在海洋空间开发限制大规模破坏生态环境的工业开发，以保持并提高海洋水产品生产能力的重要海域，保障食品的供给和生态安全，实现人与海洋和谐发展的示范区；重要海洋生态功能区是关系广西海域或较大范围区域的生态安全，同强度开发，保持并提高海洋生态产品供给能力的海域，主要包括已建和新建海洋特别保护区和海洋公园。重要生态功能区的设立，有利于维持海洋生态系统功能、满足人类发展对海洋生态环境需求，实现人与海洋和谐发展。

3.3.3.1 海洋渔业保障区发展方向及保护重点

广西近岸海洋渔业保障区有：珍珠湾海洋渔业保障区、茅尾海海洋渔业保障区、北仑河口农渔业区、防城港金滩南部、江山半岛南部、钦州湾外湾和东南部、北海银滩南部、营盘至彬塘南部、广西近海海洋渔业保障区等。

发展方向：大力发展海水养殖业，推广健康养殖技术和生态养殖模式，推进养殖区域的标准化建设，提升规模经济效益。大力推进设施渔业，拓展深水养殖。推进以海洋牧场建设为主要形式的区域性综合开发。加强水产种质资源保护区、重要渔业保护区等的管理，开展鱼、虾、蟹、贝等品种的人工增殖放流，改善渔业资源群落结构。严格控制近海捕捞强度，继续实施海洋捕捞渔船数量和功率总量控制制度。严格执行伏季休渔制度，加快调整捕捞作业结构，促进近海渔业资源的合理利用。

保护重点：根据海洋渔业保障区海域属性和保护对象确定不同的保护重点，例如：珍珠湾海洋渔业保障区，重点保护珍珠贝生境和保护海草床生境，严格限制改变海域自然属性，严格执行相关海洋生物资源养护规定；茅尾海海洋渔业保障区，重点保护海岸、湿地景观，保护牡蛎资源；北仑河口农渔业区，重点保护近岸区红树林，减少海水养殖对红树林等生态系统的影响；营盘至彬塘南部保障区，重点保护珍珠贝生长环境，减少工业污水对海洋环境影响；广西近海海洋渔业保障区，重点保护蓝圆鲹和二长棘鲷产卵场，加强对人工渔礁建设，发展健康生态养殖方式。其他渔业保障区，按照其不同的保护目标设定不同的保护对策，以实现各种资源的可持续利用。

3.3.3.2　重要生态功能区发展方向及保护重点

广西近岸重要海洋生态功能区有：防城港东湾海洋保护区和大风江红树林海洋保护区、茅尾海国家海洋公园、三娘湾国家海洋公园、北海珍珠贝海洋保护区、涠洲岛—斜阳岛海洋保护区、广西近海南部海洋保护区等。

发展方向：加强红树林、珊瑚礁、海草床生态功能复治理，建设海洋生态监控区，强化海洋生态功能区的监测、保护和监管，开展海洋生态保护及开发利用示范建设；保护海洋生态环境、维护海洋生物多样性，恢复受损生态系统，提供生态产品和服务，保持海洋生态系统完整性，增强海洋生态系统自我调节能力；控制海洋开发强度，合理利用海洋资源、限制扩张式开发，提高海洋产业环境准入门槛，根据环境容量，适当发展海洋渔业和滨海旅游业，构建海洋生态廊道，促进海洋和谐发展。

保护重点：根据重要海洋生态功能区海域属性和保护对象确定不同的保护重点，例如：防城港东湾海洋保护区和大风江红树林海洋保护区、茅尾海国家海洋公园，主要保护红树林自然生态系统、盐沼植物生态系统、牡蛎的种质资源；三娘湾国家海洋公园，主要保护中华白海豚及其栖息环境，禁止围填海活动；北海珍珠贝海洋保护区，主要保护珍珠贝资源；涠洲岛-斜阳岛海洋保护区，主要保护珊瑚礁及其生境，控制旅游开发规模和旅客数量，尽量减少由于旅游开发而对珊瑚礁造成的影响；广西近海南部海洋保护区，主要保护浅海的渔业资源及其产卵场，重点是加强对蓝圆鲹和二长棘鲷产卵场的保护。

3.3.4 海洋禁止开发区域

海洋禁止开发区域是指为保护典型性或代表性海洋生态系统、珍稀濒危海洋生物、具有重要经济价值的海洋生物生存区域、具有重大科学文化价值的海洋自然历史足迹和自然景观等划定的区域，包括国家和省级海洋自然保护区。

海洋禁止开发区域主要定位是保护海洋自然资源的重要海域，珍稀海洋动植物基因资源保护地，确保海洋生态环境和生态系统的完整性、延承性、独立性。

海洋禁止开发区要严格控制人为因素对海洋生态和海洋环境的干扰破坏，严格禁止不符合主体功能定位的种类开发和利用活动。

海洋禁止开发区要制定并实施海洋自然保护区规划，稳定已建海洋自然保护区面积，构建海洋保护区网络。

海洋自然保护区要按核心区、缓冲区和实验区分类管理。核心区严禁任何开发利用活动；缓冲区除必要的科学实验活动外，严禁其他任何开发利用活动；实验区除必要的科学实验以及符合海洋自然保护区规划的旅游、养殖业等活动外，严禁其他开发利用活动。

海洋自然保护区主要是保护红树林、珊瑚礁、滨海湿地、海岛、海湾、入海河口等典型海洋生态系统。广西国家级海洋自然保护区有合浦县山口红树林自然保护区、合浦儒艮自然保护区、北仑河口自然保护区3处；省级海洋自然保护区有茅尾海红树林自然保护区1处。主要保护对象是红树林、湿地生态系统。

山口国家级红树林生态自然保护区，海岸带稀有植物保护区，位于合浦县丹兜海与英罗港湾内，总面积80 km²，其中海域40 km²，陆域40 km²。红树林品种齐全，生长茂密，生态景观奇特，能够阻滞海潮，减少海浪冲击，保护堤岸。林内栖居鸟、鱼、虾、蟹、贝、蛇等动物，是海、陆生态系统的纽带，对沿海地区的生态平衡和经济发展有重大意义。

广西合浦儒艮自然保护区东起合浦县山口镇英罗港，西至沙田镇海域，海岸线全长43 km，总面积350 km²，其中核心区面积为132 km²，实验区面积108 km²，缓冲区面积110 km²，是我国唯一的儒艮国家级自然保护区。沙田沿岸乌泥及南面高沙、定洲沙一带海域，生长发育龟蓬草、茜草，为儒艮的主要食物，海洋环境质量良好，有海底深槽供儒艮栖息，是儒艮理想活动家园。

北仑河口国家级自然保护区，南濒北部湾，西与越南交界（北仑河为中越两国界河），自西向东跨越北仑河口、万尾岛和珍珠湾，海岸线总长105 km，总面积119 km²。保护区内有红树林植物15种（其中真红树10种、半红树5种）。保护区地理位置特殊，珍珠湾内生长着我国大陆海岸连片面积最大的红色树林、木榄纯林和老鼠勒群落，是典型的海湾红树林和罕见的平均海平面以下大面积的红树林，在我国大陆沿海红树林中具有不可替代的重要性。红树林内还有大量的海洋生物资源和鸟类资源，是候鸟迁飞的重要中继站。

茅尾海红树林自然保护区，位于钦州市茅尾海，总面积 27.84 km²，由康熙岭片、坚心围片、七十二泾片等三大片组成。保护区内有红树林植物 11 科 16 种，其中有珍稀红树林植物老鼠勒 1 种，濒危红树林植物木榄和红榄 2 种，是全国最大、最典型的岛群红树林区，具有防浪、消浪、缓浪和巩固海堤的强大功能，对减缓海浪冲击，保护沿海岛屿堤岸，消除污染物、净化空气，美化环境等方面发挥着巨大的生态防护作用，是研究红树林生物群落及其生态系统，科学考察、科普教育活动的理想场所，也是众多类型留鸟、水禽的理想栖息、览食地，科学研究价值和经济价值都很高。

3.4 海域功能分区比较分析及各分区环境保护目标的确定

前述章节分别列出了广西目前现有的广西壮族自治区海洋功能区划、广西近岸海域环境功能区调整方案以及海洋主体功能区划的编制及分区情况，其中海洋主体功能区划是在大框架下将广西沿海海域划分为优化开发区、重点开发区、限制开发区和禁止开发区 4 类主体功能区，以规划海洋空间布局，指导沿海地区海洋开发活动，实施分类动态管理，统筹海洋区域开发活动。对各分区的范围和环境保护目标的控制则主要体现在广西壮族自治区海洋功能区划、广西近岸海域环境功能区调整方案中。

广西壮族自治区海洋功能区划（2011—2020），主要是为了合理配置海域资源，优化海洋开发空间布局，实现规划用海、集约用海、生态用海、科技用海、依法用海，促进沿海经济平稳较快发展和社会和谐稳定；广西近岸海域环境功能区调整方案，主要是为了统筹协调海洋开发、沿海区域经济发展与海洋环境保护。广西海洋主体功能区划主要是为了确定海域主体功能定位，明确开发方向，控制开发强度，规范开发秩序，完善开发政策，形成人口、经济、资源环境相协调的空间开发格局。

3.4.1 海域功能分区比较分析

广西壮族自治区海洋功能区划、广西近岸海域环境功能区调整方案中的各个海域功能区及环境保护目标的比较分析如下。

3.4.1.1 功能区名称及范围不同

根据广西壮族自治区海洋功能区划（2011—2020），其海岸基本功能区及近海基本功能区均划分为农渔业区、港口航运区、工业与城镇用海区、矿产与能源区、旅游休闲娱乐区、海洋保护区、特殊利用区和保留区共 8 个类别。

根据广西近岸海域环境功能区调整方案，近岸海域环境功能区分为海洋渔业水域、海上自然保护区、珍稀濒危海洋生物保护区、水产养殖区、海水浴场、人体直接接触海水的海上运动或娱乐区，以及与人类食用直接有关的工业用水区、一般工业用水区、滨海风景旅游区、海洋港口水域以及海洋开发作业区。

可见在广西壮族自治区海洋功能区划（2011—2020）及广西近岸海域环境功能区调整方案两种不同的分区方法中，存在各分区的名称不统一及分区范围不一致的现象。例如：在广西壮族自治区海洋功能区划中，将大风江入海口，21°49′~21°52′N，108°46′~108°48′E 的海域划分为大风江保留区（A8-8），其环境保护目标为：海水水质执行不劣于三类标准，海洋沉积物和海洋生物执行二类标准。而在广西近岸海域环境功能区调整方案中无此分区类型。同样，在广西近岸海域环境功能区调整方案中明确表明排污区的位置范围，而在广西壮族自治区海洋功能区划中只是粗略地标注于功能区划图中。此外，广西壮族自治区海洋功能区划，将防城区茅岭乡茅岭江入海口西侧，21°50′~21°51′N，108°27′~108°28′E 划分为茅岭港口航运区。而将钦南区沙井岛东南侧，21°52′~21°53′N，108°33′~108°35′E，划分为沙井港口航运区。而在广西近岸海域环境功能区调整方案中，则定义茅岭港港口区（GX079DⅢ）的范围为茅岭江铁路桥起至下游 3.6 km 的海域，面积 2.2 km²；沙井港港口区（GX076DⅣ）的范围为沙井村以南至螃蟹岭岸线，岸线向海 0.5 km 的海域，面积 3 km²，周围设 0.3 km 水质过渡带。两种分区方法划分的名称及范围描述不一，并非重叠。

3.4.1.2　功能区数量不同

广西壮族自治区海洋功能区划（2011—2020）划分了农渔业区、港口航运区、工业与城镇用海区、矿产与能源区、旅游休闲娱乐区、海洋保护区、特殊利用区和保留区共 8 个类别 74 个海岸基本功能区以及 29 个近海基本功能区。

广西近岸海域环境功能区划调整方案共划分 117 个环境功能区，其中一类环境功能区 7 个，二类环境功能区 22 个，三类环境功能区 8 个，四类环境功能区 80 个。

广西壮族自治区海洋功能区划（2011—2020）与广西近岸海域环境功能区划调整方案，采用的两种分区方法对广西海域划分出来的功能区数量不同，更不存在其对应关系。

3.4.1.3　功能区的环境保护目标及要求不同

在广西壮族自治区海洋功能区划（2011—2020）中分为海岸基本功能区及近海基本功能区 8 个类别，各个类别因所处的海域不同其环境保护目标也存在差异，比如茅岭港口航运区（代码 A2-7），因靠近茅尾海红树林海洋保护区，海水水质执行不劣于三类标准，海洋沉积物和海洋生物执行不劣于二类标准，而沙井港口航运区（代码 A2-8），其环境保护目标则为海水水质执行不劣于四类标准，海洋沉积物和海洋生物执行不劣于三类标准。

广西近岸海域环境功能区划调整方案中共分为 117 个环境功能区，包括一类环境功能区 7 个，二类环境功能区 22 个，三类环境功能区 8 个，四类环境功能区 80 个。同一类环境功能区也因其所处海域不同，则水质保护目标不同，比如茅岭港港口区主导功能为港口、工业用海，属四类环境功能区，水质保护目标为三类海水水质标准。沙井港港口区主导功能为港口、工业用海，却属四类环境功能区，水质保护目标为四类海水水质标准。

由于广西壮族自治区海洋功能区划（2011—2020）与广西近岸海域环境功能区调整方案采用了两种不同的分区方法，所以存在各分区的名称不统一及分区范围不一致的现象，同样，功能区的数量也不同。因此，相同海域在两种分区方法中，其环境保护目标存在不一致的现象。

3.4.2　海域环境保护目标的确定不同

根据上述分析可知，相同的海域在不同的功能分区方法中，其环境保护目标是有差别的。参照《海洋工程环境影响评价技术导则》（GB/T 19485—2004）中的要求："采用的标准中的某项（某要素）质量指标不一致时，应以要求最严格的指标为准"，因此，在确定某一海域的环境保护目标时可采用两种分区图进行叠加对比，并以最严格的指标作为此块海域的环境保护最终目标来进行计算。不同功能分区的图形叠加，可采用的软件 Mapinfo、ArcGis 等来完成。

其中，以海洋主体功能区划作为环境保护目标确定的最终指导，对于海洋优化开发区域及海洋重点开发区域，分区边界确定的精度要高，而对海洋限制开发区域及海洋禁止开发区域则可以要求略低。

第4章 广西海岸带海洋环境质量现状调查及评价

::

为了掌握广西海岸带海洋环境质量现状，我们于 2010 年 6、9、12 月和 2011 年 3 月对广西近岸海域的水质、沉积物质量和生物质量进行了大面调查。采用了单因子标准指数法、水质污染综合评价方法对近岸海域的水质进行了评价；采用了单因子评价法及潜在生态风险评价法对近岸海域的海洋沉积物中重金属污染进行了评价；采用生物多样性指标对评价浮游植物和浮游动物生态现状进行了评价。

4.1 调查时间和范围

广西海岸带海洋环境质量现状调查范围西起防城港市北仑河口海域，东至北海市铁山港海域。调查区坐标为：21°22′00″~21°53′00″ N，108°05′30″~109°39′00″ E。

调查时间为 2010 年 6 月（夏季）、2010 年 9 月（秋季）、2010 年 12 月（冬季）和 2011 年 3 月（春季），部分项目调查时间延长至 2012 年春季。

调查内容主要包括近岸海域海水水质、海洋沉积物质量、浮游生物（浮游动物、浮游植物）3 大类。

海水水质调查共布设 47 个调查站位，其中防城港市近岸海域 12 个，钦州市近岸海域 15 个，北海市近岸海域 20 个。

沉积物质量及浮游生物调查共布设 20 个调查站位，其中防城港市近岸海域 5 个，钦州市近岸海域 5 个，北海市近岸海域 10 个。

防城港市、钦州市、北海市近岸海域调查站位分别见表 4-1、表 4-2、表 4-3 以及图 4-1。

表 4-1 调查站位（防城港市近岸海域）

站号	坐标		调查内容		
	纬度	经度	海水水质	海洋沉积物质量	海洋浮游生物
01	21°32′30″ N	108°05′30″ E	√	√	√
02	21°30′00″N	108°07′30″E	√		
03	21°28′00″N	108°09′00″E	√		
04	21°35′00″N	108°13′30″E	√	√	√

续表

站号	坐标		调查内容		
	纬度	经度	海水水质	海洋沉积物质量	海洋浮游生物
05	21°31′00″N	108°11′00″E	√		
06	21°41′00″N	108°20′00″E	√	√	√
07	21°37′00″N	108°23′00″E	√	√	√
08	21°36′30″N	108°19′10″E	√	√	√
09	21°34′45″N	108°20′00″E	√		
10	21°33′00″N	108°18′00″E	√	√	√
11	21°31′30″N	108°20′00″E	√		
12	21°30′00″N	108°22′00″E	√		

表4-2 调查站位（钦州市近岸海域）

站号	坐标		调查内容		
	纬度	经度	海水水质	海洋沉积物质量	海洋浮游生物
13	21°42′00″N	108°35′00″E	√	√	√
14	21°35′00″N	108°35′30″E	√		
15	21°31′00″N	108°35′00″E	√		
16	21°38′00″N	108°43′00″E	√	√	√
17	21°35′00″N	108°43′00″E	√		
18	21°31′00″N	108°43′00″E	√		
19	21°37′00″N	108°51′00″E	√	√	√
20	21°35′00″N	108°52′00″E	√	√	√
21	21°31′00″N	108°54′00″E	√		
40	21°47′00″N	108°32′30″E	√	√	√
D	21°53′00″N	108°32′00″E	√		
E	21°53′00″N	108°34′00″E	√		
F	21°51′00″N	108°34′45″E	√		
G	21°44′20″N	108°38′15″E	√		
H	21°43′30″N	108°51′00″E	√		

表4-3 调查站位（北海市近岸海域）

站号	坐标		调查内容		
	纬度	经度	海水水质	海洋沉积物质量	海洋浮游生物
22	21°35′00″N	109°03′00″E	√	√	√
23	21°34′00″N	109°08′00″E	√	√	√
24	21°31′00″N	109°05′00″E	√	√	√
25	21°27′00″N	109°01′40″E	√		
26	21°24′00″N	108°59′00″E	√		
27	21°25′00″N	109°13′00″E	√	√	√
28	21°22′00″N	109°13′00″E	√		
29	21°27′00″N	109°24′00″E	√	√	√
30	21°25′00″N	109°24′00″E	√		
31	21°22′00″N	109°24′00″E	√		
32	21°39′00″N	109°33′00″E	√	√	√
33	21°36′00″N	109°36′00″E	√	√	√
34	21°32′00″N	109°34′00″E	√	√	√
35	21°32′00″N	109°36′00″E	√		
36	21°32′00″N	109°39′00″E	√	√	√
37	21°29′00″N	109°32′00″E	√	√	√
38	21°27′00″N	109°34′00″E	√		
39	21°24′00″N	109°36′00″E	√		
K	21°26′50″N	109°13′45″E	√		
L	21°28′18″N	109°27′26″E	√		

4.2 调查内容及检测方法

4.2.1 调查内容

4.2.1.1 海水水质

海水水质调查项目包括：pH、溶解氧、营养盐（活性磷酸盐、氨、亚硝酸盐、硝酸盐等）、化学需氧量、石油类、重金属及有毒元素（铜、铅、锌、镉、总铬、砷、汞）。

4.2.1.2 海洋沉积物质量

海洋沉积物质量调查项目包括：石油类、含水率、有机碳、重金属及有毒元素（砷、铜、铅、锌、镉、铬、总汞）、硫化物。

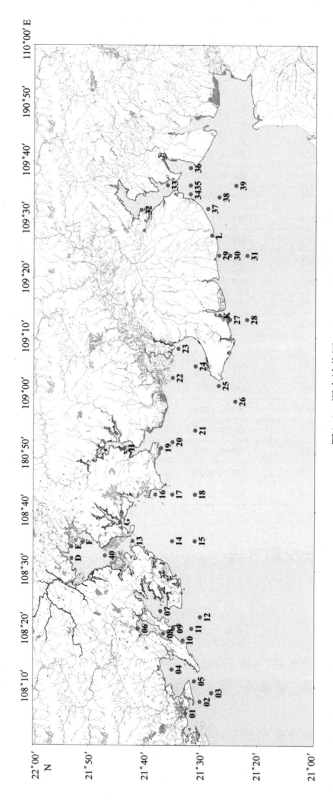

图4-1 调查站位图

4.2.1.3 浮游生物

浮游生物调查项目包括：海岸带近岸海水中叶绿素 *a*、浮游植物、浮游动物。

4.2.2 检测方法

4.2.2.1 海水水质

海水样品的采集、保存、运输、储藏、检测以及数据处理等均按《海洋调查规范》（GB 12763—2007）以及《海洋监测规范》（GB 17378—2007）所规定的方法进行。调查项目的分析方法、使用仪器及型号、检出限见表4-4。

表 4-4　水质调查项目分析方法、仪器及检出限

项目	分析方法	仪器名称及型号	检出限/mg·L^{-1}
pH	pH 计法	PHSJ-4A 型 pH 计	—
溶解氧	碘量法	（滴定）	0.042
化学需氧量	碱性高锰酸钾法	（滴定）	0.15
硝酸盐	锌镉还原法	Cary100 紫外可见分光光度计	0.7×10^{-3}
亚硝酸盐	萘乙二胺分光光度法	Cary100 紫外可见分光光度计	0.5×10^{-3}
氨	次溴酸盐氧化法	Cary100 紫外可见分光光度计	0.4×10^{-3}
活性磷酸盐	磷钼蓝分光光度法	Cary100 紫外可见分光光度计	0.2×10^{-3}
石油类	紫外分光光度法	Cary100 紫外可见分光光度计	3.5×10^{-3}
铜	无火焰原子吸收分光光度法	AA 800 原子吸收光谱仪	0.2×10^{-3}
铅	无火焰原子吸收分光光度法	AA 800 原子吸收光谱仪	0.03×10^{-3}
锌	火焰原子吸收分光光度法	AA 800 原子吸收光谱仪	3.1×10^{-3}
镉	无火焰原子吸收分光光度法	AA 800 原子吸收光谱仪	0.01×10^{-3}
总铬	无火焰原子吸收分光光度法	AA 800 原子吸收光谱仪	0.4×10^{-3}
砷	原子荧光法	AFS-830 原子荧光光度计	0.5×10^{-3}
汞	原子荧光法	AFS-830 原子荧光光度计	0.007×10^{-3}

4.2.2.2 海洋沉积物质量

海洋沉积物样品的采集、保存、运输、储藏、检测以及数据处理等均按《海洋调查规范》（GB 12763—2007）以及《海洋监测规范》（GB 17378—2007）所规定的方法进行。调查项目的分析方法、使用仪器及型号、检出限见表4-5。

表 4-5 海洋沉积物质量调查项目分析方法、仪器及检出限

项目	分析方法	仪器名称及型号	检出限
铜	无火焰原子吸收分光光度法	AA 800 原子吸收光谱仪	0.5×10^{-6}
铅	无火焰原子吸收分光光度法	AA 800 原子吸收光谱仪	1.0×10^{-6}
锌	火焰原子吸收分光光度法	AA 800 原子吸收光谱仪	6.0×10^{-6}
镉	无火焰原子吸收分光光度法	AA 800 原子吸收光谱仪	0.04×10^{-6}
总铬	无火焰原子吸收分光光度法	AA 800 原子吸收光谱仪	2.0×10^{-6}
汞	原子荧光法	AFS-830 原子荧光光度计	0.002×10^{-6}
砷	原子荧光法	AFS-830 原子荧光光度计	0.06×10^{-6}
含水率	重量法	XS105DU 电子天平	—
石油类	紫外分光光度法	Cary100 紫外可见分光光度计	3.0×10^{-6}
有机碳	重铬酸钾氧化—还原容量法	(滴定)	0.03×10^{-2}
硫化物	亚甲基蓝分光光度法	Cary100 紫外可见分光光度计	0.3×10^{-6}

4.2.2.3 浮游生物

浮游生物样品的采集、保存、运输、储藏、检测以及数据处理等均按《海洋调查规范》（GB 12763—2007）以及《海洋监测规范》（GB 17378—2007）所规定的方法进行。

4.3 广西近岸海域海水质量现状与评价

4.3.1 2010 年广西近岸海域海水环境质量监测结果

2010 年 6 月至 2011 年 3 月，广西近岸海域水质全年调查结果统计见表 4-6。

表 4-6 广西近岸海域水质调查统计

项目	广西近岸		防城港市		钦州市		北海市	
	变化范围	均值	变化范围	均值	变化范围	均值	变化范围	均值
pH 值	6.61~8.32	8.00	7.45~8.28	8.05	7.43~8.32	7.90	6.61~8.31	8.04
DO/mg · L^{-1}	5.06~10.18	7.11	5.51~9.18	7.16	5.31~10.18	7.03	5.06~9.48	7.16
COD/mg · L^{-1}	0.18~3.75	1.07	0.33~3.75	1.04	0.45~2.96	1.15	0.18~2.75	1.03
无机氮/mg · L^{-1}	0.007~1.193	0.184	0.017~0.601	0.121	0.020~0.918	0.287	0.007~1.193	0.144
活性磷酸盐/mg · L^{-1}	0.001~0.075	0.012	0.001~0.075	0.014	0.001~0.058	0.014	0.001~0.070	0.010
石油类/mg · L^{-1}	b~0.33	0.02	b~0.10	0.02	b~0.05	0.02	b~0.33	0.02

续表

项目	广西近岸		防城港市		钦州市		北海市	
	变化范围	均值	变化范围	均值	变化范围	均值	变化范围	均值
铜/μg·L^{-1}	b~12.50	1.53	0.10~8.00	2.24	0.01~12.50	1.51	b~5.80	1.11
铅/μg·L^{-1}	b~47.40	2.95	b~7.10	1.89	b~27.20	3.68	b~47.40	3.09
锌/μg·L^{-1}	b~230.00	14.50	b~230.00	21.02	b~40.00	10.58	b~134.50	13.52
总铬/μg·L^{-1}	b~91.30	7.06	b~84.90	6.65	b~56.50	5.34	b~91.30	8.71
镉/μg·L^{-1}	b~5.25	0.10	b~0.15	0.06	b~5.25	0.17	b~0.28	0.06
汞/μg·L^{-1}	b~0.24	0.06	b~0.24	0.08	b~0.18	0.06	b~0.17	0.06
砷/μg·L^{-1}	0.17~3.67	1.11	0.36~2.07	0.87	0.17~2.97	1.05	0.63~3.67	1.29

注：b 表示未检出。

（1）pH 值

广西近岸海域各季度 pH 等值线分布见图 4-2 至图 4-5。

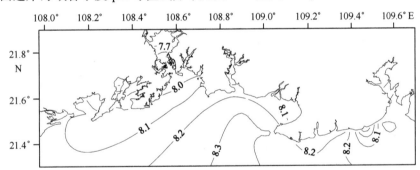

图 4-2　春季广西近岸海域 pH 等值线分布

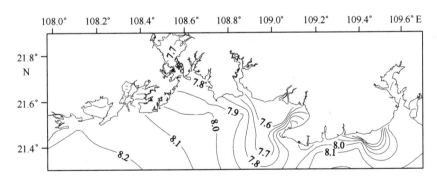

图 4-3　夏季广西近岸海域 pH 等值线分布

广西近岸海域全年 pH 值变化范围在 6.61~8.32 之间，平均值 8.00；具有冬季高，

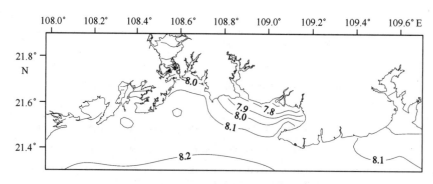

图 4-4　秋季广西近岸海域 pH 等值线平面分布

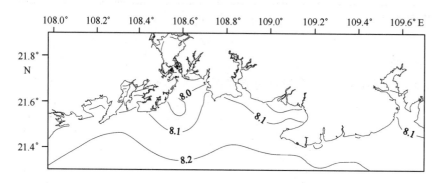

图 4-5　冬季广西近岸海域 pH 等值线平面分布

春秋季次之，夏季较低的季节性变化特征。春季，pH 值变化范围为 7.55～8.32，平均值为 8.05；夏季，pH 值变化范围为 6.61～8.82，平均值为 7.89；秋季，pH 值变化范围为 7.44～8.24，平均值为 7.99；冬季，pH 值变化范围为 7.45～8.22，平均值为 8.05。潮汐、淡水径流以及降雨对广西近岸海域 pH 的影响较大。不同海区、不同季节，pH 值差异较大，但总体而言均呈近岸低、离岸高趋势。

（2）溶解氧（DO）

广西近岸海域各季度溶解氧等值线分布见图 4-6 至图 4-9。

广西近岸海域全年 DO 含量在 5.06～10.18 mg/L 之间，平均值为 7.12 mg/L；具有春季高，冬季次之，夏秋季较低的季节性变化特征。春季，广西近岸海域 DO 含量位居 4 个季度之首，平均值为 8.48 mg/L，变化范围为 7.68～10.18 mg/L；夏季，DO 含量为全年的最低值，平均值为 6.20 mg/L，变化范围为 5.06～7.59 mg/L；秋季，DO 含量较低，平均值为 6.34 mg/L，区域性变化较大，变化范围为 5.31～8.01 mg/L；冬季，DO 含量在一年中仅次于春季，平均为 7.49 mg/L，变化范围为 6.65～8.11 mg/L。在不同季节，不同海区的 DO 含量差异较大。

从总体平面分布来看，钦州湾海域 DO 含量较低，其次是防城港市海域，北海市海域 DO 含量最高，这可能与近年来这 3 个区域临海工业及港口开发程度不同有关。

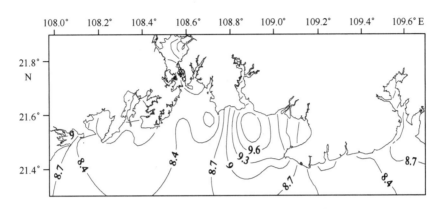

图 4-6　春季广西近岸海域 DO 含量（mg/L）等值线分布

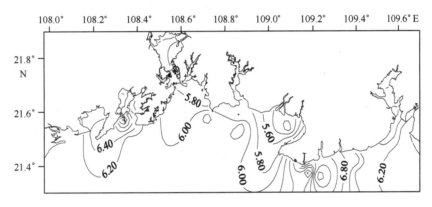

图 4-7　夏季广西近岸海域 DO 含量（mg/L）等值线分布

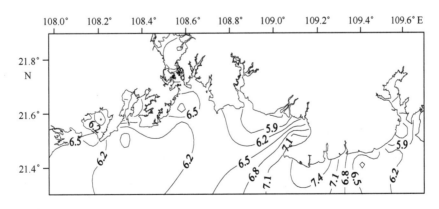

图 4-8　秋季广西近岸海域 DO 含量（mg/L）等值线分布

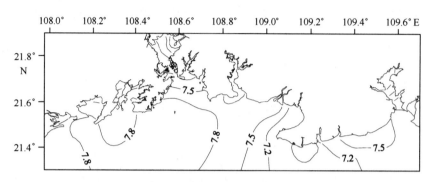

图 4-9　冬季广西近岸海域 DO 含量（mg/L）等值线分布

（3）化学需氧量（COD）

广西近岸海域各季度 COD 等值线分布见图 4-10 至图 4-13。

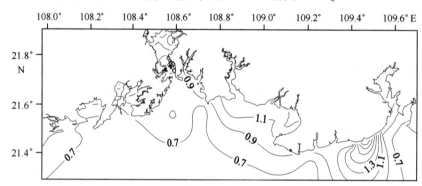

图 4-10　春季广西近岸海域 COD（mg/L）等值线分布

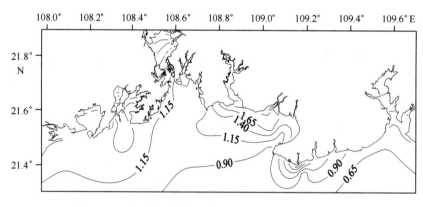

图 4-11　夏季广西近岸海域 COD（mg/L）等值线分布

广西近岸海域全年 COD 在 0.18~3.75 mg/L 之间，平均值为 1.07 mg/L。具有夏季

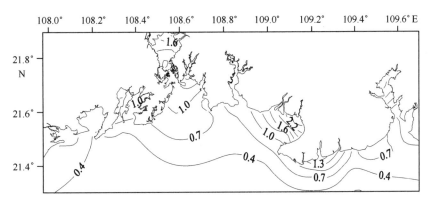

图 4-12 秋季广西近岸海域 COD（mg/L）等值线分布

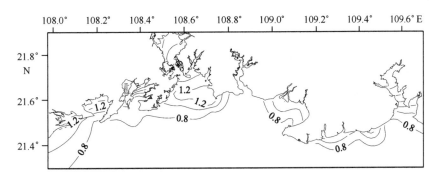

图 4-13 冬季广西近岸海域 COD（mg/L）等值线分布

高，冬春季次之，秋季较低的季节性变化特征。春季，COD 含量较低，平均值为 0.99 mg/L，变化范围为 0.53～2.75 mg/L；夏季，COD 含量为 4 个季度最高，平均值为 1.36 mg/L，变化范围为 0.58～2.96 mg/L；秋季，COD 含量在 4 个季度中最低，平均值为 0.95 mg/L，变化范围为 0.18～2.69 mg/L；冬季，COD 含量较高，平均为 1.02 mg/L，变化范围为 0.45～3.75 mg/L。

各海域 COD 均值较接近，总体分布趋势是近岸 COD 含量高，离岸含量低，说明 COD 主要为陆域来源。

（4）无机氮

广西近岸海域各季度无机氮含量等值线分布见图 4-14 至图 4-17。

春季，广西近岸海域无机氮含量的平均值为 0.154 mg/L，变化范围为 0.007～1.128 mg/L；夏季，无机氮含量的平均值为 0.217 mg/L，变化范围为 0.018～0.884 mg/L；秋季，无机氮含量的平均值为 0.221 mg/L，变化范围为 0.007～1.193 mg/L；冬季，无机氮含量在 4 个季度中最低，平均值为 0.145 mg/L，区域性变化较小，变化范围为 0.014～0.757 mg/L。夏、秋季无机氮含量高于冬、春季，这与夏、秋恰为当地虾

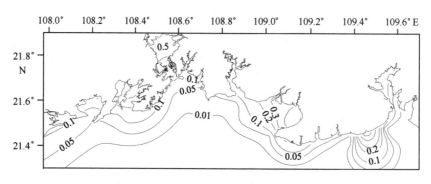

图 4-14　春季广西近岸海域无机氮含量（mg/L）等值线分布

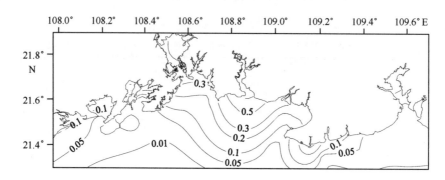

图 4-15　夏季广西近岸海域无机氮含量（mg/L）等值线分布

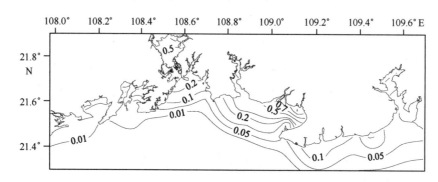

图 4-16　秋季广西近岸海域无机氮含量（mg/L）等值线分布

塘养殖的旺季，大量的养殖废水排放入海，二者之间可能存在一定的关系。

无机氮水平分布规律与 COD 相似，具有近岸高、离岸低趋势。

（5）活性磷酸盐

广西近岸海域各季度活性磷酸盐含量等值线分布见图 4-18 至图 4-21。

广西近岸海域全年活性磷酸盐含量在 0.001~0.070 mg/L 之间，平均为 0.012 mg/L，

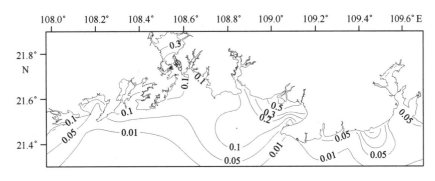

图 4-17 冬季广西近岸海域无机氮含量（mg/L）等值线分布

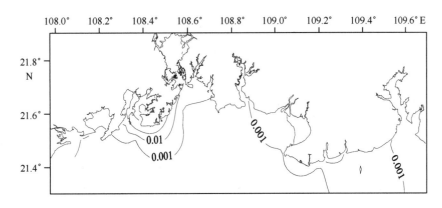

图 4-18 春季广西近岸海域活性磷酸盐含量（mg/L）等值线分布

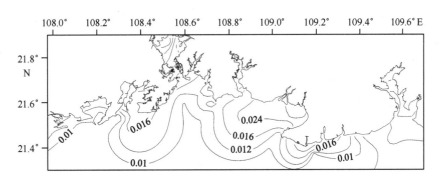

图 4-19 夏季广西近岸海域活性磷酸盐含量（mg/L）等值线分布

具有夏季高，秋、冬季次之，春季较低的季节性变化特征。春季，广西近岸海域活性磷酸盐含量的平均值为 0.008 mg/L，变化范围为 0.001~0.025 mg/L；夏季，活性磷酸盐含量的平均值为 0.016 mg/L，变化范围为 0.002~0.075 mg/L；秋季活性磷酸盐含量的平均值为 0.012 mg/L，变化范围为 0.001~0.07 mg/L；冬季，活性磷酸盐含量的平

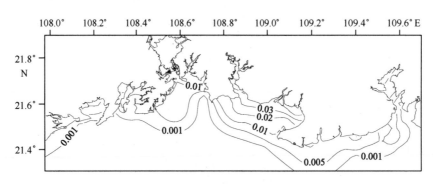

图 4-20 秋季广西近岸海域活性磷酸盐含量（mg/L）等值线分布

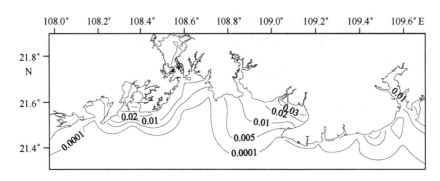

图 4-21 冬季广西近岸海域活性磷酸盐含量（mg/L）等值线分布

均值为 0.012 mg/L，变化范围为 0.002～0.059 mg/L。

从平面分布来看，活性磷酸盐含量分布规律与 COD、无机氮含量一样，具有近岸高、离岸低趋势。

（6）石油类

广西近岸海域各季度石油类含量等值线分布见图 4-22 至图 4-25。

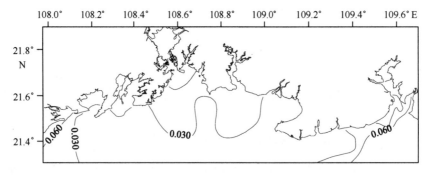

图 4-22 春季广西近岸海域石油类含量（mg/L）等值线平面分布

广西近岸海域全年海水石油类含量变化范围在 0～0.326 mg/L 之间，平均值为

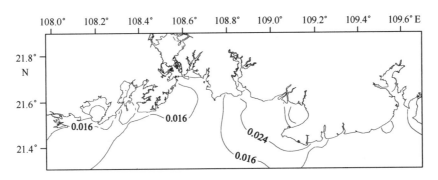

图 4-23　夏季广西近岸海域石油类含量（mg/L）等值线平面分布

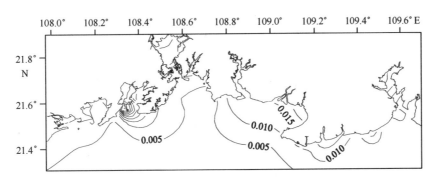

图 4-24　秋季广西近岸海域石油类含量（mg/L）等值线平面分布

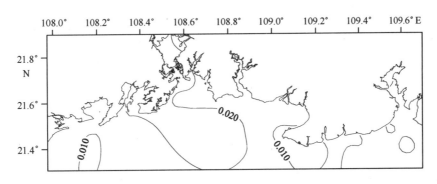

图 4-25　冬季广西近岸海域石油类含量（mg/L）等值线平面分布

0.022 mg/L；具有春季高，冬夏季次之，秋季较低的季节性变化特征。春季，广西近岸海域石油类含量变化范围为 0.014~0.326 mg/L，平均值为 0.038 mg/L；夏季，石油类含量变化范围为 0.004~0.043 mg/L，平均值为 0.018 mg/L；秋季，石油类含量变化范围为 0.001~0.066 mg/L，平均值为 0.013 mg/L；冬季，石油类含量变化范围为 0.004~0.086 mg/L，平均值为 0.020 mg/L。

防城港市海域石油类含量平均值最高，其次为北海市海域，钦州湾海域最低。同时，石油类含量分布与距离陆地的远近之间的关系不甚明显，而与船舶活动的密集程度有关，港口、锚地和航道区域石油类含量普遍较其他区域高。

（7）铜

广西近岸海域各季度铜含量等值线分布见图4-26至图4-29。

广西近岸海域全年铜含量在未检出~8.0 μg/L之间，平均值为1.5 μg/L；具有春季高，夏、秋季次之，冬季较低的季节性变化特征。春季，铜含量位居4个季度之首，平均值为2.2 μg/L，区域性变化很大，变化范围为0.3~8.0 μg/L；夏季，铜含量仅次于春季，平均值为1.7 μg/L，区域性变化也比较大，变化范围为0.2~6.2 μg/L；秋季，铜含量较低，平均值为1.3 μg/L，区域性变化比较大，变化范围为未检出~4.3 μg/L；冬季，铜含量最低，平均为0.7 μg/L，变化范围为未检出~2.3 μg/L。

平面分布方面，防城港市海域铜含量最高，其次为钦州湾海域，北海市海域含量最低。而防城港市海域中又以西湾码头附近的铜含量最高。

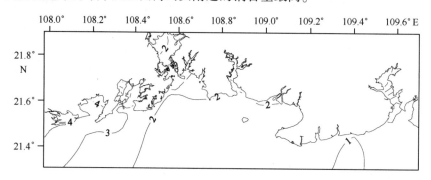

图4-26 春季广西近岸海域铜含量（μg/L）等值线分布

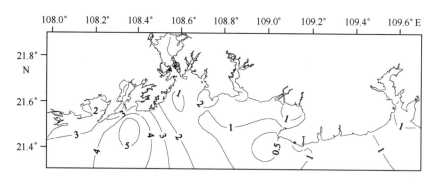

图4-27 夏季广西近岸海域铜含量（μg/L）等值线分布

（8）铅

广西近岸海域各季度铅含量等值线分布见图4-30至图4-33。

84

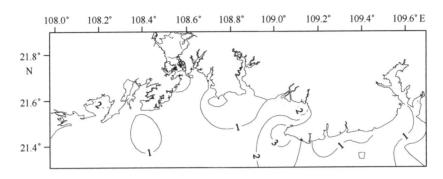

图 4-28　秋季广西近岸海域铜含量（μg/L）等值线分布

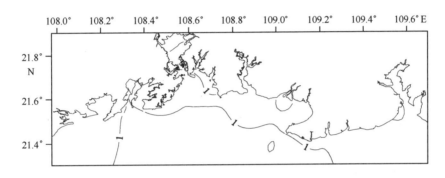

图 4-29　冬季广西近岸海域铜含量（μg/L）等值线分布

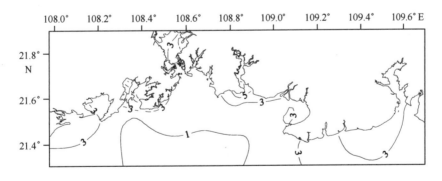

图 4-30　春季广西近岸海域铅含量（μg/L）等值线分布

　　广西近岸海域全年铅含量变化范围在未检出~47.4 μg/L，平均值为2.4 μg/L；具有秋季高，春冬季次之，夏季较低的季节性变化特征。春季，广西近岸海域铅含量平均值为2.7 μg/L，变化范围为未检出~7.1 μg/L；夏季，铅含量平均为1.1 μg/L，变化范围为未检出~4.1 μg/L；秋季，铅含量最高，平均值达4.5 μg/L，变化范围为未检出~47.4 μg/L；冬季，铅含量略高于夏季，平均值为1.5 μg/L，但调查值变化很大，

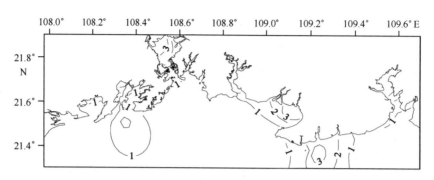

图4-31　夏季广西近岸海域铅含量（μg/L）等值线分布

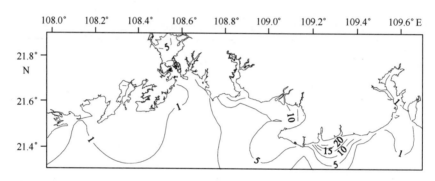

图4-32　秋季广西近岸海域铅含量（μg/L）等值线分布

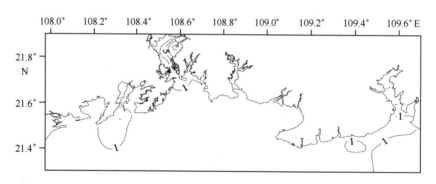

图4-33　冬季广西近岸海域铅含量（μg/L）等值线分布

变化范围为未检出~27.2 μg/L。

　　平面分布方面，在不同季节，不同海区的铅含量平面分布差异较大。春季，防城港市海域铅含量最高，北海市和钦州市海域次之；夏季，3个海域铅含量接近；秋季，北海市海域铅含量最高，其次为钦州湾海域，防城港市海域最低；冬季，钦州湾海域铅含量最高，其次为北海市海域，防城港市海域最低。

（9）锌

广西近岸海域各季度锌含量等值线分布见图4-34至图4-37。

广西近岸海域全年锌含量在未检出~69.6 μg/L之间，平均值为11.1 μg/L；具有夏季高，秋冬季次之，春季较低的季节性变化特征。春季，锌含量最低，平均值为6.9 μg/L，变化范围为1.0~17.2 μg/L；夏季，锌含量最高，平均达19.4 μg/L，变化范围为1.0~43.1 μg/L；秋季，锌含量较低，平均值为10.3 μg/L，变化范围为未检出~37.0 μg/L；冬季，锌含量较低，平均值为7.4 μg/L，区域性变化很大，变化范围为未检出~69.6 μg/L。

平面分布方面，在不同季节，不同海区的锌含量差异较大。春季，北海市海域锌含量稍高，其次为防城港市海域，钦州湾海域最低；夏季，防城港市海域锌含量最高，其次为北海市海域，钦州湾海域最低；秋季，钦州湾海域锌含量最高，防城港市及北海市海域锌含量均低于钦州湾海域；冬季，防城港市海域海域锌含量最高，北海市海域和钦州湾海域锌含量接近。

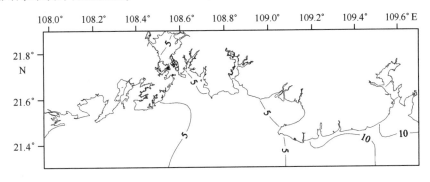

图4-34　春季广西近岸海域锌含量（μg/L）等值线分布

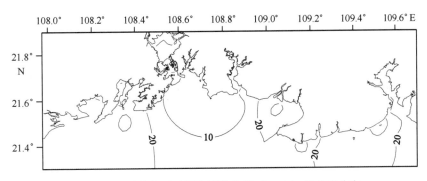

图4-35　夏季广西近岸海域锌含量（μg/L）等值线分布

（10）总铬

广西近岸海域各季度总铬含量等值线分布见图4-38至图4-41。

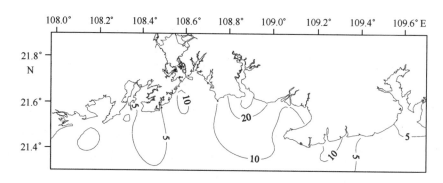

图 4-36　秋季广西近岸海域锌含量（μg/L）等值线分布

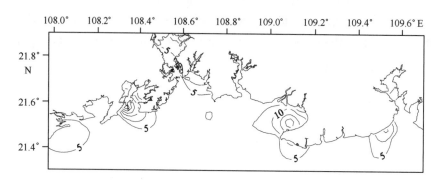

图 4-37　冬季广西近岸海域锌含量（μg/L）等值线分布

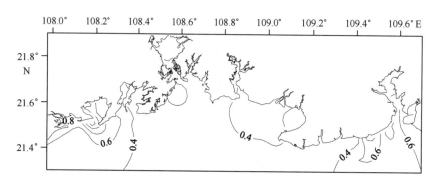

图 4-38　春季广西近岸海域总铬含量（μg/L）等值线分布

　　广西近岸海域全年总铬含量在未检测~91.3 μg/L 之间，平均值为 7.1 μg/L。具有秋季含量最高，春季、夏季和冬季含量远低于秋季的季节变化特征。春季，总铬含量较低，平均值为 0.5 μg/L，区域性变化不大，变化范围为 0.2~1.5 μg/L；夏季，总铬含量最低，平均值为 0.1 μg/L，区域性变化不大，变化范围为未检出~0.7 μg/L；秋季，总铬含量位居 4 个季度之首，平均值为 27.4 μg/L，区域性变化很大，变化范围为

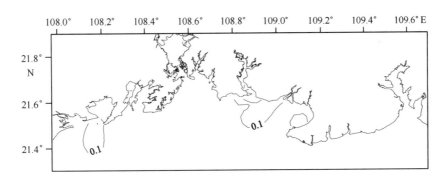

图 4-39　夏季广西近岸海域总铬含量（μg/L）等值线分布

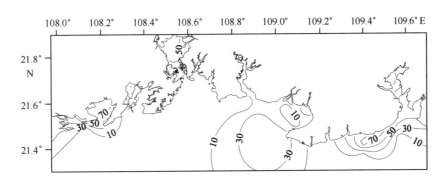

图 4-40　秋季广西近岸海域总铬含量（μg/L）等值线分布

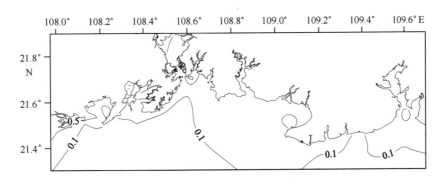

图 4-41　冬季广西近岸海域总铬含量（μg/L）等值线分布

未检出~91.3 μg/L；冬季，总铬含量较低，平均值为 0.3 μg/L，区域性变化不大，变化范围为未检出~3.1 μg/L。

　　平面分布方面，北海市海域总铬含量最高，防城港市海域次之，钦州湾海域最低。

（11）镉

广西近岸海域各季度镉含量等值线分布见图4-42至图4-45。

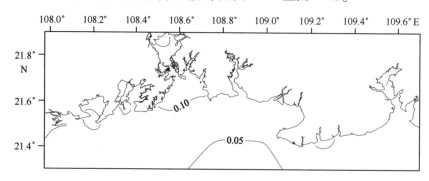

图4-42　春季广西近岸海域镉含量（μg/L）等值线分布

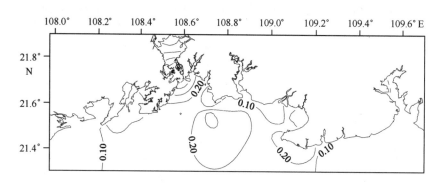

图4-43　夏季广西近岸海域镉含量（μg/L）等值线分布

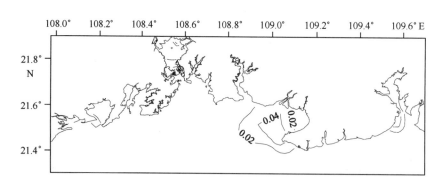

图4-44　秋季广西近岸海域镉含量（μg/L）等值线分布

广西近岸海域全年镉含量在未检出~0.54 μg/L之间，平均值为0.07 μg/L。具有夏季高，春冬季次之，秋季较低的季节性变化特征。春季，镉含量平均为0.09 μg/L，变化范围为0.04~0.17 μg/L；夏季，镉含量最高，平均值为0.13 μg/L，变化范围为

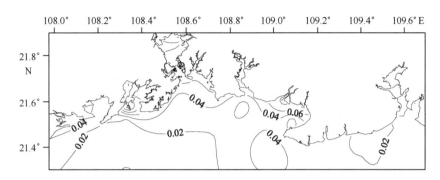

图 4-45　冬季广西近岸海域镉含量（μg/L）等值线分布

未检出~0.54 μg/L；秋季，镉含量最低，平均值为 0.01 μg/L，变化范围为未检出~
0.09 μg/L；冬季，镉含量略高于夏季，平均值为 0.05 μg/L，区域性变化不大，变化
范围为 0.01~0.15 μg/L。

从平面分布来看，钦州湾海域镉含量较高，北海市和防城港市海域含量接近，均
低于钦州市海域。

（12）汞

广西近岸海域各季度汞浓度等值线分布见图 4-46 至图 4-49。

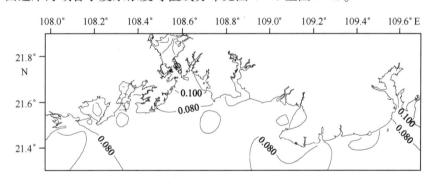

图 4-46　春季广西近岸海域汞浓度（μg/L）等值线分布

广西近岸海域全年海水汞浓度变化范围在 0.001~0.237 μg/L 之间，平均值为
0.065 μg/L。具有春季高，秋冬季次之，夏季较低的季节性变化特征。春季，广西近
岸海域汞浓度变化范围为 0.035~0.125 μg/L，平均值为 0.081 μg/L；夏季，汞浓度变
化范围为 0.013~0.237 μg/L，平均值为 0.043 μg/L；秋季，汞浓度变化范围为 0.031~
0.174 μg/L，平均值为 0.065 μg/L；冬季，汞浓度变化范围为未检出~0.182 μg/L，平
均值为 0.071 μg/L。

平面分布方面，防城港市海域汞浓度平均值最高，其次为钦州湾市海域，北海市
海域最低。

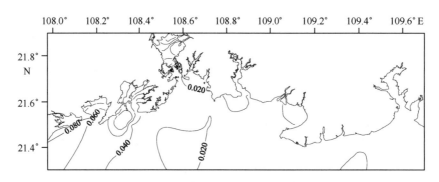

图 4-47　夏季广西近岸海域汞浓度（μg/L）等值线分布

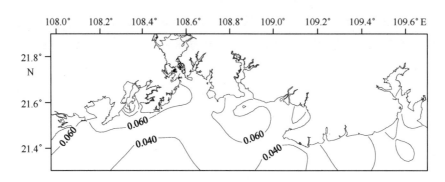

图 4-48　秋季广西近岸海域汞浓度（μg/L）等值线分布

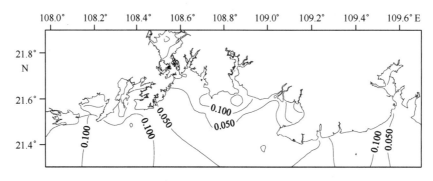

图 4-49　冬季广西近岸海域汞浓度（μg/L）等值线分布

（13）砷

广西近岸海域各季度砷浓度等值线分布见图 4-50 至图 4-53。

广西近岸海域全年海水砷浓度变化范围在 0.17～3.67 μg/L 之间，平均值为 1.10 μg/L。具有夏季高，春秋季次之，冬季较低的季节性变化特征。春季，广西近岸海域砷浓度变化范围为 0.40～1.84 μg/L，平均值为 0.95 μg/L；夏季，砷浓度变化范

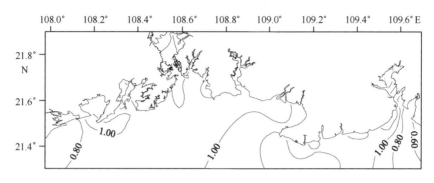

图 4-50　春季广西近岸海域砷浓度（μg/L）等值线分布

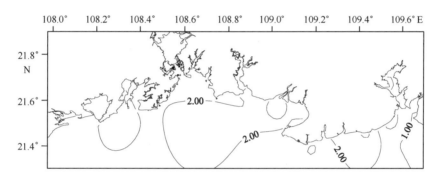

图 4-51　夏季广西近岸海域砷浓度（μg/L）等值线分布

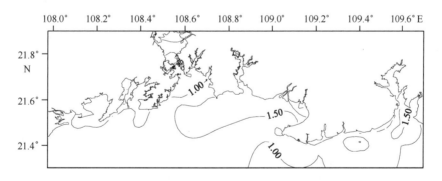

图 4-52　秋季广西近岸海域砷浓度（μg/L）等值线分布

围为 0.17～3.67 μg/L，平均值为 1.51 μg/L；秋季，砷浓度变化范围为 0.30～
2.63 μg/L，平均值为 1.20 μg/L；冬季，砷浓度变化范围为 0.36～1.63 μg/L，平均值
为 0.76 μg/L。

　　平面分布方面，不同季节、不同海区之间，砷浓度差异不大。北海市海域砷浓度
平均值稍高，其次为钦州湾海域，防城港市海域最低。

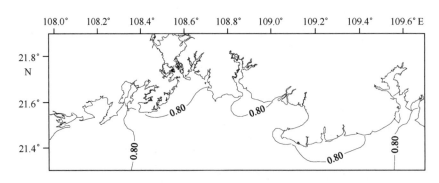

图 4-53 冬季广西近岸海域砷浓度（μg/L）等值线分布

4.3.2 调查结果评价

4.3.2.1 评价标准

本研究采用《海水水质标准》（GB 3097—1997）中的第一类水质标准对海水进行评价，评价标准见表 4-7。

表 4-7 海水水质标准（GB 3097—1997）　单位：mg/L（pH 值除外）

污染物名称	第一类	第二类	第三类	第四类
pH 值	7.8~8.5		6.8~8.8	
SS	人为增加的量≤10		人为增加的量≤100	人为增加的量≤150
DO>	6	5	4	3
COD≤	2	3	4	5
无机氮≤	0.20	0.30	0.40	0.50
活性磷酸盐≤	0.015	0.030		0.045
Pb≤	0.001	0.005	0.010	0.050
Cu≤	0.005	0.010	0.050	
Hg≤	0.000 05	0.000 2	0.000 2	0.000 5
As≤	0.020	0.030	0.050	
Zn≤	0.020	0.050	0.10	0.50
石油类≤	0.05	0.05	0.30	0.50
Cd≤	0.001	0.005	0.01	
总铬≤	0.05	0.10	0.20	0.50
挥发性酚≤	0.005		0.010	0.050
硫化物≤	0.02	0.05	0.10	0.25

4.3.2.2　评价方法

（1）单因子标准指数法

根据《环境影响评价技术导则》，采用单因子标准指数法对水质环境进行评价。选择 pH、DO、COD、石油类、活性磷酸盐、无机氮、铜、铅、锌、镉、总铬、汞、砷作为评价因子。

标准指数的计算公式为：

$$S_{i,j} = c_{i,j}/c_{si},$$

式中，$S_{i,j}$ 为单项评价因子 i 在 j 站位的标准指数；$c_{i,j}$ 为单项评价因子 i 在 j 站位的实测值；c_{si} 为单项评价因子 i 的评价标准值。

对于水中溶解氧（DO），其标准指数采用下式计算：

$$S_{DO,j} = \frac{|DO_f - DO_j|}{DO_f - DO_s} \qquad DO_j \geqslant DO_s,$$

$$S_{DO,j} = 10 - 9\frac{DO_j}{DO_s} \qquad DO_j < DO_s,$$

式中，$S_{DO,j}$ 为 j 站位的 DO 标准指数；DO_f 为现场水温及盐度条件下，水样中氧的饱和含量（mg/L），一般采用的计算公式是：$DO_f = 468/(31.6+T)$，式中 T 为水温（℃）；DO_j 为 j 站位的 DO 实测值；DO_s 为 DO 的评价标准值。

对于 pH，其标准指数计算方法为：

$$S_{pH,j} = \frac{7.0 - pH_j}{7.0 - pH_{sd}} \quad pH_j \leqslant 7.0,$$

$$S_{pH,j} = \frac{pH_j - 7.0}{pH_{su} - 7.0} \quad pH_j > 7.0,$$

式中，$S_{pH,j}$ 表示 j 站位的 pH 标准指数；pH_j 表示 j 站位的 pH 实测值；pH_{sd} 表示 pH 评价标准值上限；pH_{su} 表示 pH 评价标准值下限。

以单因子标准指数 1.0 作为该因子是否对环境产生污染的基本分界线，小于 0.5 为海水未受该因子沾污，介于 0.5~1.0 之间为海水受到该因子沾污，但未超出标准，大于 1.0 表明超出标准，海水已受到该因子污染。

（2）水质污染综合评价方法

水质综合评价包括有机污染因子（DO、COD、无机氮、活性磷酸盐）、石油类和有毒重金属污染物（Cu、Zn、Pb、Cd）等污染因子。水质综合评价模式，$A_{综合} = A_{有机} + A_{石油} + A_{有毒}$。式中，$A_{综合}$ 为水质综合污染指数，$A_{有机}$、$A_{石油}$ 和 $A_{有毒}$ 分别为有机污染指数、石油污染指数和有毒污染物综合指数；$A_{有机} = S_{DO} + S_{COD} + S_{DIN} + S_{DIP}$；$A_{石油} = S_{石油}$；$A_{有毒} = (S_{Cu} + S_{Zn} + S_{Pb} + S_{Cd}) \times 1/4$。$S$ 为各水质参数的标准指数。标准指数的计算采用 GB 3097—1997《海水水质标准》中的第一类海水标准。利用水质综合污染指数进行污染等级划分的标准见表4-8。

表4-8　水质综合污染指数划分等级

级别	清洁	微污染	轻污染	重污染	严重污染
A综合	0~1	1~2	2~7	7~9	>9

4.3.2.3　评价结果

各季度水质标准指数见表4-9。

表4-9　2010年夏季—2011年春季水质标准指数（第一类标准）

评价因子		pH值	DO	COD	石油类	活性磷酸盐	无机氮	铜	铅	锌	镉	总铬	汞	砷
夏季	最小值	0.02	0.02	0.29	0.08	0.00	0.05	0.04	0.00	0.05	0.00	0.00	0.26	0.01
	最大值	1.95	2.41	1.48	0.86	4.00	4.45	1.24	4.10	2.15	0.03	0.01	4.74	0.18
	平均值	0.89	0.95	0.66	0.36	1.09	1.09	0.35	1.09	0.97	0.01	0.00	0.86	0.08
	超标率	28%	33%	13%	0	39%	33%	2%	41%	48%	0	0	21%	0
秋季	最小值	0.64	0.06	0.09	0.02	0.00	0.05	0.00	0.00	0.00	0.00	0.00	0.62	0.02
	最大值	1.84	2.04	1.35	1.32	4.67	5.65	0.86	47.40	1.85	0.09	1.83	3.48	0.13
	平均值	0.86	0.87	0.48	0.25	0.72	1.11	0.26	4.50	0.51	0.01	0.55	1.29	0.06
	超标率	27%	33%	4%	2%	26%	28%	0	62%	9%	0	34%	57%	0
冬季	最小值	0.66	0.01	0.23	0.08	0.00	0.10	0.00	0.00	0.00	0.00	0.00	0.00	0.02
	最大值	1.79	0.55	1.88	1.72	4.00	3.75	0.46	27.20	3.48	0.15	0.06	3.64	0.08
	平均值	0.78	0.21	0.51	0.41	0.72	0.71	0.14	1.54	0.37	0.05	0.01	1.41	0.04
	超标率	6%	0	2%	2%	28%	17%	0.00	26%	11%	0	0	57%	0
春季	最小值	0.61	0.15	0.27	0.28	0.00	0.05	0.00	0.00	0.05	0.04	0.00	0.70	0.00
	最大值	1.44	1.86	1.38	6.52	4.67	3.30	1.60	7.10	0.86	0.17	0.03	2.50	0.09
	平均值	0.80	0.67	0.49	0.76	0.44	0.87	0.44	2.75	0.35	0.09	0.01	1.61	0.05
	超标率	11%	0	2%	9%	15%	21%	4%	87%	0	0	0	85%	0

从表4-9可以看出，pH、DO、COD、石油类、铜、镉、砷、总铬各季度水质标准指数平均值均符合一类海水水质标准；活性磷酸盐水质标准指数均值在夏季超一类海水水质标准；无机氮水质标准指数均值在夏、秋两季超一类海水水质标准；铅水质标准指数均值各季度均超一类海水水质标准；锌水质标准指数均值在秋季超一类海水水质标准；汞水质标准指数均值在秋、冬、春3季超一类海水水质标准。

研究海域水质综合污染指数见表4-10。春季，广西近岸海域水质综合污染指数的变化范围为1.77~9.96，均值为3.80，污染程度从大至小依次为：防城港市海域，北

海市海域，钦州市海域；夏季的变化范围为 2.21~8.74，均值为 4.20，污染程度从大
到小依次为：钦州市海域，北海市海域，防城港市海域；秋季的变化范围为 1.35~
15.33，均值为 4.51，污染程度从大至小依次为：钦州市海域，北海市海域，防城港市
海域；冬季的变化范围为 1.29~11.05，均值为 3.42；污染程度从大至小依次为：防城
港市海域，钦州市海域，北海市海域。4 个季度的评价结果也存在重污染和严重污染，
秋季污染最为严重，夏季其次，冬季污染最轻。从图 4-54 至图 4-57 可看出春季防城
港东湾、银滩和铁山港外侧污染较为严重；夏季污染主要集中在防城江口、大风江口
以及钦江和茅岭江入海口的茅尾海；秋季在廉州湾、大风江口、北海西村港为严重污
染，茅尾海为重污染；冬季污染较轻，只有防城江、钦江和南流江入海口污染较重。

表 4-10 广西近岸海域各季度水质综合污染指数

海域	春季		夏季		秋季		冬季	
	范围	均值	范围	均值	范围	均值	范围	均值
全海域	1.77~9.96	3.80	2.21~8.74	4.20	1.35~15.33	4.51	1.29~11.05	3.42
防城港市海域	1.84~9.96	4.50	2.30~8.74	3.84	1.50~5.14	2.67	1.29~9.21	3.86
钦州市海域	1.77~5.33	3.25	2.82~7.97	4.47	1.50~14.71	5.68	1.70~11.05	3.61
北海市海域	1.77~9.13	3.80	2.21~8.64	4.10	1.35~15.33	4.73	1.50~7.36	3.02

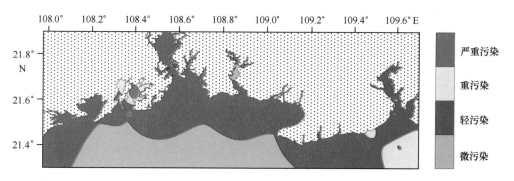

图 4-54 春季广西近岸海域水质污染形势

4.3.3 水质环境小结

（1）潮汐、淡水径流以及降雨对广西近岸海域 pH 的影响较大。总体而言，广西近
岸海水 pH 值有 84.5% 的站位达到一类海水水质标准，防城港市海域 pH 最高，其次是
北海市海域，钦州市湾海域 pH 最低。

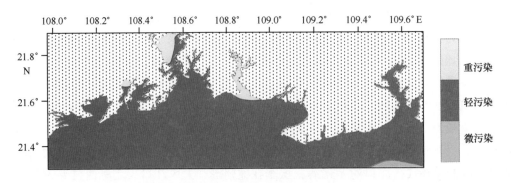

图 4-55　夏季广西近岸海域水质污染形势

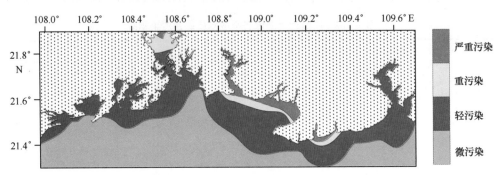

图 4-56　秋季广西近岸海域水质污染形势

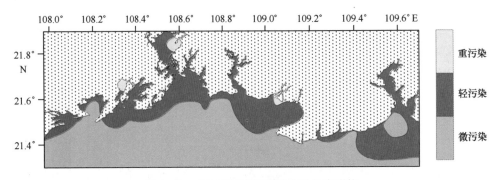

图 4-57　冬季广西近岸海域水质污染形势

（2）广西近岸海域 pH、DO、COD、石油类、铜、镉、砷、总铬平均含量各季度均符合一类海水水质标准；无机磷平均含量在夏季超一类海水水质标准，无机氮平均含量在夏、秋两季超一类海水水质标准。

（3）广西近岸海域重金属污染主要为铅、锌、汞。其中铅污染最为严重，各季度平均含量均超一类水质标准；汞平均含量在秋、冬、春 3 季超一类海水水质标准；锌平均含量在秋季超一类海水水质标准。

（4）广西近岸海域整体为轻污染，秋季污染最为严重，夏季其次，冬季污染最轻。

主要污染集中在江河入海口。

4.4 沉积物质量现状与评价

4.4.1 2010 年广西近岸海域沉积物质量监测结果

沉积物质量调查结果统计见表 4–11 和表 4–12。

表 4–11 广西近岸海域沉积物调查统计表（2010 年夏季）

项目	广西近岸海域		防城港市海域		钦州市海域		北海市海域	
	变化范围	平均值	变化范围	平均值	变化范围	平均值	变化范围	平均值
石油类/10^{-6}	5.20~1292.90	186.03	6.10~1292.90	299.8	8.10~597.70	223.02	5.20~547.50	99.27
有机碳/10^{-2}	b~2.22	0.45	0.06~2.22	0.56	0.02~1.18	0.63	b~1.10	0.3
硫化物/10^{-6}	b~121.95	19.95	0.15~5.35	1.41	b~121.95	30.34	b~102.79	17.47
铜/10^{-6}	b~50.9	8.8	2.7~50.9	13.6	1.7~17.2	11.7	b~19.3	4.4
铅/10^{-6}	4.9~97.7	21	4.9~97.7	22.8	12.6~26.7	21.2	4.9~48.4	19.9
锌/10^{-6}	5.0~156.2	39	16.1~156.2	48	35.2~67.0	50.8	5.0~77.0	27.7
总铬/10^{-6}	b~65.2	22.6	8.1~65.2	24.5	9.2~54.8	36.6	b~50.5	14.5
镉/10^{-6}	b~0.45	0.04	0.01~0.45	0.10	0.01~0.05	0.03	b~0.07	0.02
汞/10^{-6}	0.010~0.160	0.050	0.010~0.140	0.040	0.010~0.120	0.072	0.010~0.160	0.045
砷/10^{-6}	0.52~27.00	10.13	2.83~15.89	7.42	9.21~19.73	14.9	0.52~27.00	9.36

注：b 表示未检出。

表 4–12 广西近岸海域沉积物调查统计表（2010 年冬季）

项目	广西近岸海域		防城港市海域		钦州市海域		北海市海域	
	变化范围	平均值	变化范围	平均值	变化范围	平均值	变化范围	平均值
石油类/10^{-6}	2.80~943.70	173.66	2.80~943.70	219.58	28.90~137.40	78.02	6.60~750.60	193.92
有机碳/10^{-2}	0.07~2.54	0.46	0.07~2.54	0.73	0.29~0.69	0.46	0.09~0.87	0.31
硫化物/10^{-6}	b~69.26	9.52	b~58.96	12.89	0.09~3.12	1.22	b~69.26	11.64
铜/10^{-6}	0.9~38.9	9.7	2.6~38.9	15.2	6.4~28.4	13.7	0.9~10.9	4.3
铅/10^{-6}	4.2~60.1	19.4	5.7~60.1	25	18.5~30.5	23.1	4.2~34.5	14.3
锌/10^{-6}	1.6~113.6	29.2	12.3~113.6	34.8	30.2~62.5	42.9	1.6~60.7	19.0
总铬/10^{-6}	3.5~47.9	17.6	6.9~47.9	21.2	18.1~29.0	21.5	3.5~31.4	13.5
镉/10^{-6}	0.01~0.44	0.12	0.02~0.44	0.21	0.06~0.34	0.15	0.01~0.14	0.06
汞/10^{-6}	0.003~0.148	0.047	0.003~0.148	0.064	0.035~0.076	0.049	0.012~0.079	0.039
砷/10^{-6}	0.59~26.93	7.20	2.88~26.93	10.19	7.39~13.59	9.22	0.59~13.04	4.39

注：b 表示未检出。

（1）石油类

夏季，广西近岸海域调查区沉积物中石油类含量在 $5.20\times10^{-6}\sim1292.90\times10^{-6}$ 之间，平均值为 186.03×10^{-6}。具有防城港市海域含量较高，钦州市海域次之、北海市海域含量较低的区域性变化特征。

冬季，广西近岸海域调查区沉积物中石油类含量在 $2.80\times10^{-6}\sim943.7\times10^{-6}$ 之间，平均值为 173.66×10^{-6}，具有防城港市海域含量较高，北海市海域次之、钦州市海域含量较低的区域性变化特征。

（2）有机碳

夏季，广西近岸海域调查区沉积物中有机碳含量在未检出 $\sim2.22\times10^{-2}$ 之间，平均值为 0.45×10^{-2}。具有钦州市海域含量较高、防城港市海域次之、北海市海域含量较低的区域性变化特征。

冬季，广西近岸海域调查区沉积物中有机碳含量在 $0.07\times10^{-2}\sim2.54\times10^{-2}$ 之间，平均值为 0.46×10^{-2}。具有防城港市海域含量较高、钦州市海域次之、北海市海域含量较低的区域性变化特征。

（3）硫化物

夏季，广西近岸海域调查区沉积物中硫化物的含量在未检出 $\sim121.95\times10^{-6}$ 之间，平均值为 19.95×10^{-6}。具有钦州港市海域含量较高，北海市海域次之、防城港市海域含量较低的区域性变化特征。

冬季，广西近岸海域调查区沉积物中硫化物的含量在未检出 $\sim69.26\times10^{-6}$ 之间，平均值为 9.52×10^{-6}。具有防城港市海域含量较高，北海市海域次之、钦州市海域含量较低的区域性变化特征。

（4）铜

夏季，广西近岸海域调查区沉积物中铜的含量在未检出 $\sim50.9\times10^{-6}$ 之间，平均值为 8.8×10^{-6}。具有防城港市海域含量较高，钦州市海域次之、北海市海域含量较低的区域性变化特征。

冬季，广西近岸海域调查区沉积物中铜的含量在 $0.9\times10^{-6}\sim38.9\times10^{-6}$ 之间，平均值为 9.7×10^{-6}。具有防城港市海域含量较高，钦州市海域次之、北海市海域含量较低的区域性变化特征见。

（5）铅

夏季，广西近岸海域调查区沉积物中铅的含量在 $4.9\times10^{-6}\sim97.7\times10^{-6}$ 之间，平均值为 21×10^{-6}。具有防城港市海域含量较高，钦州市海域次之、北海市海域含量较低的区域性变化特征。

冬季，广西近岸海域调查区沉积物中铅的含量在 $4.2\times10^{-6}\sim60.1\times10^{-6}$ 之间，平均值为 19.4×10^{-6}。具有防城港市海域含量较高，钦州市海域次之、北海市海域含量较低的区域性变化特征。

（6）锌

夏季，广西近岸海域调查区沉积物中锌的含量在 $5.0 \times 10^{-6} \sim 156.2 \times 10^{-6}$ 之间，平均值 23×10^{-6}。具有钦州市海域含量较高，防城港市海域次之、北海市海域含量较低的区域性变化特征。

冬季，广西近岸海域调查区沉积物中锌的含量在 $1.6 \times 10^{-6} \sim 113.6 \times 10^{-6}$ 之间，平均值为 29.2×10^{-6}。具有钦州市海域含量较高，防城港市海域次之、北海市海域含量较低的区域性变化特征。

（7）总铬

夏季，广西近岸海域调查区沉积物中总铬的含量在未检出 $\sim 65.2 \times 10^{-6}$ 之间，平均值为 22.6×10^{-6}。具有钦州市海域含量较高，防城港市海域次之、北海市海域含量较低的区域性变化特征。

冬季，广西近岸海域调查区沉积物中总铬的含量在 $3.5 \times 10^{-6} \sim 47.9 \times 10^{-6}$ 之间。具有钦州市海域含量较高，防城港市海域次之、北海市海域含量较低的区域性变化特征。

（8）镉

夏季，广西近岸海域调查区沉积物中镉的含量在未检出 $\sim 0.45 \times 10^{-6}$ 之间，平均值为 0.04×10^{-6}。具有防城港市海域含量较高，钦州市海域次之、北海市海域含量较低的区域性变化特征。

冬季，广西近岸海域调查区沉积物中镉的含量在 $0.01 \times 10^{-6} \sim 0.44 \times 10^{-6}$ 之间，平均值为 0.12×10^{-6}。具有防城港市海域含量较高，钦州市海域次之、北海市海域含量较低的区域性变化特征。

（9）汞

夏季，广西近岸海域调查区沉积物中汞含量在 $0.010 \times 10^{-6} \sim 0.160 \times 10^{-6}$ 之间，平均值为 0.050×10^{-6}。具有钦州市海域含量较高，北海市海域次之、防城港市海域含量较低的区域性变化特征。

冬季，广西近岸海域调查区沉积物中汞含量在 $0.003 \times 10^{-6} \sim 0.148 \times 10^{-6}$ 之间，平均值 0.047。具有防城港市海域含量较高，钦州市海域次之、北海市海域含量较低的区域性变化特征。

（10）砷

夏季，广西近岸海域调查区沉积物中砷含量在 $0.52 \times 10^{-6} \sim 27.00 \times 10^{-6}$ 之间，平均值 10.13×10^{-6}。具有钦州市海域含量较高，北海市海域次之、防城港市海域含量较低的区域性变化特征。

冬季，广西近岸海域调查区沉积物中砷含量在 $0.59 \times 10^{-6} \sim 26.93 \times 10^{-6}$ 之间，与夏季相比，变化不大，平均值为 7.20×10^{-6}。具有防城港市海域含量较高，钦州市海域次之、北海市海域含量较低的区域性变化特征。

4.4.2 调查结果评价

4.4.2.1 评价标准

调查结果采用《海洋沉积物质量标准》（GB 18668—2002）中的第一类标准，见表 4-13。

表 4-13　海洋沉积物质量（GB 18668—2000）　　　　　×10⁻⁶

污染因子	石油类	Pb	Zn	Cu	Cd	总铬	Hg	硫化物	As
一类标准	500	60.0	150.0	35.0	0.50	80.0	0.20	300.00	20
二类标准	1 000	130.0	350.0	100.0	1.50	150.0	0.50	500.00	65
三类标准	1 500	250.0	600.0	200.0	5.00	270.0	1.00	600.00	93

4.4.2.2 评价方法

（1）单因子评价

评价方法与水质评价方法相同。

沉积物调查采用铜、铅、锌、镉、总铬、石油类、汞和砷、有机碳、硫化物、多氯联苯以及 DDT 作为评价因子。

（2）综合污染及潜在生态风险评价

沉积物中多种重金属的综合污染效应，通过综合指数 C_d 来表征，计算公式为：

$$C_d = \sum_{i}^{6} C_f^i,$$

式中，C_d 是综合污染指数，是沉积物多种重金属污染指数之和，以汞、镉、铜、铅、锌、砷 6 种重金属元素来评价沉积物中重金属的综合污染情况。

某单个重金属的潜在生态风险指数（E_r^i）计算公式为：

$$E_r^i = T_f^i \times C_f^i,$$

式中，T_f^i 为重金属的毒性响应系数，反映了重金属的毒性水平和生物对其污染的敏感程度。各金属的毒性响应系数见表 4-14。

表 4-14　各金属的毒性响应系数

元素	Hg	Cd	As	Pb	Cu	Zn
T_f^i	40	30	10	5	5	1

沉积物中多个重金属的综合潜在生态风险指数（ERI）计算公式为：

$$ERI = \sum_{i}^{n} E_r^i$$

C_f^i、C_d、E_r^i、ERI 值所对应的污染程度及潜在生态风险分级见表 4-15。

表 4-15 C_f^i、C_d、E_r^i、ERI 与污染程度的关系

C_f^i	单个重金属污染程度分级	C_d	综合污染程度分级	E_r^i	单个重金属潜在生态风险分级	ERI	综合潜在生态风险分级
$C_f^i<1$	低污染	$C_d<6$	低污染	$E_r^i<25$	低	$ERI<110$	低
$1\leqslant C_f^i<3$	中污染	$6\leqslant C_d<12$	中污染	$25\leqslant E_r^i<50$	中	$110\leqslant ERI<220$	中
$3\leqslant C_f^i<6$	较高污染	$12\leqslant C_d<24$	较高污染	$50\leqslant E_r^i<100$	强	$220\leqslant ERI<440$	较高
$C_f^i\geqslant6$	很高污染	$C_d\geqslant24$	很高污染	$100\leqslant E_r^i<200$	很强	$ERI\geqslant440$	很高
				$E_r^i\geqslant200$	极强		

4.4.2.3 评价结果

2010 年两次调查，广西近岸海域沉积物各评价因子质量标准指数平均值均符合一类沉积物质量标准，沉积物质量标准指数见表 4-16。

表 4-16 沉积物质量标准指数（第一类标准）

评价因子		铜	铅	锌	铬	镉	砷	汞	有机碳	石油类	硫化物
夏季	最小值	0.00	0.08	0.03	0.00	0.00	0.03	0.05	0.00	0.01	0.00
	最大值	1.45	1.63	1.04	0.82	0.90	1.35	0.80	1.11	2.59	0.41
	均值	0.25	0.35	0.26	0.28	0.09	0.51	0.25	0.23	0.37	0.05
冬季	最小值	0.03	0.07	0.01	0.00	0.02	0.03	0.02	0.04	0.01	0.00
	最大值	1.11	1.00	0.76	0.60	0.88	1.35	0.74	1.27	1.89	0.23
	均值	0.28	0.32	0.19	0.22	0.24	0.36	0.24	0.23	0.36	0.03

从表 4-17 可以看出，两次调查，广西近岸海域沉积物中重金属生态风险指数 *ERI* 值均小于 110，按照综合潜在生态风险分级属于低风险水平，表明该海域表层沉积物重金属对海洋生态系统的潜在风险较低。夏季重金属对海洋生态系统的潜在风险大于冬季。时空分布上看，夏季，整个调查海域重金属生态风险状况从大到小依次为钦州市海域、北海市海域、防城港市海域；冬季，整个调查海域重金属生态风险状况从大到小依次为防城港市海域、钦州市海域、北海市海域。

表4-17 广西近岸海域沉积物重金属污染程度状况

季节	海域	E_r^i						ERI	生态风险分级
		Cu	Pb	Zn	As	Cd	Hg		
夏季	防城港市	1.56	1.6	0.27	3.41	4.88	6.75	18.47	低风险
	钦州市	1.99	1.61	0.32	8.8	4.29	17.14	34.15	低风险
	北海市	0.69	1.77	0.19	5.17	1.13	9.78	18.73	低风险
	广西近岸	1.36	1.67	0.26	5.64	3.3	10.92	23.15	低风险
冬季	防城港市	0.35	0.36	0.2	0.37	0.26	0.43	1.96	低风险
	钦州市	0.34	0.37	0.25	0.27	0.25	0.41	1.88	低风险
	北海市	0.13	0.25	0.14	0.11	0.2	0.23	1.06	低风险
	广西近岸	0.27	0.32	0.19	0.24	0.24	0.35	1.60	低风险

4.4.3 沉积物环境小结

广西近岸海域沉积物总体质量良好，除部分测站铜、铅、锌、总铬、砷、石油类和硫化物超出一类沉积物质量标准外，其他各项污染物含量均符合一类沉积物质量标准。

4.5 海洋生物生态现状与评价

4.5.1 评价内容、标准及方法

4.5.1.1 评价内容

评价内容包括浮游生物的种类组成、种类多样性、丰富度、均匀度、优势度指数、叶绿素 a 等。

4.5.1.2 评价标准

浮游生物采用生物多样性指标评价标准，详见表4-18。

表4-18 生物多样性指数评价标准

H'	$H' \geq 3.0$	$2.0 \leq H' < 3.0$	$1.0 \leq H' < 2.0$	$H' < 1.0$
生物质量等级	优良	一般	差	极差

4.5.1.3 评价方法

浮游生物采用Shonnon-Wiener生物多样性指数法、描述法，定量或定性分析海洋浮游生物环境等级。具体计算公式如下：

(1)多样性指数（H'）计算公式：

$$H' = - \sum_{i=1}^{s} P_i \log_2(P_i);$$

(2)Pielou 均匀度（J）计算公式：

$$J = H'/\log_2 S;$$

(3)群体优势度（D）计算公式：

$$D = (N_1 + N_2)/N;$$

(4)丰富度（d）计算公式：

$$d = (S - 1)\ln(N);$$

(5)个体优势度指数（Y）计算公式：

$$Y = f_i(N_i/N);$$

式中，N 表示样品的总丰度；N_i 表示样品中第 i 种的丰度；P_i 表示第 i 种丰度与样品丰度的比值，即 N_i/N；S 表示样品中的种类总数；N_1、N_2 表示第一、第二优势种的丰度；f_i 表示 i 种出现的频率。

4.5.2　广西近岸生物生态环境现状分析与评价

4.5.2.1　叶绿素 a

广西近岸海域各季度叶绿素 a 含量等值线分布见图 4-58 至图 4-61。

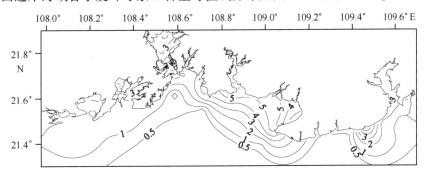

图 4-58　春季广西近岸海域叶绿素 a 含量（$\mu g/L$）等值线分布

广西近岸海域全年叶绿素 a 在 0.14~30.67 $\mu g/L$ 之间，平均值为 1.5 $\mu g/L$；具有冬季较低，春、夏季逐步升高，秋季最高的特征。春季，广西近岸海域叶绿素 a 含量为全年最低，平均值为 2.52 $\mu g/L$，变化范围 0.14~8.98 $\mu g/L$；夏季，叶绿素 a 含量较高，平均值为 4.00 $\mu g/L$，变化范围 0.53~9.68 $\mu g/L$；秋季，叶绿素 a 含量为全年最高，平均值为 4.45 $\mu g/L$，变化范围 0.35~30.67 $\mu g/L$；冬季，叶绿素 a 含量平均值为 2.96 $\mu g/L$，变化范围 0.75~23.41 $\mu g/L$。

在不同季节，不同海区的叶绿素 a 含量差异较大。叶绿素 a 含量较高的站位基本

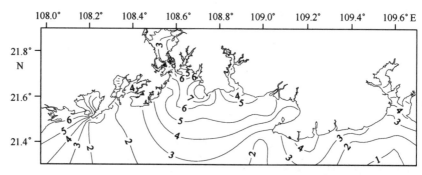

图 4-59 夏季广西近岸海域叶绿素 *a* 含量（μg/L）等值线分布

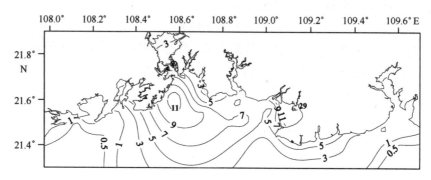

图 4-60 秋季广西近岸海域叶绿素 *a* 含量（μg/L）等值线分布

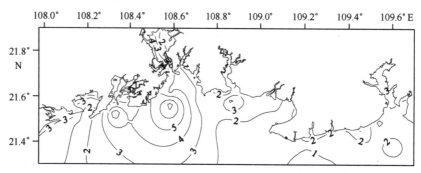

图 4-61 冬季广西近岸海域叶绿素 *a* 含量（μg/L）等值线分布

上都位于河流入海口处。

4.5.2.2 浮游植物

（1）种类组成

各季节浮游植物种类组成见表 4-19。2010 年夏季调查共检出浮游植物 6 门 76 属 185 种（包括变种、变型）；秋季 5 门 65 属 146 种（包括变种、变型）；冬季调查共检出浮游植物 6 门 73 属 190 种（包括变种、变型）；2011 年春季共检出浮游植物 6 门 56

属 120 种（包括变种、变型）。

表 4-19　浮游植物种类分类统计

门　类	种类/种			
	夏季	秋季	冬季	春季
硅藻门	139	116	152	98
甲藻门	33	22	24	13
金藻门	3	3	4	3
绿藻门	6	4	6	3
蓝藻门	3	2	3	2
裸藻门	1	-	1	1
合计	185	146	190	120

（2）数量分布

广西近岸海域浮游植物全年数量变化范围为 $0.43\times10^4 \sim 650.82\times10^4$ cells/L，平均值为 23.34×10^4 cells/L。见图 4-62 至图 4-65。

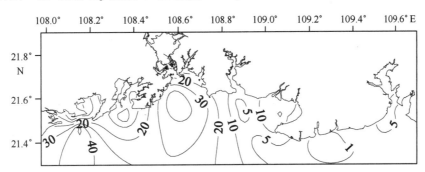

图 4-62　春季广西近岸海域浮游植物数量（10^4 cells/L）平面分布

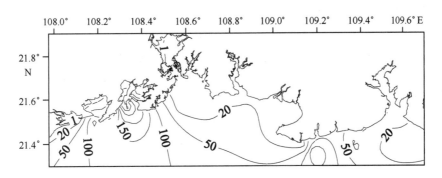

图 4-63　夏季广西近岸海域浮游植物数量（10^4 cells/L）平面分布

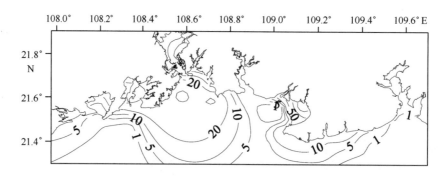

图4-64 秋季广西近岸海域浮游植物数量（10^4 cells/L）平面分布

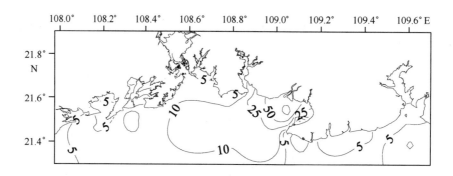

图4-65 冬季广西近岸海域浮游植物数量（10^4 cells/L）平面分布

浮游植物具有夏季密度最高，秋季次之，冬、春季最低的季节变化特征。春季，广西近岸海域浮游植物数量变化范围为$0.52×10^4$～$54.47×10^4$ cells/L，平均密度为$9.78×10^4$ cells/L；夏季，浮游植物变化范围为$1.40×10^4$～$650.82×10^4$ cells/L，平均密度为$58.59×10^4$ cells/L；秋季，浮游植物数量变化范围为$0.90×10^4$～$201.06×10^4$ cells/L，平均密度为$15.17×10^4$ cells/L；冬季，浮游植物变化范围为$1.14×10^4$～$124.33×10^4$ cells/L，平均密度为$9.82×10^4$ cells/L。

（3）优势种

春季广西近岸海域浮游植物优势种和常见种见表4-20。优势种主要为薄壁几内亚藻（*Guinardia cylindrus*）、脆根管藻（*Rhizosolenia fragillissima*）、赤潮异弯藻（*Heterosiga akashiwo*）、球形棕囊藻（*Phaeoecystis globosa*）、中肋骨条藻（*Skeletonema costatum*）、斯托根管藻（*Rhizosolenia stolterfothii*）。

表 4-20 春季广西近岸海域优势和常见浮游植物名录

中文名	频度	优势度	平均丰度/ (10^4 cells·L^{-1})	占细胞丰度百分比/%
薄壁几内亚藻	0.72	0.255 37	2.24	22.87
脆根管藻	0.40	0.075 03	2.41	24.68
赤潮异弯藻	0.36	0.047 92	1.75	17.89
球形棕囊藻	0.21	0.012 59	0.76	7.78
中肋骨条藻	0.30	0.011 51	0.47	4.77
斯托根管藻	0.34	0.008 72	0.14	1.46
米氏凯伦藻	0.28	0.006 27	0.11	1.11
绿色裸藻	0.30	0.005 31	0.22	2.22
裸甲藻	0.19	0.003 03	0.28	2.88
柔弱根管藻	0.30	0.003 03	0.06	0.66
新月菱形	0.30	0.000 88	0.04	0.46
夜光藻	0.17	0.000 85	0.02	0.22
微小小环藻	0.26	0.000 81	0.04	0.40
拟旋链角毛藻	0.19	0.000 64	0.03	0.32
菱形海线藻	0.13	0.000 13	0.01	0.14
尖刺伪菱形藻	0.09	0.000 09	0.01	0.14

夏季广西近岸海域浮游植物优势种和常见种见表 4-21。优势种为尖刺伪菱形藻（*Pseudo-nitzschia pungens*）、中肋骨条藻（*Skeletonema costatum*）、拟旋链角毛藻（*Chaetoceros pseudocurvisetus*）、小角毛藻（*Chaetoceros minutissimus*）、菱形海线藻（*Thalassionema nitzschioides*）、丹麦细柱藻（*Leptocylindrus danicus*）。

表 4-21 夏季广西近岸海域优势和常见浮游植物名录

中文名	频度	优势度	平均丰度/ (10^4 cells·L^{-1})	占细胞丰度百分比/%
尖刺伪菱形藻	0.93	0.219 57	15.21	25.95
中肋骨条藻	0.80	0.120 05	6.89	11.77
拟旋链角毛藻	0.91	0.098 32	7.01	11.97
小角毛藻	0.39	0.068 80	11.05	18.85
菱形海线藻	0.89	0.024 28	1.51	2.58
丹麦细柱藻	0.54	0.023 69	2.79	4.76
日本星杆藻	0.83	0.017 96	1.45	2.47
微小小环藻	0.96	0.017 30	0.74	1.26

续表

中文名	频度	优势度	平均丰度/ (10^4 cells·L^{-1})	占细胞丰度百分比/%
洛氏角毛藻	0.63	0.012 52	1.18	2.01
条纹小环藻	0.89	0.008 12	0.38	0.65
优美辐杆藻	0.46	0.007 46	1.07	1.83
大角管藻	0.76	0.007 36	0.60	1.03
变异辐杆藻	0.43	0.003 68	0.48	0.81
范氏角毛藻	0.50	0.002 88	0.39	0.66
透明辐杆藻	0.30	0.002 23	0.46	0.79
环纹娄氏藻	0.57	0.002 19	0.21	0.37
帕维舟形藻	0.70	0.001 97	0.17	0.29
脆根管藻	0.41	0.001 95	0.29	0.50
裸甲藻	0.43	0.001 60	0.13	0.22
窄面角毛藻	0.35	0.001 54	0.27	0.47
远距角毛藻	0.33	0.001 35	0.29	0.50
锥状斯克里普藻	0.59	0.001 23	0.09	0.15
柔弱根管藻	0.43	0.001 18	0.16	0.28
热带骨条藻	0.13	0.001 01	0.30	0.51
刚毛根管藻	0.57	0.000 94	0.09	0.16
米氏凯伦藻	0.26	0.000 89	0.22	0.37
微小原甲藻	0.41	0.000 77	0.07	0.12
斯托根管藻	0.35	0.000 67	0.12	0.21
海洋原甲藻	0.46	0.000 66	0.05	0.08
塔玛亚历山大藻	0.50	0.000 57	0.06	0.10
具刺膝沟藻	0.26	0.000 48	0.04	0.07
小型园筛藻	0.35	0.000 43	0.04	0.06
中华根管藻	0.26	0.000 27	0.05	0.09
扁面角毛藻	0.20	0.000 18	0.06	0.10
丹麦角毛藻	0.17	0.000 16	0.06	0.10
春膝沟藻	0.15	0.000 05	0.01	0.02
歧散原多甲藻	0.17	0.000 04	0.02	0.03
短凯伦藻	0.13	0.000 04	0.01	0.02

　　秋季广西近岸海域浮游植物优势种和常见种见表4-22。优势种为拟旋链角毛藻
(*Chaetoceros pseudocurvisetus*)、菱形海线藻 (*Thalassionema nitzschioides*)、中肋骨条藻

（*Skeletonema costatum*）、环纹娄氏藻（*Lauderia annulata*）。

表4-22 秋季广西近岸海域优势和常见浮游植物名录

中文名	频度	优势度	平均丰度/ $(10^4 \text{cells} \cdot \text{L}^{-1})$	占细胞丰度 百分比/%
拟旋链角毛藻	0.79	0.264 18	4.92	34.19
菱形海线藻	0.91	0.113 52	1.84	12.81
中肋骨条藻	0.51	0.049 70	1.39	9.68
环纹娄氏藻	0.64	0.027 61	0.64	4.43
热带骨条藻	0.26	0.017 25	0.99	6.85
斯托根管藻	0.62	0.016 26	0.38	2.65
条纹小环藻	0.72	0.012 90	0.26	1.82
微小小环藻	0.89	0.012 86	0.20	1.42
脆根管藻	0.49	0.010 83	0.32	2.20
柔弱根管藻	0.51	0.010 32	0.30	2.09
洛氏角毛藻	0.51	0.006 20	0.18	1.22
尖刺拟菱形藻	0.55	0.005 19	0.14	0.95
春膝沟藻	0.34	0.005 01	0.20	1.39
大角管藻	0.26	0.004 08	0.23	1.62
优美辐杆藻	0.38	0.003 31	0.13	0.87
薄壁几内亚藻	0.51	0.003 30	0.09	0.65
丹麦细柱藻	0.43	0.002 44	0.08	0.57
中华根管藻	0.28	0.002 32	0.12	0.85
翼根管藻纤细变型	0.32	0.002 19	0.10	0.69
覆瓦根管藻细茎变种	0.32	0.002 17	0.10	0.69
米氏凯伦藻	0.34	0.001 35	0.06	0.40
叉状角藻	0.30	0.001 16	0.06	0.39
塔玛亚历山大藻	0.38	0.001 06	0.04	0.26
窄面角毛藻	0.21	0.001 01	0.07	0.48
变异辐杆藻	0.17	0.000 79	0.07	0.48
日本星杆藻	0.04	0.000 25	0.09	0.64
透明辐杆藻	0.15	0.000 20	0.02	0.13
锥状斯克里普藻	0.15	0.000 09	0.01	0.06
大洋角管藻	0.11	0.000 05	0.01	0.05

冬季广西近岸海域浮游植物优势种和常见种见表4-23。优势种为赤潮异弯藻、菱形海线藻、柔弱根管藻（*R. delicatula*）、拟旋链角毛藻、微小小环藻（*Cyclotella caspia*）。

表 4-23　冬季广西近岸海域优势和常见浮游植物名录

中文名	频度	优势度	平均丰度/ (10^4 cells·L^{-1})	占细胞丰度 百分比/%
赤潮异弯藻	0.45	0.132 64	3.47	35.30
菱形海线藻	0.74	0.033 31	0.39	4.00
柔弱根管藻	0.68	0.031 58	0.41	4.15
拟旋链角毛藻	0.45	0.025 79	0.53	5.36
微小小环藻	0.79	0.012 71	0.16	1.64
尖刺拟角毛藻	0.60	0.009 22	0.14	1.38
洛氏角毛藻	0.38	0.008 28	0.19	1.92
大角管藻	0.30	0.007 29	0.18	1.82
叉状辐杆藻	0.28	0.006 84	0.21	2.13
条纹小环藻	0.55	0.006 79	0.12	1.23
斯托根管藻	0.40	0.006 65	0.14	1.42
中肋骨骨条藻	0.26	0.004 32	0.15	1.51
环纹娄氏藻	0.30	0.003 35	0.09	0.89
日本星杆藻	0.28	0.002 73	0.09	0.89
优美旭氏藻	0.19	0.002 46	0.11	1.14
中华根管藻	0.30	0.002 42	0.07	0.69
脆根管藻	0.36	0.002 25	0.05	0.48
江河骨条藻	0.15	0.002 20	0.15	1.55
薄壁几内亚藻	0.30	0.001 89	0.06	0.61
微小原甲藻	0.40	0.001 42	0.03	0.32
大洋角管藻	0.26	0.000 99	0.04	0.36
丹麦细柱藻	0.17	0.000 86	0.04	0.43
覆瓦根管藻	0.21	0.000 71	0.03	0.26

（4）浮游植物生物多样性指数

夏季、秋季和冬季，广西近岸海域浮游植物的环境质量等级均为"优良"，春季，广西近岸海域浮游植物的环境质量等级为"差"。

各季节浮游植物多样性指数见表 4-24。

表 4-24　各季节浮游植物生物多样性指数统计表

季节	多样性指数（H′）	丰富度（d）	优势度（D）	均匀度（J）
夏季	3.02	3.72	0.54	0.59
秋季	3.24	3.28	0.48	0.72
冬季	3.50	3.42	0.42	0.78
春季	1.78	1.63	0.71	0.49

4.5.2.3　浮游动物

（1）种类组成

2011 年春季调查共检出浮游动物 11 类 39 科 43 属 64 种；夏季 13 类 26 科 41 属 80 种。2012 年春季调查共检出浮游动物 18 类 64 科 83 属 159 种；夏季 16 类 49 科 61 属 111 种。2011 年、2012 年春季和夏季均以桡足类最多，浮游幼虫及水螅水母类次之。

2011 年和 2012 年春、夏季浮游动物种类组成见表 4-25 和图 4-66 至图 4-69。

表 4-25　浮游动物种类分类统计表

种类名称	2011 年				2012 年			
	春季		夏季		春季		夏季	
	种类数	种类百分比/%	种类数	种类百分比/%	种类数	种类百分比/%	种类数	种类百分比/%
桡足类	26	40.6	27	33.8	57	35.8	42	37.9
浮游幼虫	10	15.6	21	26.3	23	14.5	17	15.3
水螅水母类	9	14.1	13	16.3	21	13.2	15	13.5
毛颚类	3	4.7	4	5.0	18	11.3	12	10.8
管水母类	3	4.7	3	3.8	10	6.3	6	5.4
枝角类	—	—	2	2.5	4	2.5	4	3.6
被囊类	4	6.2	—	—	4	2.5	3	2.7
浮游多毛类	—	—	—	—	3	1.9	2	1.8
磷虾类	—	—	—	—	3	1.9	2	1.8
栉水母类	4	6.2	1	1.2	3	1.9	1	0.9
介形类	1	1.6	1	1.2	3	1.9	1	0.9
樱虾类	1	1.6	3	3.8	2	1.3	2	1.8
端足类	—	—	1	1.2	2	1.3	1	0.9
浮游多毛类	1	1.6	1	1.2	2	1.3	—	—
钵水母类	2	3.1	1	1.2	1	0.6	—	—
等足类	—	—	—	—	1	0.6	1	0.9
糠虾类	—	—	—	—	1	0.6	—	—
原生动物	—	—	—	—	1	0.6	1	0.9
浮游螺类	—	—	2	2.5	—	—	1	0.9

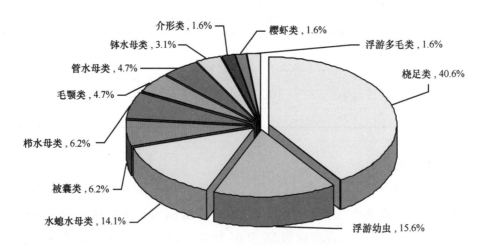

图 4-66 2011 年春季浮游动物种类组成

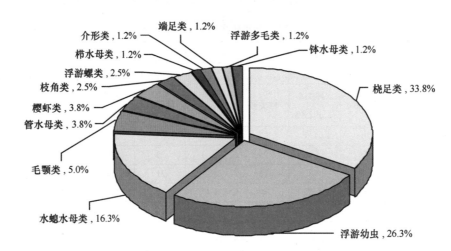

图 4-67 2011 年夏季浮游动物种类组成

（2）各季节数量

2011 年春季，各调查站点浮游动物丰度为 $1.0×10^3 \sim 2.5×10^3$ 个/m^3，平均值为 $1.7×10^2$ 个/m^3；夏季，各调查站点浮游动物丰度为 $4.0×10^3 \sim 1.4×10^3$ 个/m^3，平均值为 $2.0×10^2$ 个/m^3。

2012 年春季，各调查站点浮游动物丰度为 $1.2×10^5 \sim 4.1×10^5$ 个/m^3，平均值为 $1.3×10^4$ 个/m^3；夏季，各调查站点浮游动物丰度为 $0 \sim 1.9×10^3$ 个/m^3，平均值为 $2.7×10^2$ 个/m^3。

（3）浮游动物优势类群及优势种

2011 年春季，广西近岸海域春季浮游动物丰度优势类群是浮游幼虫、桡足类和被

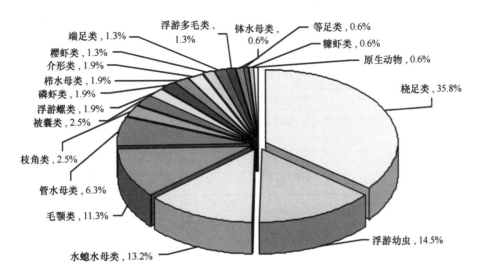

图 4-68　2012 年春季浮游动物种类组成

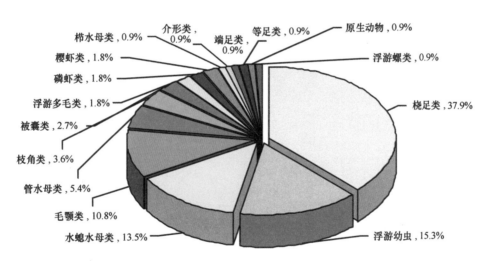

图 4-69　2012 年夏季浮游动物种类组成

囊类，第一优势种为鱼卵（fish eggs）；夏季优势类群是浮游幼虫和桡足类，第一优势种为长尾类幼虫（macrura larva）。

2012 年春季，浮游动物丰度优势类群是浮游幼虫，第一优势种为鱼卵；夏季优势类群是浮游幼虫和桡足类，第一优势种为短尾类蚤状幼虫（Zoea larva（Brachyura））。

（4）浮游动物生物多样性指数

2011 年春季和夏季，广西近岸海域浮游动物生物多样性指数分别为 1.30 和 2.17，浮游动物环境质量等级分别为"差"和"一般"。

2012 年春季和夏季，广西近岸海域浮游动物生物多样性指数分别为 1.79 和 2.55，浮游动物环境质量等级分别为"差"和"一般"。

2011—2012年春、夏季浮游动物的生物多样性指数见表4-26。

表4-26   2011年和2012年浮游动物生物多样性指数统计表

年度	水期	多样性指数	丰富度	优势度	均匀度
2011	春季	1.30	0.97	0.82	0.56
	夏季	2.17	1.45	0.67	0.70
2012	春季	1.79	1.74	0.72	0.50
	夏季	2.55	2.14	0.60	0.67

第5章　广西海岸带海洋环境污染现状调查

海岸带是陆地与海洋相互作用的交互地带，物质和能量通过陆-海、海-气和陆-气等关键界面进行交换；自然和人为因素而造成的环境污染在陆海交互带区域存在显著的放大效应，对交互带系统生态安全和环境可持续发展构成了严重的威胁。同时，海岸带也是环境最为脆弱的地区之一，各种污染源及污染物一旦大量集聚，就会造成环境与生态灾害。近年来，广西海岸带开发速度加快，港口物流、钢铁、石化、有色金属、镍铁合金材料、制浆造纸产业迅速向沿海地区集聚，大量的工业废水、城市生活污水、养殖废水通过各种通道入海，局部海域环境污染与生态破坏显现，广西近岸海域环境压力增大。为了实现广西北部湾经济区可持续发展，保持近岸海域良好的生态环境，我们立项开展了广西近岸海域环境污染状况调查，重点掌握河口、海岸及近海海域污染物分布特征，追溯污染物主要来源及其排放特点，从而为提出控制污染、减轻环境压力决策提供科学依据。

5.1　海岸带入海污染源现状调查

5.1.1　污染源入海数据来源

（1）入海污染源（包括工业企业、市政入海排污口、养殖废水、船舶废水、主要入海河流污染源等），主要收集广西海洋环境监测中心站 2001—2012 年监测数据。

（2）主要入海河流污染物数据，选择南流江、钦江、茅岭江为代表性河流，同时也包括南流江、钦江、茅岭江、大风江、防城江、北仑河、白沙河、南康江和西门江 9 条主要河流输入的污染物数据，并收集历年广西河流年鉴有关数据。

（3）直排入海污染物，引用广西海洋环境监测中心站《广西近岸海域水环境质量变化及保护对策研究报告》关于 2001—2012 年直排入各海域污染物的统计数据。

根据收集的以上数据，并结合我们 2012 年有关调查，重点对广西海岸带地区 3 个沿海城市（钦州、北海、防城港）区域内的工业企业、城镇生活、规模养殖、港口船舶、入海河流等污染源入海量进行分析，进一步弄清楚广西海岸带海洋环境污染现状。与此同时，对广西近岸各主要海湾的入海纳污量进行了初步研究。

5.1.2　点源污染物入海现状调查

根据 2012 年调查统计，广西沿海地区现有入海污染源排污口共有 43 个，其中北海市 21 个排污口（市政排污口 14 个，工业排污口 7 个），钦州市 11 个排污口（市政排污口 7 个，工业排污口 4 个），防城港市 11 个排污口（市政排污口 6 个，工业排污口 5 个）。

入海污染源主要有工业企业污染物排放、生活污水处理厂污染物排放、规模化养殖污染物排放 3 种方式。2012 年，这 3 种点源污染源合计排放化学需氧量（COD）37 059.24 t，氨氮 2 785.74 t，总氮 6 050.94 t，总磷 1 034.17 t。具体见表 5-1。

表 5-1　沿海区域 2012 年点源污染源排放污染物统计表

污染源		数量	污染物排放量/t			
			COD	氨氮	总氮	总磷
工业污染源	合计	276 家	22 060.96	748.81	/	/
	所占比例/%	/	59.53	26.88	/	/
污水处理厂	合计	20 座	4 511.65	493.51	1 805.99	314.01
	所占比例/%	/	12.17	17.72	29.85	30.36
规模化养殖场	合计	556 个	10 486.63	1 543.42	4 244.95	720.16
	所占比例/%	/	28.30	55.40	70.15	69.64
合计			37 059.24	2 785.74	6 050.94	1 034.17

从表 5-1 统计数据可以看出，年排放量最多的为工业污染源，COD 年排放量为 22 060.96 t，占总排放量的 59.53%，其次是规模化养殖场，总氮年排放量为 4 244.95 t，占总排放量的 70.15%，氨氮和总磷的年排放量相对较少。

5.1.3　工业污染源入海排放现状

2012 年，广西沿海钦州、北海、防城港三市共有废水外排的工业企业 276 家，排放工业废水 7 763.76×10⁴ t，COD 22 060.96 t，氨氮 748.81 t，石油类 66.14 t，重金属 1 306.6 kg。

钦州市共有工业企业 82 家（钦南区 26 家、钦北区 13 家、灵山县 22 家，浦北县 21 家），年排工业废水 1 791.31×10⁴ t，COD 8 685.59 t，氨氮 366.48 t，石油类 32.21 t，重金属 149.54 kg。

北海市共有工业企业 51 家（海城区 13 家、银海区 11 家、铁山港区 6 家、合浦县 21 家）。年排工业废水 2 015.81×10⁴ t，其中 31.67% 来源于制糖业，25.56% 来源于原油加工及石油制品制造，10.89% 来源于酒精制造；年排 COD 8 195.65 t，氨氮 113 t，石油类 4.11 t，重金属 50.7 kg。

防城港市共有工业企业 39 家（港口区 20 家、防城区 10 家、东兴市 9 家）。年排工业废水 1 738.39×10⁴ t，COD 2 224.58 t，氨氮 64.83 t，石油类 25.07 t，重金属 2.95 kg。

沿海三市区域内工业污染源污染物排放量具体情况见图 5-1 至图 5-5。

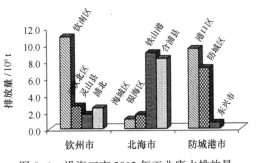

图 5-1 沿海三市 2012 年工业废水排放量

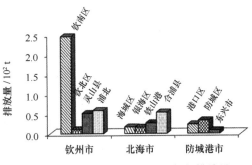

图 5-2 沿海三市 2012 年工业氨氮排放量

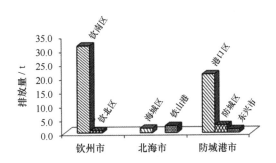

图 5-3 沿海三市 2012 年工业石油类排放量

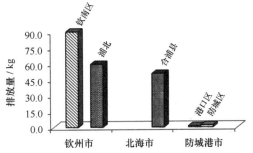

图 5-4 沿海三市 2012 年工业重金属排放量

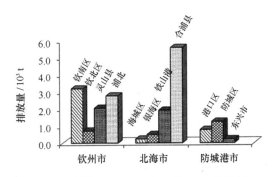

图 5-5 沿海三市 2012 年工业 COD 排放量

从图 5-1 至图 5-5 可以看出：广西沿海北海、钦州、防城港三市工业污染源污染物入海排放量总体情况，无论是 COD、氨氮、石油类，还是重金属，钦州市排放量明显多于北海市、防城港市。钦州市工业污染源污染物排放量近年来呈现上升趋势，2002—2005 年，该地区工业污染源污染物入海量变化不大，但从 2006 年开始，钦州湾周边工业污染源污染物入海量一直保持高于其他海湾的入海量，这与钦州湾临港工业企业迅速发展密切相关。

5.1.4　城镇污染源入海排放现状

城镇污染源主要是生活污水处理厂。2012 年，调查区域内在建或已建成的污水处理厂共 20 座，其中，10 座污水处理厂已建成投入运行，合计设计处理能力为 66.9×10^4 t/d，其余 8 座工业园区污水集中处理厂未建成，还有 2 座（钦州市河东污水处理厂、涠洲岛污水处理厂）刚建成但尚未投入使用。2012 年实际污水处理量合计达 18 664.04×10^4 t。

城镇污染源污染物入海排放量各年差别较大，2004—2008 年，入海污染物排放量大，年平均为 19 690.08 t，其中，2006 年，入海污染排放量达 35 787 t。2009 年开始，城镇污染源污染物入海量有所减小，在 2 875～8 241 t 之间。2002—2012 年间城镇污染源污染物入海具体情况见图 5-6 至图 5-8。

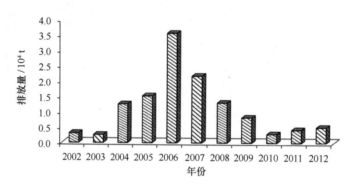

图 5-6　城镇污染源污染物入海量总计

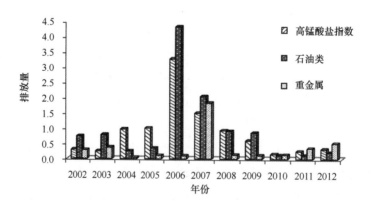

图 5-7　城镇污染源高锰酸盐指数、石油类及重金属入海量统计
（高锰酸盐指数、石油类及重金属的单位分别为 10^4 t、10^2 t 及 10 t）

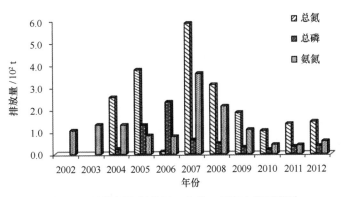

图 5-8　城镇污染源总氮、总磷、氨氮入海量统计

　　2012 年，城镇污染源污染物排入各海湾的入海量百分比从高到低依次为廉州湾（77.7%）、铁山港（11.2%）、防城港（6.7%）、钦州湾（4.4%）。2002—2012 年城镇污染源污染物排入各海湾总量统计见图 5-9，各海湾接纳污染物的比例见表 5-2。

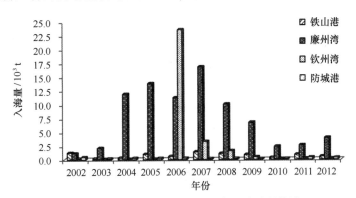

图 5-9　城镇污染源污染物排入各海湾总量统计

表 5-2　城镇污染源污染物排入各海湾总量百分比（%）

港湾	2002 年	2003 年	2004 年	2005 年	2006 年	2007 年	2008 年	2009 年	2010 年	2011 年	2012 年
铁山港	41.3	7.7	2.7	6.8	1.7	6.6	8.8	11.2	12.2	22.4	11.2
廉州湾	38.2	83.8	94.8	91.1	31.5	77.5	77.3	82.1	83.4	62.6	77.7
钦州湾	5.9	0.9	0.3	0.4	66	15.2	12.4	6.1	1	5.2	4.4
防城港	14.6	7.6	2.2	1.7	0.7	0.7	1.5	0.6	3.5	9.8	6.7
合计	100	100	100	100	99.9	100	100	100	100.1	100	100

　　由统计数据分析得知，城镇污染源污染物入海量与市政混合排污口排污影响有关，一般情况下，城市居住的人口越多，污染物排放量就越大，毗邻海区污染就越重。此外，还与城镇污水排放处理有密切关系。目前，广西沿海三个地级市及东兴市和合浦

县的污水处理厂虽已建成并投入使用，但各污水处理厂配套污水管网尚未完善，未能将所有生活污水收集处理；钦州港及沿海地区各乡镇也尚未建设城镇生活污水处理厂，而已建成投入使用的这些污水处理厂无脱氮除磷功能，城镇生活污水排放对近岸海域环境造成了一定的影响；在沿海乡镇一级基本上还没有生活污水处理设施，临海乡镇的生活污水直接排海，造成城镇毗邻海区污染较重；一些临海的城市老区，由于污水收集管网不完善，大量的生活污水、海产品加工废水直接排入近岸水域，造成水体污染。比如北海市的外沙内港，由于港池周边是老城区，没有污水收集管网，居民的生活污水无法收集到红坎污水处理厂处理，只能就近排入外沙内港。其周边的水产品加工厂废水也无法收集处理，再加上船上渔民的生活排污，造成港池污染严重。所以，紧邻北海市的廉州湾，直排入该海湾的污染物为之最多，占 77.7%。

5.1.5 养殖污染源入海排放现状

陆域规模养殖废水排放：调查区域内共有规模化养殖场 207 家。2012 年排放 COD 4 700.71 t，氨氮 560.25 t，总氮 2 030.80 t，总磷 353.13 t。其中，钦州市共有规模化养殖场 84 家，其中钦南区 22 家、钦北区 16 家、灵山县 35 家，浦北县 11 家。规模化养殖总数量 66.8 万头（只），年排以 COD 衡量的污染物 1 814.14 t，氨氮 232.86 t，总氮 804.02 t，总磷 143.68 t。

北海市共有规模化养殖场 73 家，其中，海城区 2 家、银海区 19 家、铁山港区 4 家、合浦县 48 家。规模化养殖总数量 107.9 万头（只），年排以 COD 衡量的污染物 2 316.86 t，氨氮 225.73 t，总氮 986.07 t，总磷 171.04 t。

防城港市共有规模化养殖场 52 家，其中港口区 3 家、防城区 30 家、东兴市 19 家。规模化养殖总数量 20.3 万头（只），年排以 COD 衡量的污染物 569.71 t，氨氮 101.66 t，总氮 240.71 t，总磷 38.41 t。

在海水养殖废水排放方面，广西沿海海水养殖密度较大，养殖以散养为主，集约化、规模化养殖比率低，海水养殖废水尚未得到全面有效处理。在入海河流携带大量污染物入海的共同影响下，造成了部分养殖海域海水水质较差，比如廉州湾海水养殖区、茅尾海海水养殖区、防城港西湾等海域出现了三类、四类甚至劣四类水质，尤其是茅尾海、防城港西湾等一些较为封闭内湾，海水交换条件较差，海湾污染较为严重。2012 年，广西沿海各海域海水养殖污染物入海总量约 11 942 t，其中高锰酸盐指数入海量为 11 654 t，总磷为 122 t，氨氮为 166 t。

5.1.6 港口船舶污染源直排入海量

近年来，广西沿海地区货物吞吐量增长较快，沿海港口船舶进出繁忙，给近岸海域带来了一定的污染。

　　港口污染源主要为港区码头作业的石油类排放，包括码头、堆场等使用的运输机械漏失的石油类；船舶污染源排放废水主要包括含油压舱水及船舶生活污水等。2001—2012年，广西沿海及各市港口船舶排放包括高锰酸盐指数及石油类等污染物的量均呈上升趋势，各种污染物入海总量估算结果见图5-10至图5-11，各市港口船舶货物吞吐量及污染物入海量估算结果见图5-12至图5-16。

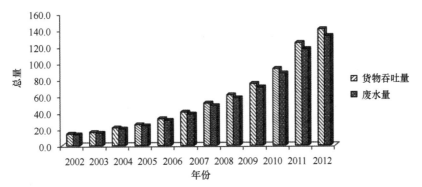

图5-10　沿海港口船舶货物吞吐量及废水量估算结果

（船舶货物吞吐量及废水量单位分别为10^6 t 及 10^4 t）

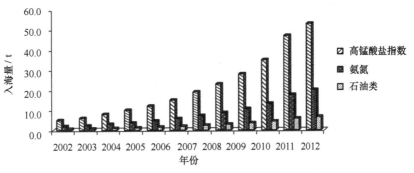

图5-11　沿海港口船舶废水污染物入海量估算结果

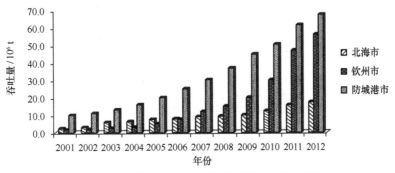

图5-12　沿海各市港口船舶货物吞吐量估算结果

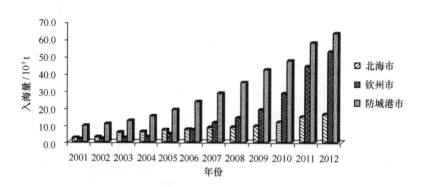

图 5-13　沿海各市港口船舶废水入海量估算结果

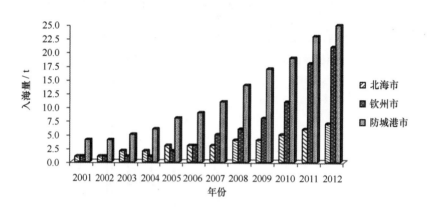

图 5-14　沿海各市港口船舶废水高锰酸盐指数入海量估算结果

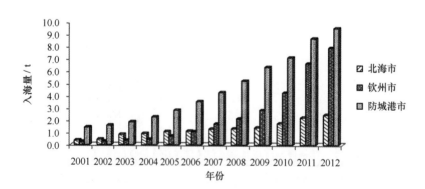

图 5-15　沿海各市港口船舶废水氨氮入海量估算结果

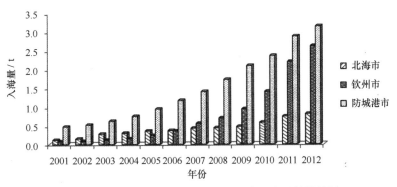

图 5-16　沿海各市港口船舶废水石油类入海量估算结果

　　2001—2012 年广西各重点海域港口船舶货物吞吐量及污染物入海量均表现为明显的上升趋势，其中，防城港、钦州港表现最为明显。2001—2012 年间，防城港、钦州湾船舶货物吞吐量分别为 $1\,000\times10^4\sim6\,760\times10^4$ t 和 $181\times10^4\sim5\,620\times10^4$ t，明显高于其他海域，而由此带来的污染物排放同样也高于其他海域。铁山港、涠洲岛、廉州湾货物吞吐量及污染物入海量相关不大。各重点海域港口船舶货物吞吐量及污染物入海量估算结果分别见图 5-17 及图 5-18 至图 5-20。

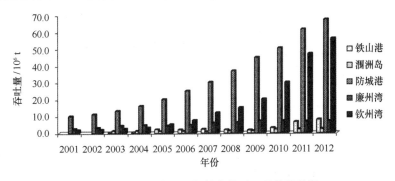

图 5-17　各海域港口船舶货物吞吐量估算结果

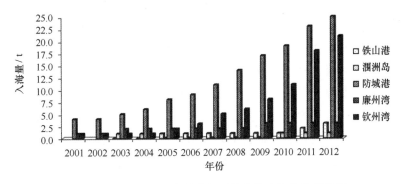

图 5-18　各海域港口船舶高锰酸盐指数入海量估算结果

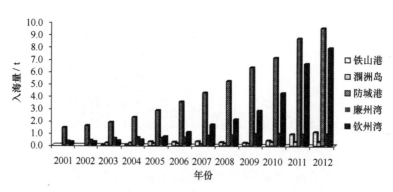

图 5-19　各海域港口船舶氨氮入海量估算结果

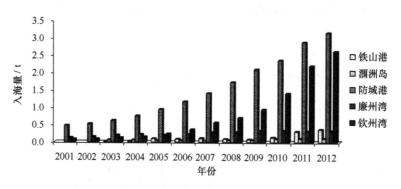

图 5-20　各海域港口船舶石油类入海量估算结果

5.2　主要入海河流污染源直排入海量

注入广西沿岸浅海中的中小型河流有 123 条，其中 95% 为季节性小河流，常年性的河流主要有南流江、大风江、钦江、茅岭江、防城江、北仑河等。6 条主要河流，南流江发源于广西玉林市大容山，流经玉林市、博白县、浦北县，在合浦县总江口下游分 3 条支流呈网状河流入海；大风江发源于广西灵山县伯劳乡万利村，在钦州犀牛脚炮台角入海；钦江发源于广西灵山县罗阳山，在钦州西南部附近呈网状河流注入茅尾海；茅岭江发源于灵山县的罗岭，由北向南流经钦州境内，在防城港市茅岭镇东南侧流流入茅尾海；防城江发源于上思县十万大山附近，在防城港渔澫岛北端分为东西两支流入防城湾；北仑河发源于东兴市峒中镇捕老山东侧，自西北向东南流经东兴至竹山附近注入北部湾。广西主要入海河流基本情况见表 5-3。

表5-3　广西主要入海河流基本情况

河流名称	河流长度/km	流域面积/km²	河口所在地
南流江	287	8 635	北海市
大风江	185	1 927	北海市
钦江	179	2 457	钦州市
茅岭江	121	1 949	钦州市
防城江	100	750	防城港市
北仑河	107	1 187	防城港市与越南界河

　　根据监测结果统计，2012年，主要入海河流携带入海污染物80 784 t，其中，高锰酸盐指数46 469 t，总氮31 944 t，总磷2 286 t，石油类61 t，重金属24 t。在9条入海河流中，南流江携带入海污染物为36 425 t，钦江为15 693 t，茅岭江为8 189 t，北仑河为6 008 t，防城江为5 967 t，大风江为3 801 t，白沙河为2 670 t，西门江和南康江为最少，分别为1 062 t和969 t。

　　2001—2012年，各入海河流携带污染物入海量详见图5-21至图5-26。

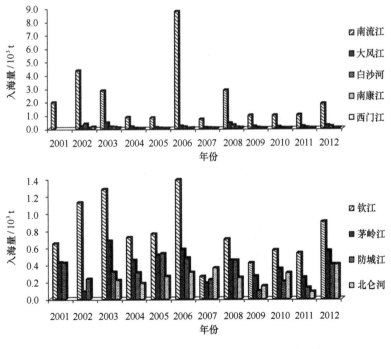

图5-21　2001—2012年各监测河流高锰酸盐指数入海量

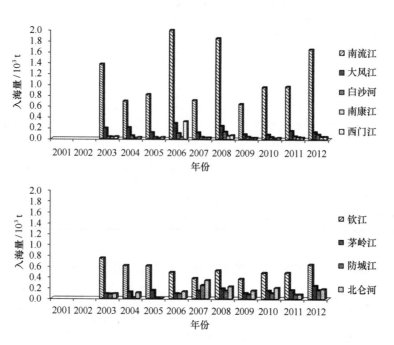

图 5-22　2001—2012 年各监测河流总氮入海量

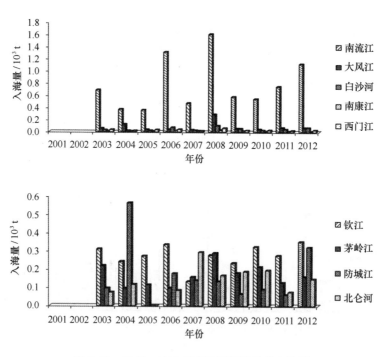

图 5-23　2001—2012 年各监测河流总磷入海量

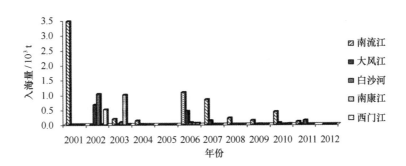

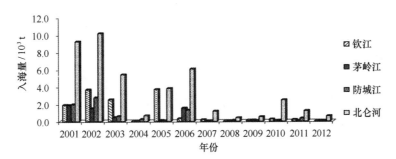

图 5-24　2001—2012 年各监测河流石油类入海量

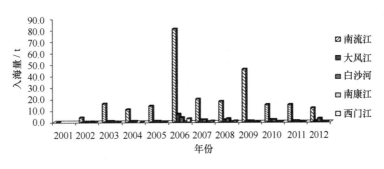

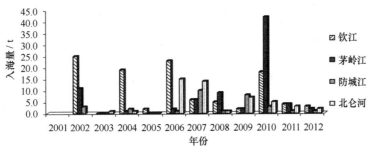

图 5-25　2001—2012 年各监测河流重金属入海量

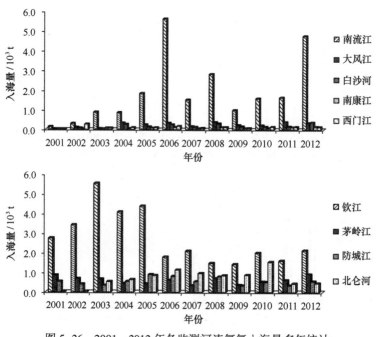

图 5-26   2001—2012 年各监测河流氨氮入海量多年统计

5.3   海岸带污染源入海量的年变化

5.3.1   各类污染源入海量的年变化

2001—2012 年，入海污染物总量、入海河流、市政排污口污染物入海量的变化趋势总体上不显著，海水养殖及港口船舶的污染物入海量显著上升，直排入海工业污染源的污染物入海量有下降趋势。入海河流、市政排污口污染物入海量最高值出现在 2006 年，直排入海工业污染物入海量最高值出现在 2005 年。各类污染源排放入海污染物量的年际变化见图 5-27 至图 5-31。

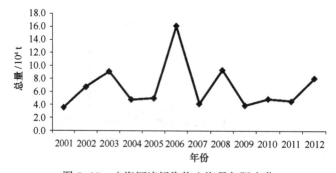

图 5-27   入海河流污染物入海量年际变化

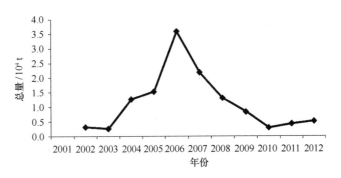

图 5-28 市政排污口污染物入海量年际变化

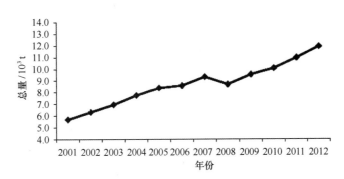

图 5-29 海水养殖污染物入海量年际变化

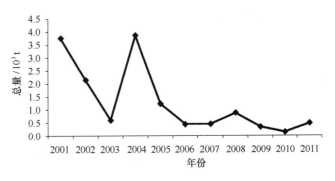

图 5-30 直排入海工业污染物入海量年际变化

5.3.2 各类污染物入海量的年变化

2012 年排入广西海域的污染物中，高锰酸盐指数入海量为 61 754 t，占入海污染物总量的 69.1%；总氮入海量为 24 790 t，占入海污染物总量的 27.7%。可见污染物入海量主要受高锰酸盐指数入海量影响。

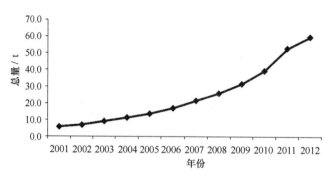

图 5-31 港口船舶污染物入海量年际变化

2001—2012 年间，除总磷入海量显著上升、石油类入海量显著下降外，高锰酸盐指数、总氮、重金属、氨氮入海量及污染物入海总量的变化趋势均不显著，各类污染物入海量多年统计结果见图 5-32、图 5-33，污染物入海总量年际变化见图 5-34。

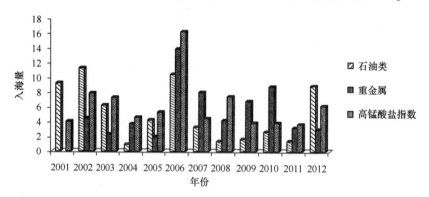

图 5-32　石油类、重金属及高锰酸盐指数入海量多年统计

（石油类、重金属及高锰酸盐指数入海量单位分别为 10^2 t、10 t 及 10^4 t）

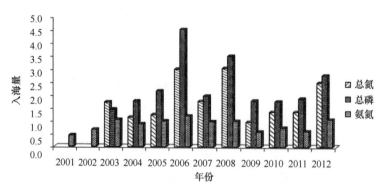

图 5-33　总氮、总磷、氨氮入海量多年统计

（总氮、总磷、氨氮入海量单位分别为 10^4 t、10^3 t 及 10^4 t）

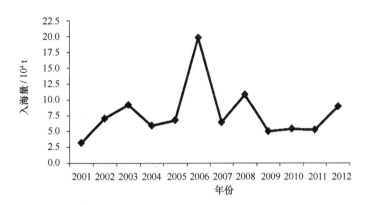

图 5-34 污染物入海总量年际变化（氨氮不列入合计中，
污染物合计包括高锰酸盐指数、总氮、总磷、石油类、重金属）

（1）高锰酸盐指数入海量

广西沿海高锰酸盐指数污染物入海量呈波浪型、不显著变化趋势，峰值出现在 2006 年。从污染来源分析，入海河流、市政排污口排放高锰酸盐指数的变化趋势不显著，海水养殖及港口船舶高锰酸盐指数入海量显著上升，直排入海工业的高锰酸盐指数入海量显著下降。其中，入海河流和市政排污口的峰值出现在 2006 年，直排入海工业所排放的高锰酸盐指数的峰值出现在 2005 年，而海水养殖的峰值出现在 2012 年。不同污染源排放高锰酸盐指数入海量多年统计结果及年际变化分别见图 5-35 及图 5-36。

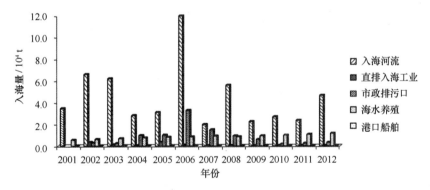

图 5-35 不同污染源排放高锰酸盐指数入海量多年统计

（2）总氮入海量

广西沿海总氮污染物入海量呈波浪型、不显著变化趋势，峰值出现在 2008 年。从污染来源分析，入海河流、市政排污口、直排入海工业排放总氮的变化趋势不显著，海水养殖的总氮入海量显著上升。其中，入海河流的峰值出现在 2006 年，市政排污口的峰值出现在 2007 年，直排入海工业所排放的总氮的峰值出现在 2006 年。不同污染源

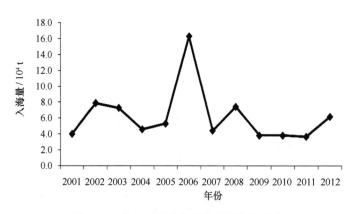

图5-36 高锰酸盐指数入海总量年际变化

排放总氮入海量多年统计结果及年际变化分别见图5-37及图5-38。

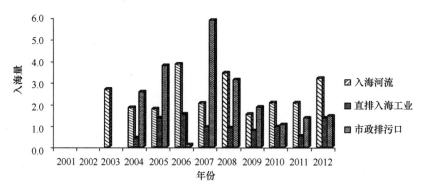

图5-37 不同污染源排放总氮入海量多年统计（入海河流、
直排入海工业、市政排污口总氮入海量单位分别为 10^4 t、10^2 t 及 10^3 t)

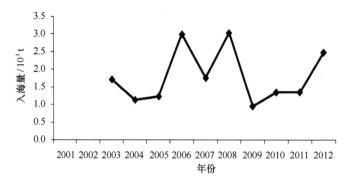

图5-38 总氮入海总量年际变化

（3）总磷入海量

广西沿海总磷污染物入海量呈显著上升趋势，峰值出现在 2006 年。从污染来源分析，入海河流、市政排污口排放总磷的变化趋势不显著，直排入海工业的总磷入海量显著下降，海水养殖的总磷入海量显著上升。其中，入海河流的峰值出现在 2008 年，市政排污口的峰值出现在 2006 年，直排入海工业所排放的总磷的峰值出现在 2005 年。不同污染源排放总磷入海量多年统计结果及年际变化分别见图 5-39 及图 5-40。

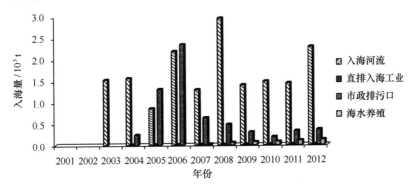

图 5-39　不同污染源排放总磷入海量多年统计

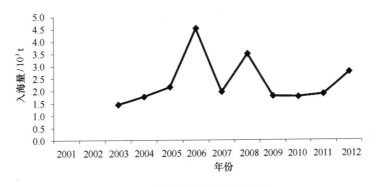

图 5-40　总磷入海总量年际变化

（4）石油类入海量

广西沿海石油类污染物入海量呈显著下降趋势，峰值出现在 2002 年。从污染来源分析，入海河流、直排入海工业的石油类入海量显著下降，市政排污口排放石油类的变化趋势不显著，港口船舶的石油类入海量显著上升。其中，入海河流及直排入海工业的峰值均出现在 2002 年，市政排污口的峰值出现在 2006 年。不同污染源排放石油类污染物入海量多年统计结果及年际变化分别见图 5-41 及图 5-42。

（5）重金属入海量

广西沿海重金属污染物入海量呈波浪型、不显著变化趋势，峰值出现在 2006 年。

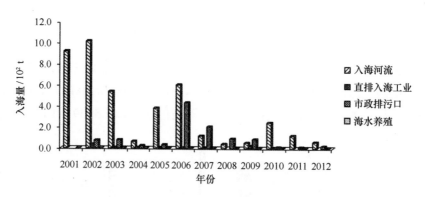

图 5-41　不同污染源排放石油类污染物入海量多年统计

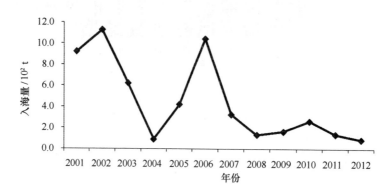

图 5-42　石油类入海总量年际变化

从污染来源分析，入海河流、市政排污口、直排入海工业排放重金属的变化趋势均不显著。其中，入海河流的峰值出现在 2006 年，市政排污口峰值出现在 2007 年，直排入海工业所排放的重金属的峰值出现在 2005 年。不同污染源排放重金属入海量多年统计结果及年际变化分别见图 5-43 及图 5-44。

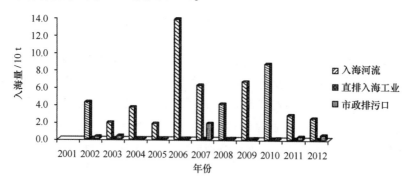

图 5-43　不同污染源排放重金属入海量多年统计

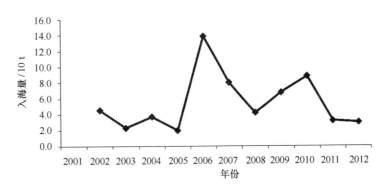

图5-44　重金属入海总量年际变化

（6）氨氮入海量

广西沿海氨氮污染物入海量呈波浪型、不显著变化趋势，峰值出现在2006年。从污染来源分析，入海河流、市政排污口、直排入海工业氨氮入海量的变化趋势均不显著，海水养殖及港口船舶的氨氮入海量显著上升。其中，入海河流的峰值出现在2006年，市政排污口的峰值出现在2007年，直排入海工业所排放的氨氮的峰值出现在2003年，海水养殖及港口船舶的峰值出现在2012年。不同污染源排放氨氮入海量多年统计结果及年际变化分别见图5-45及图5-46。

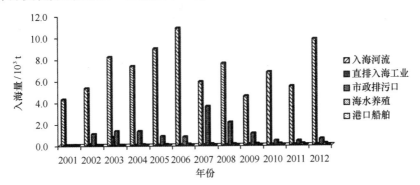

图5-45　不同污染源排放氨氮入海量多年统计

5.4　主要海湾入海污染物现状调查

广西沿岸主要海湾有铁山港、廉州湾、涠洲岛、钦州湾、茅尾海、防城港、珍珠湾、北仑河口8个。

2001—2012年间，铁山港海域各类污染物入海量有一定的波动，高锰酸盐指数变化范围为1 363～8 372 t，最高年份出现在2002年；总磷和氨氮变化范围为26～275 t和12～865 t，最高年份分别为2006年和2003年；石油类和重金属变化范围为1.55～

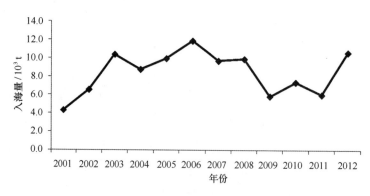

图 5-46　氨氮入海总量年际变化

126. 25 t 和 0. 797~3. 783 t，最高年份分别为 2002 年和 2012 年。2001—2012 年铁山港海域各类污染物入海量多年统计结果见图 5-47 至图 5-49。

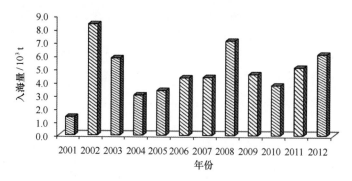

图 5-47　铁山港海域高锰酸盐指数入海量多年统计

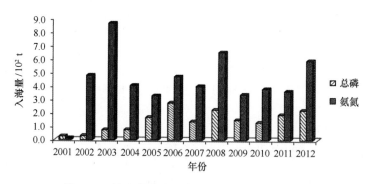

图 5-48　铁山港海域总磷、氨氮入海量多年统计

2001—2012 年间，廉州湾海域高锰酸盐指数变化范围为 15 798~102 256 t，最高年份为 2006 年；总氮、总磷和氨氮变化范围为 7 158~26 763 t、26~275 t 和 12~865 t，

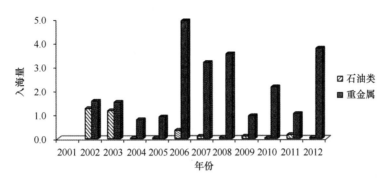

图 5-49　铁山港海域石油类、重金属入海量多年统计

（石油类、重金属入海量单位分别为 10^2 t 及 t）

最高年份分别为 2008 年、2006 年和 2003 年；石油类和重金属变化范围为 16.83～491.62 t 和 5.286～92.146 t，最高年份均为 2006 年。2001—2012 年廉州湾海域各类污染物入海量多年统计结果见图 5-50 至图 5-52。

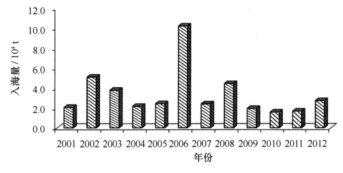

图 5-50　廉州湾海域高锰酸盐指数入海量多年统计

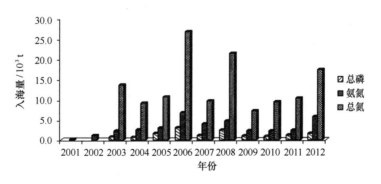

图 5-51　廉州湾海域总磷、总氮、氨氮入海量多年统计

2001—2012 年间，涠洲岛海域高锰酸盐指数入海量最高年份为 2010 年，入海量为

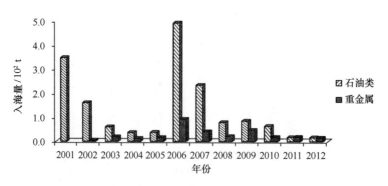

图 5-52　廉州湾海域石油类、重金属入海量多年统计

18 t；总氮和氨氮入海量最高年份分别为 2004 年和 2009 年，入海量分别为 10 t 和 12 t；石油类和重金属变化范围为 0.05~1.31 t 和 0.001~0.034 t，最高年份分别为 2003 年和 2006 年。2001—2012 年涠洲岛海域各类污染物入海量多年统计结果见图 5-53 至图5-55。

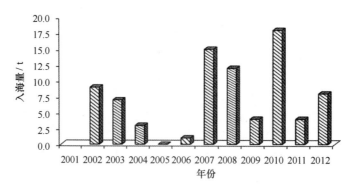

图 5-53　涠洲岛海域高锰酸盐指数入海量多年统计

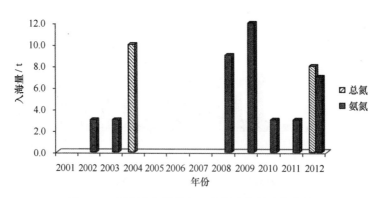

图 5-54　涠洲岛海域总氮、氨氮入海量多年统计

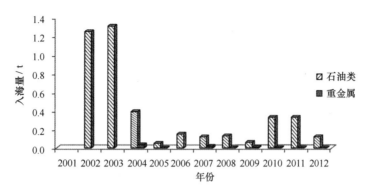

图5-55　涠洲岛海域石油类、重金属入海量多年统计

2001—2012 年间，钦州湾海域高锰酸盐指数变化范围为 8 175~45 655 t，最高年份为 2006 年；总氮、总磷和氨氮变化范围为 2 052~5 237 t、285~869 t 和 1 984~6 229 t，最高年份分别为 2008 年、2006 年和 2003 年；石油类和重金属变化范围为 0.65~381.67 t 和 0.323~59.619 t，最高年份均分别为 2005 年和 2010 年。2001—2012 年钦州湾海域各类污染物入海量多年统计结果见图 5-56 至图 5-58。

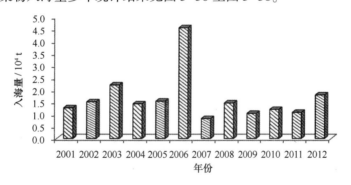

图5-56　钦州湾海域高锰酸盐指数入海量多年统计

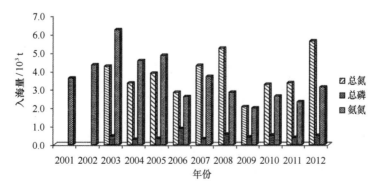

图5-57　钦州湾海域总磷、总氮、氨氮入海量多年统计

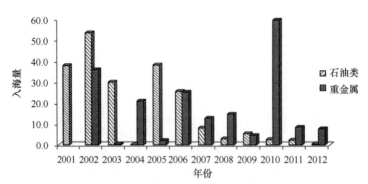

图 5-58　钦州湾海域石油类、重金属入海量多年统计

（石油类、重金属入海量单位分别为 10 t 及 t）

2001—2012 年间，茅尾海海域高锰酸盐指数变化范围为 6 073～21 175 t，最高年份为 2006 年；总氮、总磷和氨氮变化范围为 2 854～7 590 t、254～549 t 和 1 808～6 214 t，最高年份分别为 2012 年、2008 年和 2003 年；石油类和重金属变化范围为 1.44～520.19 t 和 0.097～59.523 t，最高年份均分别为 2002 年和 2010 年。2001—2012 茅尾海海域各类污染物入海量多年统计结果见图 5-59 至图 5-61。

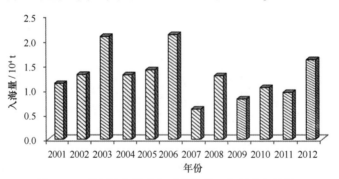

图 5-59　茅尾海海域高锰酸盐指数入海量多年统计

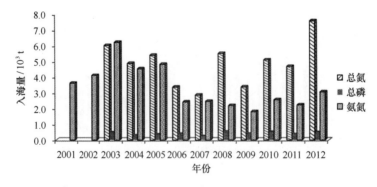

图 5-60　茅尾海海域总磷、总氮、氨氮入海量多年统计

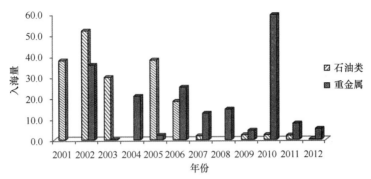

图 5-61　茅尾海海域石油类、重金属入海量多年统计

（石油类、重金属入海量单位分别为 10 t 及 t）

2001—2012 年间，防城港市海域高锰酸盐指数变化范围为 1 774 ~ 6 362 t，最高年份为 2005 年；总磷和氨氮变化范围分别为 6 ~ 569 t 和 378 ~ 378 t，最高年份分别为 2004年和 2005 年；石油类和重金属变化范围为 2. 43 ~ 305. 77 t 和 0. 832 ~ 10. 321 t，最高年份均分别为 2002 年和 2007 年。2001—2012 年防城港市海域各类污染物入海量多年统计结果见图 5-62 至图 5-64。

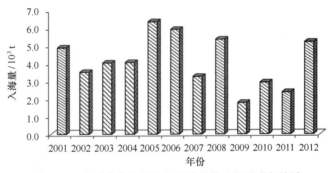

图 5-62　防城港市海域高锰酸盐指数入海量多年统计

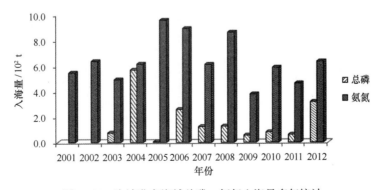

图 5-63　防城港市海域总磷、氨氮入海量多年统计

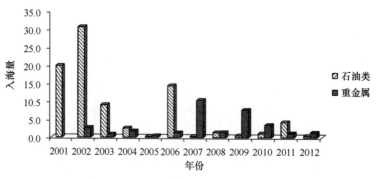

图 5-64　防城港市海域石油类、重金属入海量多年统计

（石油类、重金属单位分别为 10 t 及 t）

2001—2012 年间，珍珠湾海域高锰酸盐指数变化范围为 669~1 106 t，最高年份为 2012 年；氨氮变化范围为 21~43 t，最高年份亦出现在 2012 年。2001—2012 年珍珠湾海域各类污染物入海量多年统计结果见图 5-65 至图 5-66。

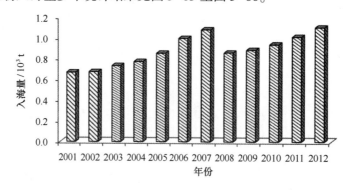

图 5-65　珍珠湾海域高锰酸盐指数入海量多年统计

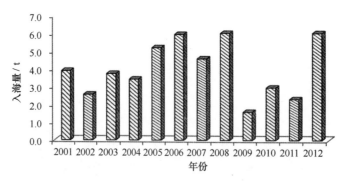

图 5-66　珍珠湾海域氨氮入海量多年统计

2001—2012 年间，北仑河口海域高锰酸盐指数变化范围为 825~4 012 t，最高年份

为2012年；总氮、总磷和氨氮变化范围为808~3 386 t、74~294 t和442~1 544 t，最高年份分别为2007年、2007年和2010年；石油类和重金属变化范围为8.26~119.50 t和8.26~161.70 t，最高年均分别为2006年和2010年。2001—2012年北仑河口海域各类污染物入海量多年统计结果见图5-67至图5-69。

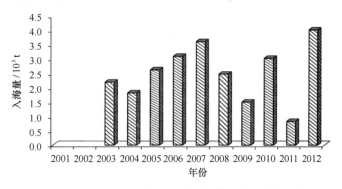

图5-67 北仑河口海域高锰酸盐指数入海量多年统计

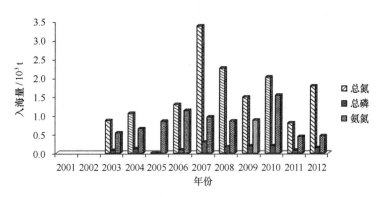

图5-68 北仑河口海域总磷、总氮、氨氮入海量多年统计

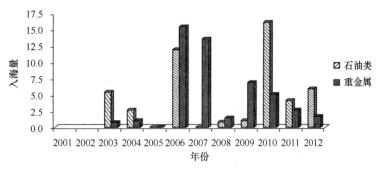

图5-69 北仑河口海域石油类、重金属入海量多年统计
（石油类、重金属单位分别为10 t及 t）

根据前述各海域各污染物入海量统计结果，对各海域多年纳污总量及其年际变化进行统计，见图 5-70 至图 5-77。

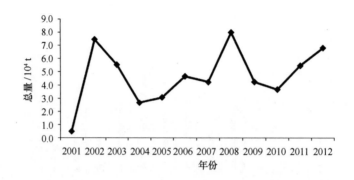

图 5-70　铁山港海域纳污总量多年统计及年际变化

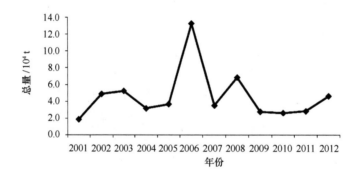

图 5-71　廉州湾海域纳污总量多年统计及年际变化

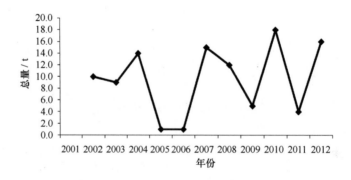

图 5-72　涠洲岛海域纳污总量多年统计及年际变化

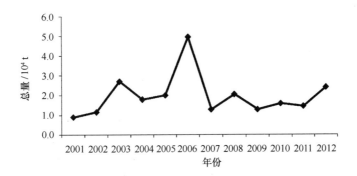

图 5-73　钦州湾海域纳污总量多年统计及年际变化

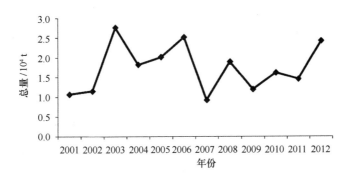

图 5-74　茅尾海海域纳污总量多年统计及年际变化

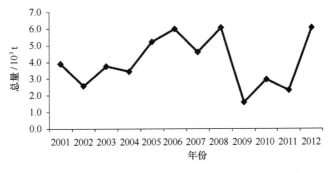

图 5-75　防城港市海域纳污总量多年统计及年际变化

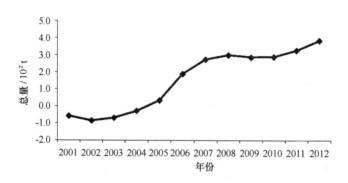

图 5-76　珍珠湾海域纳污总量多年统计及年际变化

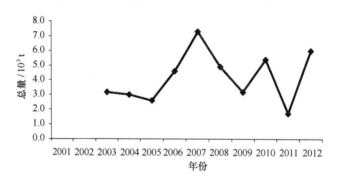

图 5-77　北仑河口海域纳污总量多年统计及年际变化

由图 5-70 至图 5-77 可知，2001—2012 年，各重点海域中，除珍珠湾纳污量显著上升外，其他海域纳污量的变化趋势均不显著。

2012 年，主要海湾入海污染物总量从高到低依次为廉州湾、茅尾海、钦州湾、铁山港、防城港、北仑河口、珍珠湾、涠洲岛，其中廉州湾（占总量的 40.6%）、茅尾海（占总量的 21.3%）、钦州湾（占总量的 21.2%）接纳污染物量较多，占各海湾纳污总量的 80.3%。在各海湾入海污染物中，高锰酸盐指数入海量为 77 750 t，占入海污染物总量的 68.3%，总氮入海量为 32 627 t，占入海污染物总量的 28.7%，可见广西主要海湾接纳污染物以高锰酸盐指数为主，总氮次之。

5.5　典型入海河流水质污染现状

据统计，广西主要入海河流携带的污染物入海量占广西总入海污染物量的 80% ~ 90% 左右，其中南流江、钦江、茅岭江 3 条河流所携带的入海污染物量达到河流入海污染物总量的 70% 左右，且其河口周边的海洋环境已受到了污染。在本节中，选择南流江、茅岭江、钦江作为代表性河流，以 2012 年为基准年，收集与调查流域范围内的工业排污及治理情况，城镇生活和农村生活排污与治理、污水集中处理情况，畜禽养殖、排污及其污染物处理处置情况，水产养殖方式、养殖产量及其污水处理情况，耕地类型等，直接或按相应计算方法得出各类污染源所排放的污染物量，进而按入河系数计算出污染物入河量，并通过对不同类型污染源污染物入河量比例分析，找出影响河流水质的主要因素。

5.5.1 南流江流域

（1）南流江流域污染源基本情况

流域内的污染源有工业污染源、污水处理厂、城镇生活污染源、农村生活污染源、畜禽养殖污染源、种植业污染源以及水产养殖污染源等。根据调查，南流江流域内的污染源基本情况见表5-4。

（2）南流江流域污染物排放量

2012 年，南流江流域内各种污染源污染物排放总量为 233 055.4 t，其中氨氮总排放量为 13 416.65 t，COD 为 183 558.9 t，总氮 31 869.79 t，总磷为 4 210.09 t。南流江流域各类污染源污染物排放量具体情况见图 5-78，各市污染源污染物排放量具体情况见图 5-79 至图 5-81。

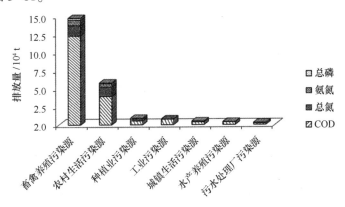

图 5-78　南流江流域各类污染源污染物排放量

从表5-4及图5-78至图5-81的统计数据可以看出，南流江流域内各类污染源污染物排放量的情况如下：

直排工业污染源排放污染物：2012 年，直排入南流江的工业企业共 125 家，其中玉林市 104 家，钦州市 13 家，北海市 8 家，年排工业废水 2 554×10⁴ t，污染物量 7 870.31 t，占本流域内各类污染源排放污染物总量的 3.38%，其中 COD 7 587.13 t，氨氮 283.18 t。

表 5-4　南流江流域污染源基本情况表

污染源		指标		玉林市	钦州市	北海市	合计
工业情况		企业数量/个		104	13	8	125
		工业总产值/万元		1 544 130	113 879	155 627	1 813 636
污水处理厂		数量/座		3	1	1	5
		设计处理能力/10^4 t·d^{-1}		23.5	2	5	30.5
城镇人口		人数/万人		43.06	7.62	15.38	66.06
农村人口		人数/万人		225.94	62.19	34.98	323.11
种植业		水田/10^4 hm^2		8.64	1.64	2.45	12.73
		旱地/10^4 hm^2		2.47	0.96	1.89	5.32
		园地/10^4 hm^2		4.55	1.70	0.14	6.39
		合计/10^4 hm^2		15.66	4.30	4.49	24.44
畜禽养殖 （万头或万只）	猪	出栏	总计	355.62	30.06	36.53	422.21
			其中：规模化	88.42	2.79	13.46	104.67
		存栏		390.02	24.01	38.68	452.71
	牛	出栏		5.76	0.36	1.24	7.36
		存栏	总计	13.56	2.42	5.39	21.37
			其中：规模化	/	/	0.58	0.58
	羊	存栏		1.12	0.65	0.61	2.38
		出栏		0.96	0.74	0.53	2.23
	鸡	出栏	总计	5 362.45	131.52	995.18	6 489.15
			其中：规模化	431.20	/	33.00	464.20
		存栏	总计	3 814.57	69.67	432.10	4 316.34
			其中：规模化	147.60	/	2.50	150.10
	鹅	出栏		246.18	4.08	0.54	250.8
		存栏		53.92	1.12	0.52	55.56
	鸭	出栏		631.24	45.62	0.80	677.66
		存栏		287.92	20.99	1.74	310.65
水产养殖		产量/10^4 t		7.37	2.11	3.98	13.46

注：/代表没有统计数据。

污水处理厂排放污染物：至2012年末，南流江流域内已建成并正式投入运行的污水处理厂有玉林市污水处理厂、博白县污水处理厂、兴业县污水处理厂、浦北县污水处理厂和合浦县污水处理厂共5座，设计处理能力合计30.5×10^4 t/d，2012年，实际处理量7 236.05×10^4 t，运行负荷量约为65%。经污水处理厂处理后，污染物排放量为2 731.43 t，占排放总量的1.17%，其中COD 1 693.05 t，氨氮125.63 t，总氮833.63 t，

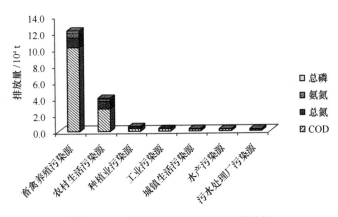

图 5-79　玉林市各污染源污染物排放量

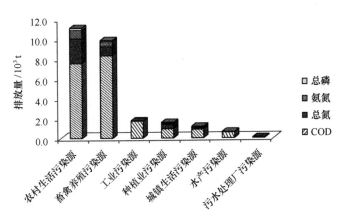

图 5-80　钦州市各污染源污染物排放量

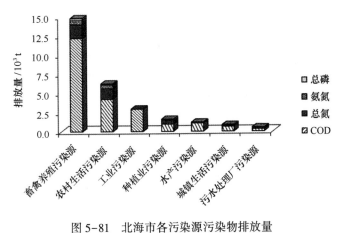

图 5-81　北海市各污染源污染物排放量

总磷 79.12 t。

城镇生活污染源排放污染物：2012 年，南流江流域共分布有乡镇（含街道办）57 个，人口达 66.06 万，年排污水量为 1 055.75×10⁴ t，污染物量 4 845.57×10⁴ t，占排放总量的 2.08%，其中 COD 为 3 630.02 t，氨氮 517.79 t，总氮 645.57 t，总磷 52.19 t。

农村生活污染源排放污染物：2012 年，南流江流域范围内的农村人口为 323.11 万，年排放污水量为 17 690.83×10⁴ t，污染物 57 707.51 t，占排放总量的 24.76%，其中 COD 为 39 155.73 t，氨氮 4 557.15 t，总氮 12 862.71 t，总磷 1 131.92 t。

种植业流失污染物：南流江流域共有耕地 24.44×10⁴ hm²，年流失（排放）污染物量 8 911.67 t，占总排放量的 3.82%，其中 COD 5 188.95 t，氨氮 501.57 t，总氮 2 865.77 t，总磷 355.32 t。

畜禽养殖业污染源排放污染物：2012 年，南流江流域范围内共有规模化畜禽养殖场 402 家，养殖排放的污染物量为 11 919.01 t，其中 COD 7 353.71 t，氨氮 1 121.3 t，总氮 2 951.22 t，总磷 492.78 t。

水产养殖业污染源排放污染物：南流江流域水产养殖以淡水养殖鱼类为主，其他养殖品种的养殖面积及养殖产量均较低。2012 年，南流江流域淡水养鱼产量为 13.46×10⁴ t，COD 排放量为 3 614.37 t，总氮 340.26 t，总磷 47.08 t。

按污染源来源进行统计，南流江流域内，排放污染物量最多的污染源是畜禽养殖污染源和农村生活污染源，二者所排放的污染物量占总排放的 87.83%，其中，畜禽养殖排放的污染物量 146 987.2 t，占 63.07%；农村生活排放污染物量为 57 707.51 t，占 24.76%。其余的污染源排放的污染物量较少，合计所占比例仅为 12.17%，见图 5-82。

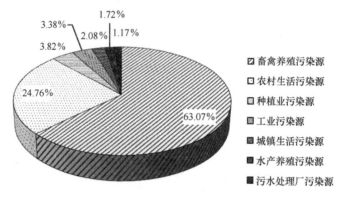

图 5-82　南流江流域各污染源污染物排放百分比（%）

（3）南流江流域污染物入河量

根据各污染源所排放的污染物量以及入河系数进行计算，2012 年，各类污染物入南流江的总量合计为 52 737.31 t，其中氨氮 2 830.28 t，COD 42 750.65 t，总氮为 6 387.81 t，总磷为 768.57 t，南流江流域污染物入河量具体见图 5-83，各市污染源污染物入河量具体情况见图 5-84 至图 5-86。

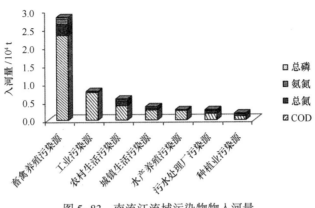

图 5-83　南流江流域污染物入河量

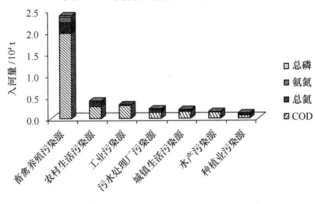

图 5-84　南流江流域玉林市污染物入河量

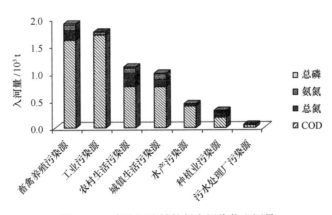

图 5-85　南流江流域钦州市污染物入河量

按污染物来源统计，畜禽养殖污染源污染物入河量最大，为 28 103.83 t，占总入河污染物量的 53.33%；其次为工业污染源，其污染物入河量为 7 870.31 t，占

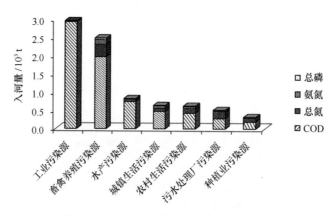

图 5-86　南流江流域北海市污染物入河量

14.93%；再次为农村生活污染源，其污染物入河量为 5 770.7 t，占 10.95%；其他污染源排入的污染物入河量较少，合计所占比例为 20.79%，图 5-87。

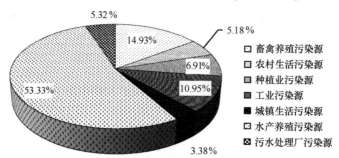

图 5-87　南流江流域各类污染物排放入河量百分比（%）

5.5.2　钦江流域

（1）钦江流域污染源基本情况

根据调查，钦江流域各污染源基本情况见表 5-5。

表 5-5　钦江流域污染源基本情况表

污染源	指标	灵山县	钦北、钦南区	合计
工业情况	企业数量/个	13	14	27
	工业总产值/万元	9.26	11.8	21.1
污水处理厂	数量/座	1	1	2
	设计处理能力/$10^4 t \cdot d^{-1}$	3	8	11
城镇人口	人数/万人	4.4	0.8	5.2

续表

污染源	指标			灵山县	钦北、钦南区	合计
农村人口	人数/万人			91.0	27.3	118.3
种植业	水田/10⁴ hm²			1.41	0.83	2.24
	旱地/10⁴ hm²			3.44	0.79	4.22
	园地/10⁴ hm²			4.36	0.36	4.72
	合计/10⁴ hm²			9.21	1.98	11.19
畜禽养殖 (万头或万只)	猪	出栏	总计	32.1	14.9	47.0
			其中：规模化	2.6	4.8	7.4
		存栏		34.0	16.0	50.0
	牛	出栏		1.67	1.08	2.75
		存栏	总计	1.94	1.89	3.83
			其中：规模化	0.20	0	0.20
畜禽养殖 (万头或万只)	羊	出栏		2.48	0.29	2.77
		存栏		1.74	0.29	2.03
	鸡	出栏		1 778.9	617.6	2 396.5
		存栏	总计	612.1	160.2	772.3
			其中：规模化	48.2	0	48.2
	鸭	出栏		286.6	1 122.2	1 408.8
		存栏		165.8	280.9	446.7
	鹅	出栏		58.6	47.1	105.7
		存栏		15.5	12.7	28.2
水产养殖	产量/10⁴ t			2.38	1.22	3.60

（2）钦江流域污染物排放量

2012 年，钦江流域各种污染源合计所排放的污染物总量为 60 929.77 t，其中 COD 47 322.49 t，氨氮 3 198.77 t，总氮 9 073.28 t，总磷 1 335.23 t。钦江流域 2012 年各污染源污染物排放具体情况见图 5-88，灵山县、钦南和钦北区排放具体情况见图 5-89 及图 5-90。

根据表 5-5 及图 5-88 至图 5-90 统计，钦江流域各类污染源排放污染物量的情况如下：

直排工业污染源排放污染物：2012 年，排入钦江的直排工业企业共有 27 家，其中灵山县有 13 家，钦北、钦南区 14 家，年排工业废水 201.13×10⁴ t，年排污染物量 918.35 t，占本流域内各类污染源排放污染物总量的 1.51%，其中 COD 900.18 t，氨氮 18.17 t。

污水处理厂排放污染物：2012 年，钦江流域已建成并正式投入运行的污水处理厂

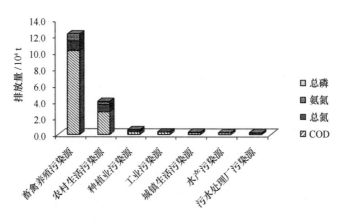

图 5-88　2012 年钦江流域污染物排放量

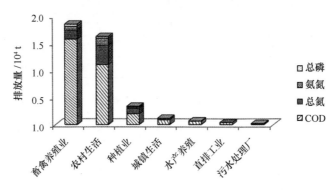

图 5-89　2012 年钦江流域灵山县污染物排放量

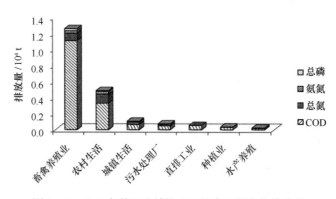

图 5-90　2012 年钦江流域钦北和钦南区污染物排放量

共有 2 家。污水处理厂设计处理能力合计 4 015×10⁴ t/a，2012 年实际处理量为 2 482×10⁴ t，运行负荷率为 61.82%。经污水处理厂处理后，污染物排放量为 927.17 t，占总排放量的 1.52%，其中氨氮 68.33 t，COD 620.51 t，总氮 213.55 t，总磷 24.78 t。

城镇生活污染源排放污染物：钦江流域分布有乡镇 13 个，2012 年城镇人口达 5.2 万人，年排污水量为 291.66×10^4 t；污染物排放量为 1 394.23 t，占总排放量的 2.29%，其中氨氮 146.78 t，COD 1 048.44 t，总氮 184.91 t，总磷 14.11 t。

农村生活污染源排放污染物：2012 年，钦江流域农业人口 118.3 万人，年排污水量 $6 477.09 \times 10^4$ t，污染物排放量为 21 128.21 t，占总排放量的 34.68%，其中氨氮 1 668.50 t，COD 14 335.93 t，总氮 4 709.36 t，总磷 414.42 t。

种植业污染源流失污染物：钦江流域共有耕地面积 11.19×10^4 hm^2，年流失（排放）污染物量 4 423.39 t，占总排放量的 7.26%，其中氨氮 275.85 t，COD 2 629.22 t，总氮 1 294.03 t，总磷 224.28 t。

畜禽养殖污染源排放污染物：2012 年，钦江流域共有规模化畜禽养殖场 49 家，规模化畜禽养殖排放的污染物量为 1 950.98 t，占畜禽养殖排放污染物量的 6.27%，其中氨氮 123.98 t，COD 1 188.09 t，总氮 536.34 t，总磷 102.57 t。由此可见，畜禽养殖以散养为主，规模化养殖比例较低。

水产养殖污染源排放污染物：钦江流域水产养殖主要模式为池塘养殖及山塘水库养殖，养殖品种主要为四大家鱼（青鱼、草鱼、鲢鱼、鳙鱼）、罗非鱼和鲶鱼，2012 年，钦江流域水产养殖面积 0.39×10^4 hm^2，产量 3.6×10^4 t，年排放污染物量为 1 044.06 t，占总排放量的 1.71%，其中 COD 942.99 t，总氮 88.69 t，总磷 12.38 t。

按污染源来源统计，2012 年，钦江流域内畜禽养殖业污染源所排放的污染物量最大，为 31 094.35 t，占总排放量的 51.03%；其次为农村生活污染源，其污染物排放量为 21 128.21 t，占总排放量的 34.68%；其后依次为种植业污染源、城镇生活污染源、水产养殖污染源和污水处理厂污染源，工业污染源排放量最小，各污染源污染物排放百分比见图 5-91。

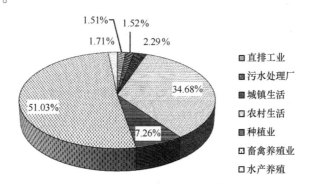

图 5-91　2012 年钦江流域各污染源污染物排放百分比（%）

（3）钦江流域污染物入河量

按各污染源排放污染物情况以及入河系数进行统计，2012 年各类污染物排入钦江的总量合计为 13 047. 54 t, 其中 COD 10 452. 86 t, 氨氮 644. 85 t, 总氮 1 688. 34 t, 总磷 261. 49 t。钦江流域 2012 年各污染源污染物排放入河量见图 5-92, 灵山县、钦南和钦北区污染物排放入河量见图 5-93 及图 5-94。

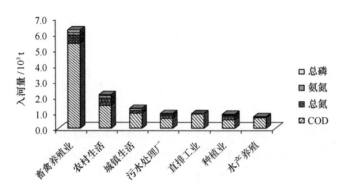

图 5-92　2012 年钦江流域污染物入河量

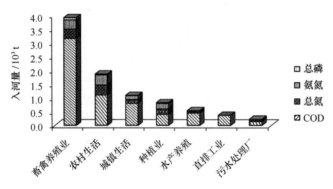

图 5-93　2012 年钦江流域灵山县污染物入河量

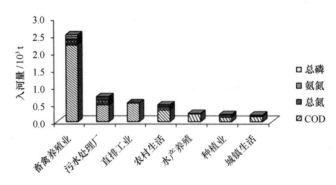

图 5-94　2012 年钦江流域钦北和钦南区污染物入河量

由图5-92可知，畜禽养殖污染源排放的污染物入河量最大，为6 218.87 t，占总入河污染物量的47.66%；其次为农村生活污染源，其污染物入河量为2 112.82 t，占16.19%；之后依次为城镇生活污染源、污水处理厂污染源、直排工业污染源、种植业污染源，水产养殖污染物入河量最小。可见，钦江流域入河污染来源以畜禽养殖、农村生活及城镇生活污染为主。各污染源污染物排放入河百分比见图5-95。

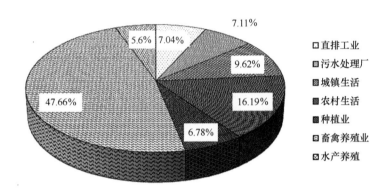

图5-95　2012年钦江流域各污染源污染物入河百分比（%）

5.5.3　茅岭江流域

（1）茅岭江流域各污染源基本情况

根据调查，茅岭江流域内各污染源的基本情况见表5-6。

表5-6　茅岭江流域污染源基本情况表

污染源	指标	钦州市	防城港市	合计
工业情况	企业数量/个	9	1	10
	工业总产值/万元	76 671.7	15 392	92 063.7
污水处理厂	数量/座	/	/	/
	设计处理能力/10^4 t·d^{-1}	/	/	/
城镇人口	人数/万人	12.57	0.68	13.25
农村人口	人数/万人	58.62	5.16	63.78
种植业	水田/10^4 hm^2	1.08	0.19	1.27
	旱地/10^4 hm^2	2.87	0.42	3.29
	园地/10^4 hm^2	2.76	0.06	2.82
	合计/10^4 hm^2	6.70	0.67	7.37

续表

污染源	指标			钦州市	防城港市	合计
畜禽养殖 （万头或万只）	猪	出栏	总计	24.64	3.99	28.63
			其中：规模化	1.08	0.67	1.75
		存栏		23.87	1.88	25.75
	牛	出栏		2.12	0.11	2.23
		存栏		5.13	0.07	5.20
	羊	出栏		0.78	0.04	0.82
		存栏		0.44	0.02	0.46
	鸡	出栏		2 719.12	44.73	2 763.85
		存栏		1 216.18	22.32	1 238.50
	鸭	出栏		347.36	22.91	370.27
		存栏		176.43	11.52	187.95
	鹅	出栏		43.03	7.99	51.02
		存栏		29.10	4.07	33.17
水产养殖	产量/10^4 t			19 430	3 622	23 052

（2）茅岭江流域污染物排放量

2012 年茅岭江流域污染物排放量为 40 254.12 t，其中 COD 为 31 741.73 t，氨氮 2 091.8 t，总氮 5 548.83 t，总磷 871.76 t。2012 年茅岭江流域各污染源污染物排放量具体情况见图 5-96，其中钦州市、防城港市排放量具体情况分别见图 5-97 及图 5-98。

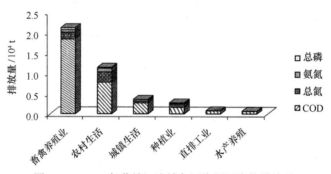

图 5-96　2012 年茅岭江流域各污染源污染物排放量

由表 5-6 和图 5-96 至图 5-98 可知，茅岭江流域各类污染源排放污染物量的情况如下：

直排工业污染源排放污染物：2012 年，排入茅岭江流域的直排工业企业有 10 家，其中钦州市有 9 家，防城港市有 1 家。年排工业污水量 610.77×10^4 t，污染物量 787.48 t，占本流域内各类污染源排放污染物总量的 1.96%，其中 COD 766.71 t、氨

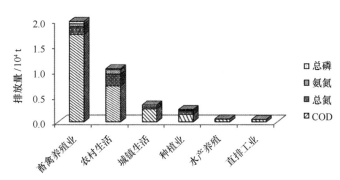

图 5-97　2012 年茅岭江流域钦州市各污染源污染物排放量

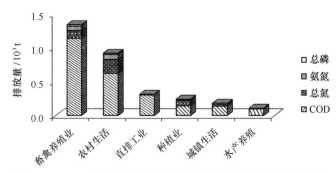

图 5-98　2012 年茅岭江流域防城港市各污染源污染物排放量

氮 20.77 t。

污水处理厂排放污染物：茅岭江流域无市、县级政府所在地分布，而乡镇污水处理厂建设缓慢，截止至 2012 年 12 月，流域内没有建成运行的污水处理厂。

城镇生活污染源排放污染物：2012 年，茅岭江流域分布有 13 个乡镇，乡镇人口为 13.25 万人，年排生活污水 740.45×10^4 t，排放污染物 3 539.66 t，占总排放量的 8.79%，其中 COD 2 661.76 t、氨氮 372.65 t、总氮 469.44 t、总磷 35.81 t。

农村生活污染源排放污染物：2012 年，茅岭江流域农村人口为 63.78 万人，年排污水量 3 491.64×10^4 t，年排污染物 11 389.73 t，占总排放量的 28.29%，其中 COD 7 728.16 t、氨氮 899.45 t、总氮 2 538.71 t、总磷 223.41 t。

种植业流失污染物：2012 年，茅岭江流域共有耕地面积 7.37×10^4 hm^2，污染物流失（排放）量 2 702.42 t，占总排放量的 6.71%，其中 COD 1 581.81 t、氨氮 169.68 t、总氮 818.61 t、总磷 132.32 t。

畜禽养殖业污染源排放污染物：2012 年，茅岭江流域范围内有规模化养殖场 8 家，年排放的污染物量为 195.37 t。

水产养殖业排放污染物：2012 年，茅岭江流域水产养殖产量 23 052 t，年排污染物量为 686.41 t，占总排放量的 1.71%，其中 COD 619.92 t、总氮 58.19 t、总磷 8.30 t。

综上所述，按污染物来源进行分析，茅岭江流域内，排放污染物量最多的污染源是畜禽养殖业，年排污染物量 21 148.42 t，占 52.54%，农村生活源排放污染物量位居第二，年排放污染物量 11 389.73 t，占 28.29%。二者合计达 80.83%，各污染源污染物排放百分比见图 5-99。

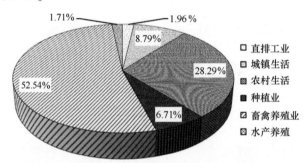

图 5-99　2012 年茅岭江流域各类污染物排放百分比（%）

（3）茅岭江流域污染物入河量

根据各污染源所排放的污染物量以及入河系数进行计算，2012 年，各类污染物入茅岭江的总量合计为 9 153.96 t，其中氨氮 571.76 t，COD 7 288.38 t，总氮为 1 149.85 t，总磷为 143.97 t。

按污染来源统计，畜禽养殖污染源污染物入河量最大，为 3 239.25 t，占总入河污染物量的 35.39%；其次为城镇生活，污染物入河量为 2 967.29 t，占 32.42%；再次为农村生活污染源，其污染物入河量为 1 138.97 t，占 12.44%；其他污染源的污染物入河量较少，合计所占比例为 19.75%。由此可见，茅岭江流域污染物主要来源于畜禽养殖业、城镇生活以及农村生活，各污染源污染物入河量具体情况见图 5-100，钦州市、防城港市污染物入河量情况分别见图 5-101 及图 5-102，茅岭江流域各污染源污染物入河百分比见图 5-103。

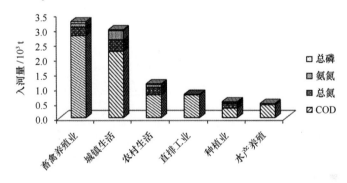

图 5-100　茅岭江流域各污染源污染物入河量

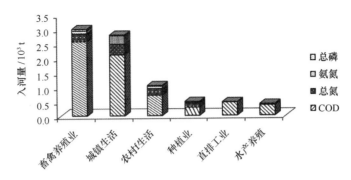

图 5-101 茅岭江流域钦州市各污染源污染物入河量

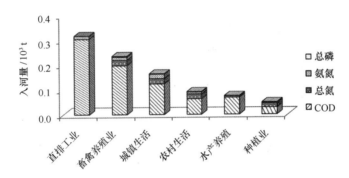

图 5-102 茅岭江流域防城港市各污染源污染物入河量

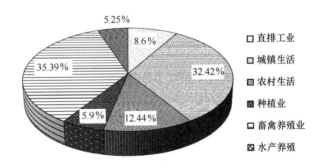

图 5-103 2012 年茅岭江流域各类污染物入河量百分比（%）

5.5.4 小结

综上所述，通过对广西三大入海河流各类污染源排放污染物的情况调查，可以得出以下结论：

（1）畜禽养殖是目前影响入海河流水质的最主要影响因素，其中，南流江流域畜禽养殖所排放的污染物入河量达 28 103.83 t，占整条流域污染物入河量的 53.33%；钦江流域畜禽养殖所排放的污染物入河量达 6 218.87 t，占整条流域污染物入河量的 47.66%；茅岭江流域畜禽养殖所排放的污染物入河量达 3 239.25 t，占整条流域污染物入河量的 35.39%。在畜禽养殖中，养猪所排放的污染物对河流水质环境的影响最大。

（2）由于各河流沿岸开发水平不同，各类污染源对不同的流域的水质的影响比重均不同。影响南流江水质的污染源从大到小依次为畜禽养殖污染源、工业污染源和农村生活污染源；影响钦江水质的污染源从大到小依次为畜禽养殖污染源、农村生活污染源、城镇生活污染源；影响茅岭江水质的污染源从大到小依次为畜禽养殖污染源、城镇生活污染源、农村生活污染源。

（3）南流江沿岸，玉林市排污对南流江水质产生较大影响，玉林市所排放的污染物量为 178 788.59 t，占三市总排放量的 76.72%；对沿河三市的各种污染来源的统计，玉林市各类污染源产生的污染物入河量为 37 800.64 t，占总入河污染物量的 71.73%。玉林市交接断面所携带的氨氮、COD、总磷分别为 1 528 t、47 604 t 和 508 t，分别占总入河量的 77.4%、65.0% 和 63.3%。

5.6　典型港湾热污染调查

广西沿岸建有热电厂、核电厂、冶金、造纸等工业项目，产生大量的冷却水。其中，电厂的冷却水是水体热污染的主要污染源。水体热污染会影响水质、水生生物和生态环境。鉴于此，广西科学院于 2012 年 1 月 9—10 日对防城港东湾电厂附近海域进行了水温观测，共设置 3 个定点站进行 27 h 连续同步观测，同时设置 20 个断面 157 个测点进行涨、落潮走航观测，观测结果分析如下。

从图 5-104 排水口附近定点观测站的水温过程线可以发现，1 月 9 日 13∶00—19∶00，水温稳定在 25~27℃，此时为落潮期间；21∶00 之后，水温逐渐回落至正常水平，水温约 12~15℃，此时海域已转为涨潮过程。除涨潮初始阶段表底层水温差异较大外，其他时段各层水温差异不大，这应与观测点水深较浅、正常状态下水体充分混合有关。

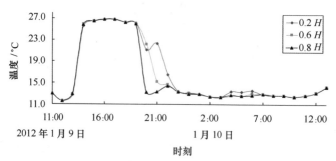

图 5-104　排水口附近定点观测点水温过程线

取水口附近定点观测点的水温过程如图 5-105 所示。由图可见，1 月 9 日15：00—21：00，受落潮流带来的温排水影响，观测点附近有一定升温，0.2H 水温在 16：00 超过15℃，至 19：00 水温已回落至正常状态。22：00 至次日 6：00，水温稳定维持在12~13℃。10 日 7：00—13：00 个别时刻表底层水温有一定波动，可能与此时段较大风浪有关。

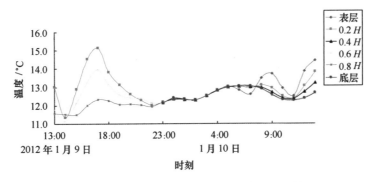

图 5-105 取水口附近定点观测点水温过程线

图 5-106 为落潮阶段走航观测的水温等值线分布情况。从图中可见，高温水主要集中于排水口附近，局部水温可达 24.67℃。经统计计算可得，高于 24.0℃水温面积约为 0.024 km²，大于 20.0℃水温扩散面积约为 0.072 km²，超过 14.0℃水温扩散面积约

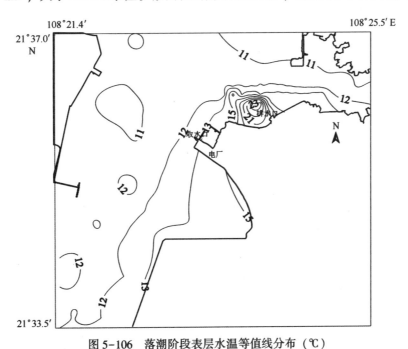

图 5-106 落潮阶段表层水温等值线分布（℃）

0.49 km²。

图 5-107 为涨潮阶段表层走航观测的水温等值线分布，从图中可以发现，电厂排放的高温水大部分亦集中于排水口附近，经统计，水温超过 24.0℃ 的扩散面积约 0.029 km²，大于 20.0℃ 的水温扩散面积约 0.46 km²，超过 14.0℃ 的扩散面积可达 1.31 km²。

比较图 5-106 与图 5-107 可知，电厂温排水对电厂附近海域的水温产生了一定影响，高温水聚集于排水口附近，并随涨、落潮流逐渐向相邻海域扩散。总体上看，较大的落潮流有利于水温充分混合，水温在不远距离即可较快下降至正常状态；在涨潮流作用下，水体向云约江浅水区堆积，高温水不易较快地稀释扩散，从而导致涨潮阶段温排水影响面积大于落潮阶段。尽管电厂温排水的影响主要集中于排水口附近，但其升温现象较为显著，对局部海域海洋生态环境的影响值得关注。

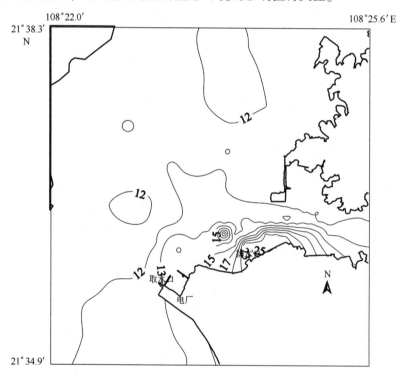

图 5-107　涨潮阶段表层水温等值线分布（℃）

第6章 广西近岸海域水动力环境状况基本特征

::

　　广西沿海潮波主要由传入南海的太平洋潮波系统控制，受独特的地形条件影响，潮波呈驻波式，兼具前进波特征。北部湾的潮汐潮流研究最早可追溯至20世纪60年代中越北部湾海洋综合联合调查，由此初步获得了北部湾潮汐潮流的基本状况。此后，随着计算机技术与海洋数学模型的发展，自20世纪80年代以来，北部湾的潮汐潮流等水动力环境特征研究迎来一个高潮，方国洪、周朦、陈波、李树华、曹德明、夏华永以及孙洪亮等人基于不同的数值方法对北部湾潮汐潮流进行模拟计算分析，取得大批研究成果，有力促进了北部湾潮汐潮流运动规律的研究，丰富了区域海洋动力学的研究体系。本章基于已有的调查资料与分析计算结果，对广西近岸海域水动力环境基本特征作一简要介绍。

6.1 潮汐

　　广西沿海地区是全球为数不多的全日潮为主海区之一，每月小潮汛6~8 d为半日潮，其余天数为全日潮，但不同港湾又有其各自特点。

6.1.1 北海及邻近海域

　　北海及邻近海域包含铁山港、北海港以及廉州湾海域。

　　根据铁山港区石头埠验潮站1980—2005年潮位资料统计，铁山港所在海域的潮汐判别系数为3.62，属不正规全日潮。铁山港主要潮汐特征值为（黄海基面）：最高高潮位为4.33 m，最低低潮位为-2.75 m，平均高潮位1.62 m，平均低潮位-0.91 m，多年平均潮差为2.53 m，最大潮差为6.25 m。潮差的季节变化是夏季大，春季小。一般涨潮历时比落潮历时长，平均涨潮历时为8 h 32 min，落潮历时为7 h 1 min，相差1 h 31 min。

　　1996—2004年北海验潮站资料显示，该海区的潮汐判别系数大于4，为正规全日潮。平均海平面为0.38 m（黄海基面），最高高潮位为3.39 m，最低低潮位为-2.12 m，平均高潮位为1.68 m，平均低潮位为-0.82 m，多年平均潮差为2.46 m，最大潮差为5.36 m。北海站各月多年平均潮差在2.17~2.66 m之间，各季节潮差夏季大、春季小；各月多年平均海面在0.25~0.49 m之间，秋季平均海面最高，冬季最低。一般涨潮历时比落潮历时长，平均涨潮历时为10 h 30 min，落潮历时为9 h 47 min，相差43 min。

6.1.2　钦州湾海域

钦州湾的潮汐判别系数为 4.6，为正规全日潮海区。根据龙门潮位站 1966—2002 年观测资料计算，钦州湾多年平均海平面为 0.40 m（黄海基面起算），其潮位特征值如下：历年最高高潮位 3.96 m（1986 年 7 月 22 日），历年最低低潮位 -2.57 m（1968 年 12 月 22 日），历年涨潮最大潮差 5.95 m（1968 年），多年涨潮平均潮差 2.46 m，历年落潮最大潮差 5.69 m（1987 年），多年落潮平均潮差 2.46 m，涨潮历时大于落潮历时，多年平均涨潮历时 10 h 29 min。

6.1.3　防城港湾及邻近海域

防城港湾及其邻近海域的潮汐判别系数为 5.2，为正规全日潮海区，其特点是：当全日分潮显著时，潮差大，涨潮历时大于落潮历时，憩流时间短；当半日分潮显著时，潮差小，涨落潮历时大致相等，憩流时间长。

根据防城港市海洋环境监测站 1996—2010 年实测潮位资料统计，其潮位特征值如下（理论深度基准面）：最高潮位 5.32 m（2008 年 11 月 16 日 07：09），最低潮位 -0.31 m（2002 年 12 月 8 日 18：53），平均潮位 2.34 m，平均高潮 3.64 m，平均低潮 1.20 m，最大潮差 5.63 m，平均潮差 2.44 m。涨落潮历时不等现象显著，一般涨潮历时大于落潮历时，平均涨潮历时为 10 h 53 min，平均落潮历时为 8 h 11 min。

据白龙尾潮位站 1969—1983 年的潮位资料统计，珍珠湾海域的潮汐判别系数为 5.09，属正规全日潮。潮位特征值如下（黄海基面）：最高高潮位 3.17 m，最低低潮位 -2.03 m，平均高潮位 1.53 m，平均低潮位 -0.69 m，平均潮差 2.24 m，最大潮差 5.05 m。平均涨潮历时 10 h 50 min，平均落潮历时 8 h 20 min。

综上可知，广西沿岸为典型的全日潮海区，除铁山港附近为非正规全日潮外，其余均为正规全日潮；沿岸潮差梯度大，最大潮差由 SW 向 NE 不断递增，至铁山港附近达到最大；涨落潮历时不等显现显著，一般涨潮历时大于落潮历时。

6.2　潮流

广西科学院以及国内有关科研院所 2006—2012 年在广西不同海区进行了潮流观测，以下结果基于这些调查数据以及收集的资料分析计算获得。

6.2.1　北海及邻近海域

根据实测资料与有关文献，北海铁山港海域潮流以非正规全日潮流为主。受地形影响，湾内主要海流运动形式为往复流，主流向与湾内潮流深槽走向一致；湾外也以往复流为主，流向为 NNE—SSW，略呈旋转流性质，旋转方式以逆时针方向为主。

2008 年 4 月，铁山港海域的水文观测资料显示：大潮期间，涨潮最大垂线平均流速为 0.76 m/s，出现在 4# 垂线；落潮最大垂线平均流速为 0.65 m/s，出现在 3# 垂线。中潮期间，涨潮最大垂线平均流速为 0.44 m/s，出现在 4# 垂线；落潮最大垂线平均流速为 0.54 m/s，出现在 3# 垂线。小潮半日潮特征明显，涨潮最大垂线平均流速为 0.61 m/s，出现在 3# 垂线；落潮最大垂线平均流速为 0.67 m/s，出现在 2# 垂线。大潮期间的海流矢量图见图 6-1。

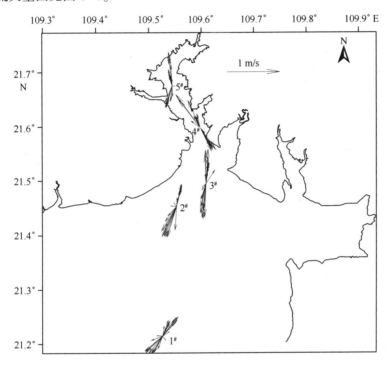

图 6-1　铁山港湾大潮海流矢量图

铁山港余流流速较弱，5 条垂线的垂向平均余流均小于 0.1 m/s，余流最大出现在 5# 垂线，为 0.07 m/s，方向为 NW 向；其次为 2# 垂线，也仅 0.06 m/s，方向为 SW 向。其余各站余流均小于 0.05 m/s。

6.2.2　钦州湾海域

广西科学院与国内有关科研院所 2006—2012 年在钦州湾海域进行了多次潮流观测，为便于全面表征钦州湾不同季节的潮流状况，将钦州湾分为茅尾海与钦州湾外湾分别进行叙述。图 6-2、图 6-3 为有关站位分布及潮流矢量，图中各测站代码含义为：首字母 m 表示茅尾海，q 表示钦州湾外湾；c、x、q、d 分别表示春、夏、秋、冬；数字前两位为年份，后两位为同步测站的序号。

（1）茅尾海

茅尾海水深较浅，地形复杂，大片水域被围垦养殖。近年来，鲜见有茅尾海海域的水文观测资料，目前仅收集到 2 次周日同步实测数据。图 6-2a 为整理获得的 2 次茅尾海观测潮流矢量分布。

站点 md1001～md1005 观测时间为 2010 年 1 月下旬大潮期，此时为冬季枯水期，低潮时大片浅滩出露，除龙门水道附近的 md1004 与 md1005 调查数据完整外，md1001～md1003 均在低潮时个别时刻缺测，分析时作了插值处理。统计发现，位于茅岭江河口附近 md1001 的涨潮最大流速为 0.57 m/s，涨潮平均流速 0.31 m/s，落潮最大流速 0.79 m/s，落潮平均流速 0.39 m/s。茅尾海中部潮沟内 md1002 的涨潮最大流速为 0.59 m/s，涨潮平均流速为 0.32 m/s，落潮最大流速 0.90 m/s，落潮平均流速 0.52 m/s；沙井岛东侧 md1003 涨潮最大流速为 0.60 m/s，涨潮平均流速 0.38 m/s，落潮最大流速 0.71 m/s，落潮平均流速 0.44 m/s。md1004、md1005 分别在龙门水道北端东侧与中端西侧观测，md1004 站涨、落潮最大流速分别可达 1.08 m/s、1.41 m/s，md1005 涨、落潮最大流速分别为 0.72 m/s、1.06 m/s。

mx1201～mx1203 为 2012 年 6 月上旬大潮期观测，此时茅尾海初步进入夏季丰水期。mx1201 站位于茅岭江下游，受径流影响较大，涨潮最大流速 0.43 m/s，落潮最大流速 0.53 m/s，涨、落潮平均流速分别为 0.25 m/s、0.31 m/s。位于茅岭江河口潮汐通道的 mx1202 站，涨潮最大流速 0.71 m/s，落潮最大流速 1.07 m/s，涨、落潮平均流速分别为 0.41 m/s、0.74 m/s。茅尾海中部潮沟内 mx1203 站，涨、落潮最大流速分别为 0.77 m/s、0.72 m/s，涨、落潮平均流速分别为 0.39 m/s、0.50 m/s。

图 6-2b 为茅尾海的余流分布状况，从余流分布上看，冬季，茅尾海余流较小，md1005 余流最大，但仅为 0.082 m/s，流向为正南向，md1004 余流与之相差不大，md1001 与 md1002 余流均不超过 0.05 m/s；夏季，位于茅岭江河口区附近的 mx1201、mx1202 余流分别为 0.11 m/s、0.30 m/s（流向为 SE 向），处于开阔区域的 mx1203 余流很小，这表明由于夏季径流量显著增强，河口区余流主要受径流支配。

（2）钦州湾外湾

2011 年春季 3 月初在青菜头岛西南方、钦州港西航道附近布设 1 个潮流站 qc1101 进行周日连续观测，此时正值中潮向小潮过渡期，潮流已开始呈现半日潮特征，1 天之内有两次涨落，表层最大流速达 0.75 m/s，流向为 N 向，中、底层最大流速分别为 0.71 m/s、0.45 m/s，流向与表层一致。最大落潮流速发生在表层，约 0.54 m/s，流向为 S 向。

qx0601、qx0602 为 2006 年 7 月下旬大潮期观测。位于龙门水道附近的 qx0601，实测流速较大，最大流速 1.1 m/s，流向为 SE 偏东向，涨潮平均流速约为 0.56 m/s，落潮平均流速约 0.59 m/s；钦州燃煤电厂附近 qx0602 最大流速 0.92 m/s，流向为东南

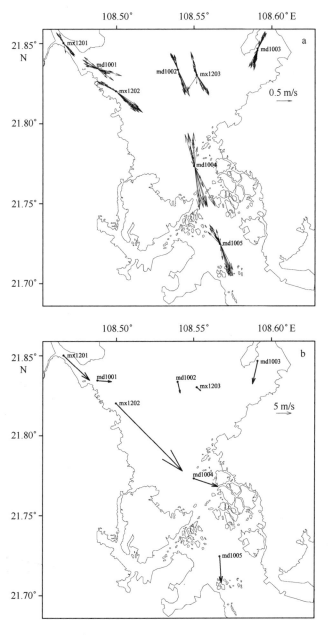

图 6-2 茅尾海冬、夏季潮流矢量（a）及余流（b）

向，涨、落潮平均流速分别为 0.41 m/s、0.66 m/s。qx0701、qx0702 为 2007 年 8 月下旬大潮期观测，两个测站均位于金鼓江航道内，qx0701 最大流速为 0.53 m/s，流向为正 N 向，涨、落潮平均流速分别为 0.32 m/s、0.29 m/s；qx0702 最大流速为 0.82 m/s，流向亦为 N 向，涨、落潮平均流速分别为 0.38 m/s、0.40 m/s。qx0703~qx0705 观测时间为 2007 年 6 月下旬大潮期，位于当时尚未建成的三墩公路东、西两侧附近；

qx0703 位于鹿耳环江潮沟内，最大流速 0.48 m/s，流向为 SW 向，涨、落潮平均流速分别为 0.15 m/s、0.23 m/s；qx0704 位于东航道东侧沙脊附近，最大流速为 0.48 m/s，流向为正 S 向，涨、落潮平均流速为 0.22 m/s、0.27 m/s；qx0705 的最大流速为 0.82 m/s，流向 SE 向。上述各测站均为大潮期间观测，1 天之内 1 次涨、落潮现象显著，规律明显。

qq0901 ~ qq0904 为 2009 年 11 月上旬中潮期观测，此时三墩公路已逐步建成，2010 年 11 月上旬又在相同站位进行了周日同步连续观测。以下分析基于 2009 年实测资料。qq0901 位于钦州湾东航道与金鼓江交汇处附近，流态较为复杂，表层最大流速为 0.56 m/s，底层最大流速为 0.48 m/s，流向均为 NW 向；qq0902 位于钦州湾东航道内，流态规律明显，表层最大流速达 0.88 m/s，底层最大流速为 0.68 m/s，流向均为 SE 向；qq0903 位于三墩公路与大环村之间，表层最大流速达 0.80 m/s，底层最大流速为 0.76 m/s，流向均为 NW 偏北向；qq0904 位于钦州湾口，表层最大流速 0.54 m/s，流向 SE 向，底层最大流速为 0.46 m/s，流向 NW 向。

qd0701 ~ qd0706 观测时间为 2007 年 1 月下旬大潮期，根据实测资料分析，实测流速最大出现在龙门水道 qd0701 站，最大流速为 1.15 m/s，流向为 SE 向，最大涨潮流速 0.79 m/s，涨、落潮平均流速分别为 0.44 m/s、0.79 m/s。东航道中部 qd0702 最大落潮流速为 0.75 m/s，涨、落潮平均流速分别为 0.31 m/s、0.51 m/s。qd0703 最大落潮流速 0.62 m/s，涨、落潮平均流速分别为 0.33 m/s、0.51 m/s。西航道南部 qd0704 最大落潮流速为 0.84 m/s，最大涨潮流速 0.64 m/s，涨、落潮平均流速分别为 0.41 m/s、0.60 m/s。中航道南部 qd0705 最大落潮流速为 0.81 m/s，最大涨潮流速为 0.65 m/s，涨、落潮平均流速分别为 0.40 m/s、0.53 m/s。东航道南部转向处 qd0706 最大落潮流速为 0.52 m/s，最大涨潮流速为 0.40 m/s，涨、落潮平均流速分别为 0.25 m/s、0.39 m/s。2009 年秋季中潮期间表层观测资料的统计分析表明，8# 所处位置原为浅滩，由于已基本建成的三墩公路的地形束窄作用，导致该海区流速增大明显，涨潮平均流速为 0.34 m/s，落潮平均流速为 0.32 m/s，实测最大流速 0.80 m/s，流向为 NW 偏北向。9# 位于三墩作业区东南侧，属开阔海域，涨潮平均流速 0.34 m/s，落潮平均流速 0.28 m/s，实测最大流速 0.54 m/s，流向为 SE 向。

图 6-3a 为钦州湾海域不同季节潮流矢量，从图中可见，钦州湾外湾的潮流运动形式与茅尾海基本一致，均属往复流性质，潮流流向基本顺着深槽、航道走向，落潮流速一般大于涨潮流速，但在夏季的金鼓江海域（qx0701、qx0702），观测到涨潮流速稍大于落潮流速。大潮期间，各季节涨潮历时一般大于落潮历时。从潮流季节分布看，夏、秋二季潮流强于冬季，如相邻 qq0902 与 qd0702，两个测站均位于东航道中部，秋季 qq0902 中潮期最大流速已达 0.88 m/s，而冬季 qd0702 大潮期最大流速仅为 0.75 m/s；春季与其他季节相邻站点观测资料较少，尚无法进一步比较分析。从空间分布看，位

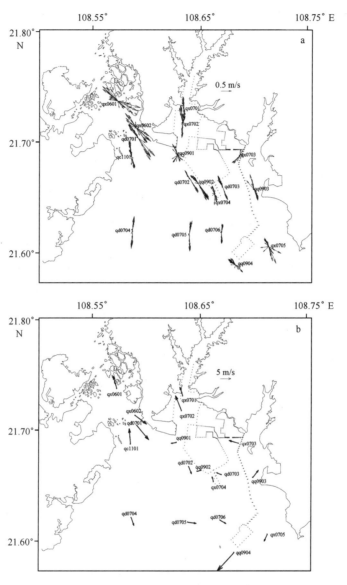

图 6-3 钦州湾不同季节潮流矢量（a）及余流分布（b）

于潮汐通道、潮沟处潮流显著强于其他区域的潮流，龙门水道的潮流动力最强，对于枯水期的冬季，最大流速亦可达 1.15 m/s（qd0701）；其次为西、中、东航道以及金鼓江航道，对于冬季大潮期间而言，西航道最大流速 0.84 m/s（qd0704）大于中航道 0.81 m/s（qd0705），这两处流速明显大于东航道（qd0706）最大流速 0.52 m/s；此外，夏季金鼓江海域最大流速可达 0.82 m/s（qx0702）。一般近岸及浅滩处潮流动力相对较弱，但对于三墩公路两侧浅滩而言，工程建设对该海域潮流影响较大：2007 年，三墩公路尚未建设，夏季大潮期鹿耳环江潮沟内（qx0703）以及东航道东侧沙脊处

（qx0704）最大流速仅为 0.48 m/s；2009 年底，三墩公路基本建成后，位于原浅滩处的 qq0903，秋季中潮期的最大流速可达 0.80 m/s，2010 年同期大潮时的观测结果显示，该处最大流速达 0.98 m/s，这表明，由于三墩公路的束窄作用，其东侧海域潮流动力显著增强。数值模拟结果也表明，三墩公路建成后，其东侧海域潮流增量相当可观。

将上述测站资料进行准调和分析发现，除金鼓江个别站点潮流性质系数大于 4 之外，其余各站点潮流性质系数均在 2~4 之间，属非规则全日潮。此外，各主要分潮椭圆率均很小，从图 6-3a 亦可明显看出，本海区潮流运动形式为往复流。

图 6-3b 为钦州湾的余流分布，可以看出，诸站余流均不大。春季，以 qc1101 为例，其表层余流 0.071 m/s，流向为 N 向，中、底层余流分别为 0.079 m/s、0.054 m/s，流向与表层一致。夏季，龙门水道余流约为 0.06 m/s，但存在一个奇怪的现象，qx0601 与 qx0602 相距不远，余流流向却相反；金鼓江航道内 qx0701、qx0702 余流最大也仅 0.074 m/s，指向 NW 偏 N 向，这或许导致了观测期间该海域涨潮流速大于落潮流速；qx0703~qx0705 多位于浅滩，余流很小，qx0703 与 qx0704 指向 NW，qx0705 指向 SW。秋季，三墩作业区南部开阔处 qq0904 余流达 0.114 m/s，指向为 SW 向，这大概与秋季开始盛行东北风有关；其余各站余流均很小，不超过 0.05 m/s。冬季，龙门水道处 qd0701 余流最大，为 0.084 m/s，指向 SE 偏 S 向，其余诸站均小于 0.05 m/s。总体而言，钦州湾余流不大，结合 md1004 与 md1005 测站资料分析，龙门水道处余流最大，其次为各航道、潮沟，近岸及浅滩处余流最小，余流流向因季节、天气、地形等因素影响而不尽相同。

6.2.3 防城港湾及邻近海域

2007 年 8 月下旬以及 2012 年 1 月上旬的大潮期间，广西科学院分别在防城港湾海域布设 2 个潮流观测站进行 26 h 的连续同步观测，站位分布见图 6-4，其中 1#、2# 为 2007 年测站，3#、4# 为 2012 年测站。

2007 年 8 月两个测站的调查资料显示，1# 涨潮平均流速约 0.25 m/s，落潮平均流速为 0.28 m/s，落潮平均流速大于涨潮平均流速；实测最大流速为 0.6 m/s，流向为 SW 向；涨潮流向为 NE 向，落潮流速为偏 S 向；落潮历时稍大于涨潮历时约 1 h。2# 涨潮平均流速约 0.31 m/s，落潮平均流速为 0.37 m/s，落潮平均流速大于涨潮平均流速；实测瞬时最大流速为 0.63 m/s，流向为偏 N 向，落潮最大流速可达 0.6 m/s；涨、落潮流向与 1# 基本一致。两个测站的流速、流向过程曲线表明，夏季防城港东湾大潮期间 1 日之内潮流 1 次涨落现象明显。

2012 年 1 月，位于防城港东湾电厂附近的 3# 涨潮平均流速为 0.32 m/s，落潮平均流速为 0.44 m/s。实测表层最大流速为 0.85 m/s，流向为 SW 向；涨潮流向为 NE 偏 N

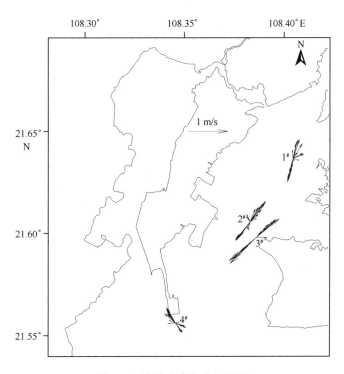

图 6-4　防城港湾海流矢量图

向，落潮流向为 SW 向；落潮平均流速与最大流速均较涨潮时大，落潮历时小于涨潮历时 1~2 h。位于防城港湾 20 万吨矿石码头附近的 4# 涨潮平均流速为 0.28 m/s，落潮表层平均流速为 0.22 m/s；实测最大流速为 0.4 m/s，流向为 NW 偏 N 向；涨潮平均流速与最大流速均比落潮时大；涨潮流向为 NW 偏 N 向，落潮流向为 SE 偏 S 向；与 3# 类似，4# 落潮历时短于涨潮历时约 1~2 h。由于 4# 位于东西湾交汇的水下沙洲附近，其涨落潮流速明显小于位于东湾航道附近的 3# 站。此外，3# 观测时处于冬季一次寒潮期间，风浪较大，实测表层最大流速显著大于其西北附近夏季观测的 2#。图 6-5 为 3# 的流速、流向过程曲线，从图中可见，1 天之内，1 次涨落，涨潮或落潮的流向和流速都较为稳定，规律性也较为明显。

将上述两年 4 个测站的潮流实测资料进行准调和分析，其潮流判别系数均在 2~4 之间，这表明防城港湾为非规则全日潮流海域。此外，主要全日分潮 K_1、O_1 以及半日分潮 M_2 的椭圆率（旋转率）均很小，由此可知，防城港湾海域潮流为往复流。图 6-4 为 4 个测站海流矢量图，图中亦显示本海区的潮流运动形式为典型的往复流。

防城港东湾因无大的径流注入，两次实测资料分析表明，本海区余流较小：2007 年夏季 1#、2# 的余流分别为 0.05 m/s、0.03 m/s，流向分别为 140° 与 340°；2012 年冬季，3#、4# 的余流分别仅为 0.02 m/s、0.03 m/s，流向分别为 241° 与 338°。近几年围

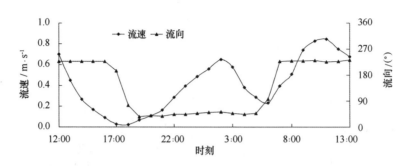

图 6-5 防城港东湾 3#流速、流向过程曲线

填海工程建设导致海域面积缩小，加之湾内的余流不强，不利于东湾内的物质输运。

2011 年，在白龙半岛南面 8 m 水深处布设一个坐底的 ADCP 进行了周年潮流观测，对该站周年流速、流向进行分级统计发现：春季，表、中层 WSW 向流动出现频率最大，分别为 18% 和 15.5%，底层则为 NE 向，出现频率为 12.7%；夏季，表、中、底层均为 WSW 向，出现频率分别为 13.1%、18.2% 和 14%；秋季，表层为 WSW 向，出现频率为 15.3%，中、底层则为 NE 向，出现频率分别为 13.6% 和 16.9%；冬季，表层为 ENE 向，出现频率为 12%，中、底层为 NE 向，出现频率分别为 18.4% 和 19.7%。可见，一年中，冬季除外，该海区主流向均以 SSW—WSW 为主。统计还发现，在非台风期间，该站实测流速较小，观测点各层的最大流速一般小于 50 cm/s，表、中、底层的流速平均值分别为 10.8 cm/s、8.6 cm/s 和 8.4 cm/s；年最大流速出现在 "纳沙" 台风期间，表、中、底层最大流速分别为 103.7 cm/s、94.1 cm/s 和 71.0 cm/s。在无台风的季节，测站的余流流速亦较小，观测点各层的最大余流流速一般小于 20 cm/s，表层余流流速平均值为 5.7 cm/s，中层为 3.5 cm/s，底层为 3.1 cm/s；从季节分布上看，从春季开始，SW 向沿岸流明显加强，夏季是 SW 向沿岸流最强的季节（图 6-6）。年最大余流流速出现在 "纳沙" 台风登陆期间，表、中、底层最大余流流速分别为 39.7 cm/s、32.4 cm/s 和 20.7 cm/s。

北仑河口北岸西起广西壮族自治区东兴市东兴镇，向东经竹山到万尾岛的西岸，范围约在 21°28′~21°36′N，107°57′~108°08′E 之间。河口宽约 6 km，纵长约11.1 km，为喇叭状，自 NW 向 SE 方向敞开，相通于开阔的北部湾。河口地形复杂，槽滩相间，滩宽槽浅，水域面积 66.5 km²，其中潮间滩涂面积 37.4 km²，潮下带和浅海面积 29.1 km²。受北仑河口特殊条件制约，资料获取困难，导致河口地区的水文资料较少。2011 年 5 月下旬的大潮期间，广西科学院在北仑河口海域布设 2 个潮流、泥沙观测站进行为期 26 h 连续同步观测（图 6-7），实测资料分析结果如下。

图 6-8 为 2# 一个潮周期内潮流过程曲线，从图中可以看出，北仑河口大潮期间 1 天之内 1 次涨落现象显著。在涨潮时段内，实测流速曲线呈现一个明显的峰值，而峰

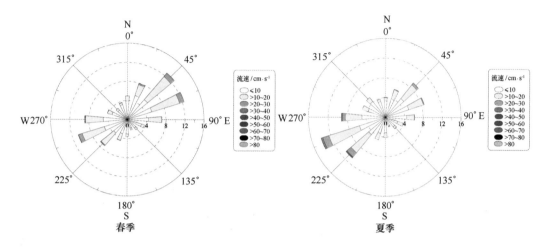

图 6-6 白龙尾两个季节底层余流流速、方向及出现频率（%）

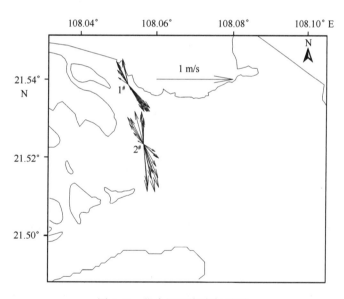

图 6-7 北仑河口海流矢量图

值出现在下午 15：00 前后，再经历 5~6 h 涨潮后到达高潮平潮时刻，此时速度曲线处于流速最小值。此后开始转流，流向基本稳定不变，在持续落潮约 9 h 后，流速曲线再次呈现出一个明显的峰值，即在翌日早上 6：00 达到落急时刻，流速为实测期间最大。

经准调和分析，两个测站的主要日分潮 K_1、O_1 振幅大于半日分潮流 M_2，潮流判别系数在 2~4 之间，为非规则全日潮流。另据实测资料分析，1# 涨潮时段表层平均流速为 0.25 m/s，落潮时段表层平均流速为 0.29 m/s；实测表层最大流速为 0.45 m/s，

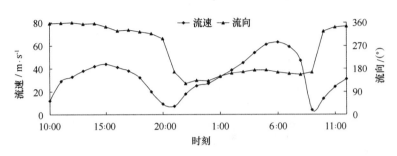

图 6-8　北仑河口 2# 测站表层流速、流向过程曲线

流向为 SE 向。2# 涨潮表层平均流速为 0.31 m/s，落潮表层平均流速为 0.37 m/s；实测表层最大流速为 0.63 m/s，流向为 SE 偏 S 向。两个测站涨潮流向为 NW 偏 N 向，落潮流向为 SE 偏 S 向；受径流影响，落潮流速大于涨潮流速，落潮历时大于涨潮历时 2~3 h。图 6-7 为两个测站的海流矢量图，从图可见，受地形影响，北仑河口的潮流运动形式为典型的往复流。

从余流分布看，靠近河口上游 1# 站的余流流速为 7.4 cm/s，流向为 SE 偏 S 向；2# 站余流流速为 5.4 cm/s，流向为 S 向，其流速比 1# 稍小，其原因是径流到达 2# 附近后，海域逐渐变得开阔，流速因而变小。总体上看，夏初时节，北仑河口的余流主要由径流构成，但由于此时尚未进入洪季，上游来水量不多，因此河口余流不大，流向均为 S 向或 SE 偏 S 向，指向口门外。

6.3　波浪

由北海地角测波站的资料统计，北海港区以风浪为主，全年出现频率为 97%，其余为涌浪和混合浪。常浪向为 N-NE，频率 36%；次浪向 SW-WSW，频率 19.2%，波浪分向频率统计见表 6-1。

表 6-1　北海站波浪各向频率统计

方向	N	NNE	NE	ENE	E	ESE	SE	SSE	S	SSW	SW	WSW	W	WNW	NW	NNW	C
频率/%	12.4	16.1	7.5	1.7	1.9	1.9	3.5	1.4	1.2	3.4	8.3	10.9	3.1	1.3	1.4	0.9	22.9

据统计，北海站累年平均波高 0.28 m，最大波高为 2.0 m。在波高的分向变化中，平均波高以 NNW 向最大，为 0.5 m，其次为 NNE 及 N 向，均为 0.4 m；最大波高以 N 向最大，其次为 NNW 向，最小为 SE 向，仅 0.5 m，由此可见，北海站附近海域的强浪向为 N-NNW。分向平均周期以 N 及 SSE 向最大，均为 2.5 s，ENE、E、S、SW 以及 NW 向最小，均为 2.2 s。表 6-2 为北海站的各向波高及周期的统计结果。

表6-2 北海站波浪各向波高和周期

特征值	N	NNE	NE	ENE	E	ESE	SE	SSE	S	SSW	SW	WSW	W	WNW	NW	NNW
平均波高/m	0.4	0.4	0.3	0.3	0.2	0.2	0.2	0.3	0.2	0.3	0.2	0.2	0.2	0.3	0.3	0.5
最大波高/m	2.0	1.4	1.2	0.7	0.7	1.0	0.5	0.6	0.9	0.7	1.1	0.9	0.9	0.7	0.9	1.5
平均周期/s	2.5	2.4	2.3	2.2	2.2	2.3	2.3	2.5	2.2	2.3	2.2	2.4	2.3	2.4	2.2	2.3

根据广西水文水资源局钦州分局在三娘湾设立的波浪站（20°36′N，108°46′E）1991—2002 年观测资料统计，本海区波浪以风浪为主，常浪向 SSW 向，频率占 17.67%，其次 NNE 向，频率为 17.2%；强浪向为 SW 及 SSW 向，次浪向为 S 向及 N 向；本海区实测最大波高为 3.4 m，波向为 ESE 向；实测最大周期为 6.8 s。据统计，本海区波级小于 0.5 m 发生频率为 66.37%，波级小于 1.0 m 发生频率为 96.21%，大于 1.5 m 波高出现频率仅为 1.1%。资料分析表明，除台风影响外，本海区平时的波浪不大。另据 2010—2011 年在钦州港三墩外作业区周年波浪观测资料统计，该海区各月最大波高在 1.4~3.2 m 之间，各月波浪特征值见表6-3。

表6-3 钦州湾三墩外作业区海浪观测站各月波浪特征值

		2010 年							2011 年				
		6月	7月	8月	9月	10月	11月	12月	1月	2月	3月	4月	5月
H_{max}月最大	波高/m	2.7	3.2	2.2	2.5	1.7	1.5	2.0	1.5	1.4	2.1	1.8	1.9
	对应周期/s	4.5	5.5	5.5	4.0	4.0	5.0	5.0	4.6	4.4	3.5	3.5	5.0
	对应波向/(°)	138	146	146	169	351	125	137	352	138	347	116	216
$H_{1/10}$月最大/m		1.9	2.4	1.6	1.6	1.4	1.2	1.4	1.1	1.0	1.5	1.2	1.6
$H_{1/10}$月平均/m		0.8	0.9	0.6	0.6	0.7	0.5	0.6	0.7	0.5	0.5	0.3	0.4
$H_{1/3}$月最大/m		1.6	2.0	1.3	1.3	1.1	0.9	1.1	0.9	0.8	1.2	0.8	1.2
$H_{1/3}$月平均/m		0.6	0.7	0.5	0.5	0.5	0.4	0.4	0.5	0.4	0.4	0.2	0.3
$T_{1/10}$月最大/s		6.0	6.2	5.6	5.7	4.6	4.7	5.1	4.6	4.9	7.5	9.8	6.5
$T_{1/10}$月平均/s		3.9	4.0	3.5	3.4	3.4	3.0	3.1	3.7	3.1	3.2	3.0	3.2
$T_{1/3}$月最大/s		5.3	6.0	5.3	5.6	4.6	4.5	4.9	4.5	4.4	6.0	8.3	7.1
$T_{1/3}$月平均/s		3.8	4.0	3.5	3.3	3.3	3.0	3.1	3.6	3.1	3.1	2.9	3.2

统计分析表明，三墩海域周年平均 $H_{1/10}$ 为 0.6 m，周年平均 $H_{1/3}$ 为 0.5 m；周年最大 $H_{1/10}$ 为 2.4 m，周年平均 $H_{1/3}$ 为 2.0 m；周年平均 $T_{1/10}$ 为 3.4 s，周年平均 $T_{1/3}$ 为 3.3 s；常浪向为 N 向，频率 16.54%，次浪向为 S 向，频率 15.45%；强浪向为 SE、SSE 向，$H_{1/10}$ 波高最大值为 2.4 m，次强浪向为 ESE 向，$H_{1/10}$ 波高最大值为 2.0 m。$H_{1/10}$ 波高周年频率玫瑰图如图 6-9 所示。

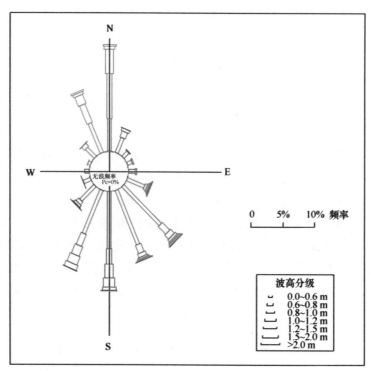

图 6-9 钦州湾口外三墩作业区 2010—2011 年周年 $H_{1/10}$ 波高频率玫瑰图

防城港及邻近海域的波浪主要由风浪、涌浪和混合浪组成。根据白龙尾海洋站 1975—1984 年实测资料分析，防城港及其邻近海域平时波浪不大，常见浪为 0~3 级，其出现频率超过 80%，1 m 以上波浪出现频率小于 18%，2 m 以上的大浪频率约占 15%，台风影响时产生的 5~6 级波浪仅占波浪频率的 0.07%。常浪向为 NNE 向，频率为 20.41%。强浪向为 SSE 向，最大波高 7.0 m，次强浪向为 SE 向，最大波高为 6.0 m，均为台风袭击时产生。

根据 2008 年北仑河口口门附近海域波浪观测资料，北仑河口海域枯水期（2月）常浪向为 E 向，频率为 27.52%，次常浪向为 SE 向，频率为 20.17%；强浪向为 ENE，其次为 E 向，实测 $H_{1/10}$ 最大为 1.82 m。丰水期（7月）常浪向为 S 向，次常浪向为 SE 向，频率分别为 64.12% 和 27.97%；强浪向为 S 向，其次为 SSE 向，实测 $H_{1/10}$ 最大为 2.16 m。表 6-4、表 6-5 分别为枯水期与丰水期各向 $H_{1/10}$ 波高频率及特征值。

表 6-4 北仑河口枯水期各向 $H_{1/10}$ 频率及特征值

特征值	N	NNE	NE	ENE	E	ESE	SE	SSE	S	SSW	SW	WSW	W	WNW	NW	NNW
最大值/m	0	0.26	0.12	0.88	0.80	0.52	0.71	0.47	0.32	0.27	0.14	0	0	0.13	0.12	0.10
平均值/m	0	0.26	0.12	0.48	0.41	0.24	0.25	0.15	0.13	0.14	0.14	0	0	0.13	0.12	0.10
频率/%	0	0.17	0.17	11.11	27.52	11.79	20.17	17.78	7.18	3.42	0.17	0	0	0.17	0.17	0.17

180

表 6-5 北仑河口丰水期各向 $H_{1/10}$ 频率及特征值

特征值	N	NNE	NE	ENE	E	ESE	SE	SSE	S	SSW	SW	WSW	W	WNW	NW	NNW
最大值/m	0	0	0	0	0	0.40	0.99	1.72	2.16	0.59	0.33	0	0	0	0	0
平均值/m	0	0	0	0	0	0.40	0.40	0.79	0.92	0.39	0.33	0	0	0	0	0
频率/%	0	0	0	0	0	0.28	3.39	27.97	64.12	3.95	0.28	0	0	0	0	0

6.4 泥沙

广西沿岸海域泥沙来源主要为陆相来沙和海相来沙，受地形以及海洋动力因子共同作用，不同海区的泥沙分布与输运特征不尽相同。

6.4.1 北海及邻近海域

铁山港海域的泥沙来源分为陆相来沙和海相来沙。陆相来沙主要来源于港湾周围的小河流，其中较大者为流入丹兜港的白沙河，其年输沙量约 $16 \times 10^4 \sim 18 \times 10^4$ t，其余小河流如公馆河、闸利河、白坭江也有少量泥沙汇入海湾。另外台地上的冲沟和高潮线以上因浪蚀形成的陡坎也给海湾提供少量泥沙来源。估计整个海湾陆相来沙每年约为 30×10^4 t，主要是细颗粒泥沙，也有一些粗颗粒泥沙，细颗粒泥沙主要沉积于丹兜港内或东南侧，以及铁山港湾顶老鸦洲附近区域。海相来沙以较粗的砂质物为主，海湾的东、西、北 3 个潮流冲刷槽分布有砾砂、中砂、中细砂、砂等沉积物，各槽两侧的浅滩以细砂为主；落潮三角洲东南部较深水域和丹兜港南侧外海分布有粉砂质砂、黏土质砂、中细砂、砂和沙-粉砂-黏土物质，是细粒沉积物较多的区域，也是铁山港海域海相来沙的主要沙源地。2008 年 4 月的调查数据显示，悬移质中值粒径约为 $0.003 \sim 0.018$ mm，沙床中值粒径为 $0.007 \sim 2.14$ mm，近岸区泥沙相对较粗，外侧深水区逐渐细化；大潮含沙量为 $0.02 \sim 0.079$ kg/m³，中潮含沙量为 $0.01 \sim 0.11$ kg/m³，小潮含沙量为 $0.01 \sim 0.18$ kg/m³，小潮测验时海域水体比中、大潮都略浑浊主要受当年第一号台风过境后的扰动影响。泥沙输运受潮流、地形所控制，由于落潮流速大于涨潮流速，致使较粗颗粒泥沙在近岸地区沉积，较细颗粒泥沙则被输送至湾外深水区，涨、落潮时泥沙输运特征与潮流运动、地形条件以及波浪作用密切相关。

廉州湾海域有广西沿岸最大的入海河流——南流江注入，南流江西面的大风江对南流江三角洲的形成也有较大贡献。据南流江下游常乐水文站 1954—1985 年的实测资料统计，南流江多年平均输沙总量为 118×10^4 t，多年平均输沙率为 37.4 kg/s。大风江多年平均输沙量为 11.77×10^4 t。这两条入海河流构成了廉州湾海域的主要泥沙来源。南流江汊道河流的含沙量随流量、流速大小而变，一般流量大，含沙量高，流速小，含沙量低；同时受潮流周期性上溯影响，含沙量过程曲线与流速基本吻合，落潮时汊道含沙量由上游向河口逐渐降低，涨潮时则反之，这与涨潮历时大于落潮历时有关。总体上看，汊道内含沙量介于 $0.004 \sim 0.131$ kg/m^3。廉州湾 1991 年的悬沙大面观测数据显示，南流江河口口门附近为悬沙浓度高值区，其等值线自河口区 0.024 kg/m^3 向西南湾口逐渐递减，在冠头岭以西海域仅有 0.002 kg/m^3；悬沙浓度一般东南侧低于西北侧。廉州湾的泥沙输运受潮流、径流以及波浪的共同作用，涨潮时外海泥沙随潮流于湾顶汇聚，落潮时细颗粒泥沙沿西南向流出廉州湾。

6.4.2 钦州湾海域

钦州湾海岸为淤泥质海岸，内湾 80% 为潮滩，湾颈两侧海岸基岩裸露，湾口东侧海岸受侵蚀，而西侧海岸发生堆积，岸线有向海扩展趋势。海湾悬沙来源于陆上径流、海岸侵蚀搬运。

钦州湾内湾——茅尾海北面，有茅岭江和钦江注入，其中茅岭江多年平均径流量为 15.97×10^8 m^3，年均输沙量为 31.68×10^4 t；钦江年均径流量为 11.69×10^8 m^3，年均输沙量为 26.99×10^4 t。两条入海河流携带的泥沙大部分沉积于河口区与茅尾海内，少量较细颗粒泥沙随潮流进入钦州湾外湾。钦州湾内广泛分布着分砂质黏土和黏土，夏季在强盛西南向浪掀沙作用产生大量泥沙，在潮流携带下向近岸推移，形成湾内泥沙的又一来源。近年来，近岸海洋工程建设带来的泥沙形成钦州湾泥沙来源之一，如钦州湾东航道拓宽浚深、金鼓江航道开挖以及 30 万吨进港航道建设、海域挖沙等开发活动，航道的疏浚方式、抛泥方式以及挖沙方式均可能形成局部沙源；保税港区、大榄坪作业区、金鼓江两侧、三墩作业区等地围海造陆过程中，局部区段未建设不透水围堰，直接从陆域倾倒沙土，或仅采用编织袋装土堆筑简易隔堤，吹填的泥沙从相对较大的隔堤缝隙泄漏，构成钦州湾短期局部沙源。

钦州湾水体含沙量受径流、潮期、天气等因素影响，在不同季节表现不同特征。根据文有关献，20 世纪 80 年代，钦州湾水域夏季含沙量在湾颈处约 0.05 kg/m^3，湾口约 0.03 kg/m^3，湾内往湾外含沙量递减；冬季含沙量分布趋势与夏季基本一致，但数值低一个数量级。随着钦州湾的开发建设，海湾的水体含沙量分布发生了一些变化，2008 年防城港红沙核电厂夏、冬 2 季全潮水文调查结果显示，夏季，钦州湾外湾大潮平均悬沙浓度为 0.01 kg/m^3，中潮时因个别测站附近有挖泥船作业，导致总体平均含沙量为 0.033 kg/m^3，小潮平均含沙量为 0.006 kg/m^3；冬季，大潮平均含沙量为 0.007 kg/m^3，中潮为 0.007 kg/m^3，小潮为 0.005 kg/m^3。从平面分布看，夏季，果子山至燃煤电厂一带水域含沙量相对较高，全潮平均为 0.039 kg/m^3，中部水域全潮平均为 0.008 kg/m^3，南部水域较低，为 0.004 kg/m^3；冬季，北部水域全潮平均含沙量为 0.009 kg/m^3，中部 0.008 kg/m^3，南部为 0.005 kg/m^3。2009 年 11 月上旬大潮期间，广西科学院于东航道中部与三墩公路中部东侧海域布设 2 个测站，进行周日水文观测，悬沙浓度变化范围为 0.006～0.037 kg/m³，2010 年同期在这 2 个测站的观测结果显示，悬沙浓度变化范围为 0.001～0.007 kg/m³。另据 2010 年春季茅尾海水文调查资料，茅尾海春季含沙量较低，大潮平均含沙量约 0.014～0.019 kg/m³，瞬时峰值最大也仅 0.03 kg/m³。历次含沙量观测资料分析表明，钦州湾海域属低含沙量海域，夏季含沙量大于冬季，茅尾海含沙量大于钦州湾外湾。

6.4.3 防城港湾及邻近海域

防城港湾海域泥沙主要来源于陆域径流来沙、波浪侵蚀海岸以及地表水切割冲刷沿岸地层来沙等几个方面。注入防城港湾河流约有 10 条，多为山溪性河流，除防城河外，其余河流对防城港湾影响甚小。防城河多年平均输沙量 23.7×10⁴ t，最大年输沙量约 39×10⁴ t，年均含沙量约 0.133 kg/m³，属多水少沙河流。防城港西湾的内湾北部海域是防城河输沙影响的最大区域。防城港湾海域以 S-SW 浪为主。由于南海潮波和北部湾反射潮波在湾口口门轴线辐聚，形成高潮位、大潮差、强潮流的特点，有利于波浪冲刷，侵蚀海岸和潮流搬运物质。波浪侵蚀其沿岸边缘形成有海蚀崖及滩地，给海区带来了一定侵蚀物质。此外，港口航道疏浚、沿岸城市开发建设以及围海造地等工程建设也会短期内在局部带来了一定沙源。2007 年 5 月水文观测数据表明，湾内含沙量高于外海，西湾含沙量高于东湾，落潮时含沙量大于涨潮期，呈现出向外海输沙的现象：湾口及外海海域，在整个观测期间含沙量均小于 0.005 kg/m³；东湾内，中潮期含沙量明显小于大潮期，大潮期瞬时最大含沙量仅为 0.022 8 kg/m³；西湾内，同样在中潮期含沙量小于大潮，大潮瞬时含沙量最大可达 0.064 8 kg/m³。本港湾泥沙的运移趋势与水动力条件有关，夏季泥沙自湾口向湾内运移，冬季由湾内向湾外运动。泥沙总的运移趋势与海水流向基本一致，较粗的颗粒在沿岸作横向运动而形成水下沙咀或沙坝。在落潮流扩散和南向波浪的共同作用下，泥沙发生沉积，形成湾口水下拦门沙。

珍珠湾的调查资料较少。珍珠湾顶部有江平河注入，同时另有黄竹江和新绿江两条小溪注入，这几条河流尽管流量较小，但由于该区域为广西沿海降水的高值区，暴雨冲刷以及径流切割沿岸沉积岩层构成了湾内泥沙的来源之一。其次受南到西南向波浪的侵蚀，形成了该海区的又一泥沙来源。同时，白龙半岛东岸的侵蚀物受北部湾气旋式环流的影响，涨潮时泥沙随潮流绕过白龙半岛进入珍珠湾。此外，珍珠湾西面的北仑河、竹排江携带的泥沙部分随涨潮流也进入珍珠湾。从泥沙运移趋势看，涨潮时，悬沙随潮流输运至湾顶受江平江、黄竹江径流顶托作用，在湾内北部、西部沉积，形成大面积潮滩；落潮时，湾内东部泥沙受强潮流作用而带至湾外，西侧泥沙输运至万尾一带逐渐沉积，形成沙堤。

北仑河为中越两国的界河，多年平均流量为 81.2 m³/s，年输沙量约 64×10⁴ t，是该海域泥沙的主要来源；此外，海岸侵蚀产生的泥沙也是海域泥沙重要来源之一。广西科学院 2011 年 5 月的水文调查资料显示，北仑河口含沙量分布约在 0.003~0.07 kg/m³ 之间（图 6-10），落潮时水体含沙量大于涨潮含沙量，但水体含沙量与流速关系不甚明显。北仑河上游来沙在径流作用下，沿着主流方向顺流而下，在独敦岛下游，挟沙水流由东转向东南前进，遇中间沙岛分流后再合流，进入河口开阔地区，由于主流潮沟两侧浅滩的地形限制，尚未落淤的泥沙仍沿着东南向潮沟随落潮流、径流向茶古岛附近的沙嘴地区输送，再通过两个沙嘴中间的深槽流向湾外，进入开阔的北部湾。涨潮时，河口输送至外海以及波流作用再悬浮的泥沙，一部分沿着潮流通道返回至河口，受上游来水来沙的顶托而逐渐落淤；另一部分泥沙则向东输运进入珍珠港附近海域，参与珍珠港海域的底床塑造。

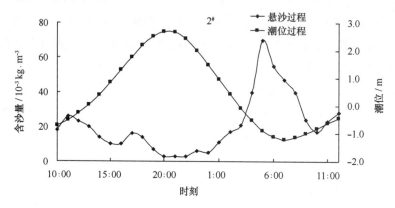

图 6-10　北仑河口 2# 站悬沙过程曲线

综上分析可知，广西沿岸属低含沙量海域，水清沙少，有利于航道、港池维护，适宜港口开发建设。

第7章　广西典型河口海湾水交换能力与污染物扩散数值模拟

:::

本章基于 ECOMSED 数值模型模拟了广西沿海各港湾的水动力及污染物输运特征。由于沿海各港湾的滩涂较多,因此在 ECOMSED 模型基础上嵌入了干/湿网格,模拟了铁山港、廉州湾、钦州湾、防城港至北仑河的潮汐与潮流特征,并计算了各港湾的纳潮量。同时基于污染物输运模型,以溶解态保守物质的浓度为示踪剂构建水交换模型从而计算各港湾的水交换半周期以及水交换80%周期。以2010年调查的各港湾COD浓度为基础,通过构建污染物输运模型模拟了北仑河、钦州湾、廉州湾不同季节的COD输运及分布特征,重点研究了不同季节河流排放对港湾的污染物浓度分布影响。此外,以钦州湾的保税港区为例分析了围填海对钦州湾污染物浓度分布的影响。

7.1　数值模型介绍

本章采用美国普林斯顿大学河口陆架海洋模式(ECOMSED)构建潮流模型来模拟广西近海各港湾的潮流潮汐特征。该模式采用真实的地形和岸界,模拟过程提供海域潮汐水位(由潮汐调和常数给出)作为潮汐模型的开边界条件。

(1)水动力和热力方程

方程采用直角坐标系(x 东向为正,y 北向为正,z 向上为正),自由表面和底边界的方程分别为:$z = \eta(x, y, t)$ 和 $z = -H(x, y)$。

连续方程为:

$$\nabla \cdot \bar{V} + \frac{\partial W}{\partial z} = 0, \tag{7-1}$$

式中,$\bar{V}$ 为水平流速,W 为垂向速度。

$$\frac{\partial U}{\partial t} + \bar{V} \cdot \nabla U + W \frac{\partial U}{\partial z} - fV = -\frac{1}{\rho_0} \frac{\partial P}{\partial x} + \frac{\partial}{\partial z}\left(K_M \frac{\partial U}{\partial z}\right) + F_x, \tag{7-2}$$

$$\frac{\partial V}{\partial t} + \bar{V} \cdot \nabla V + W \frac{\partial V}{\partial z} + fU = -\frac{1}{\rho_0} \frac{\partial P}{\partial y} + \frac{\partial}{\partial z}\left(K_M \frac{\partial V}{\partial z}\right) + F_y, \tag{7-3}$$

$$\rho g = -\frac{\partial P}{\partial Z}, \tag{7-4}$$

式中,U 为水平 x 轴流速,V 为水平 y 轴流速,t 为时间坐标,F_x 和 F_y 为湍流扩散项,ρ_0 为海水的参考密度,ρ 为海水的现场密度,g 为重力加速度,P 为压力,K_M 是湍流动量混合的垂向扩散系数, f 为科氏参数($f = f_0 + \beta y$)。

深度 z 处的压力由 z 处积分到自由表面:

$$P(x,y,z,t) = P_{atm} + \int_z^\zeta \rho g \mathrm{d}z = P_{atm} + g\rho_0 \eta + g\int_z^0 \rho(x,y,z',t)\mathrm{d}z', \quad (7-5)$$

式中, P_{atm} 为常数。

温盐守恒方程:

$$\frac{\partial \theta}{\partial t} + \bar{V} \cdot \Delta\theta + W\frac{\partial \theta}{\partial z} = \frac{\partial}{\partial z}\left(K_H \frac{\partial \theta}{\partial z}\right) + F_\theta, \quad 7-6)$$

$$\frac{\partial S}{\partial t} + \bar{V} \cdot \Delta S + W\frac{\partial S}{\partial z} = \frac{\partial}{\partial z}\left(K_H \frac{\partial S}{\partial z}\right) + F_S, \quad (7-7)$$

式中, θ 、 S 分别为位温和盐度, K_H 为 θ 和 S 湍混合的垂直涡度扩散系数。

F_x ， F_y ， $F_{\theta,s}$ 为水平湍流扩散项:

$$F_x = \frac{\partial}{\partial x}\left(2A_M\frac{\partial U}{\partial x}\right) + \frac{\partial}{\partial y}\left[A_M\left(\frac{\partial U}{\partial y} + \frac{\partial V}{\partial x}\right)\right], \quad (7-8)$$

$$F_y = \frac{\partial}{\partial y}\left(2A_M\frac{\partial V}{\partial y}\right) + \frac{\partial}{\partial x}\left[A_M\left(\frac{\partial U}{\partial y} + \frac{\partial V}{\partial x}\right)\right], \quad (7-9)$$

$$F_{\theta,s} = \frac{\partial}{\partial x}\left(A_H\frac{\partial(\theta,S)}{\partial x}\right) + \frac{\partial}{\partial y}\left[A_H\left(\frac{\partial(\theta,S)}{\partial y}\right)\right]. \quad (7-10)$$

(2)边界条件

a. 自由表面边界条件

$$\rho_0 K_M\left(\frac{\partial U}{\partial z}, \frac{\partial V}{\partial z}\right) = (\tau_{0x}, \tau_{0y}), \quad (7-11)$$

$$\rho_0 K_H\left(\frac{\partial \theta}{\partial z}, \frac{\partial S}{\partial z}\right) = (H, S), \quad (7-12)$$

$$q^2 = B_1^{2/3} U_{\tau s}^2, \quad (7-13)$$

$$q^2 l = 0, \quad (7-14)$$

$$W = U\frac{\partial \eta}{\partial x} + V\frac{\partial \eta}{\partial y} + \frac{\partial \eta}{\partial t}, \quad (7-15)$$

式中, (τ_{0x}, τ_{0y}) 为表层风应力, $U_{\tau s}$ 为摩擦速度, $B_1^{2/3}$ 为经验常数, H 为海洋的净热通量, $S = S(0)[E-P]/\rho_0$, $[E-P]$ 为蒸发与降水量之差, $S(0)$ 为表层盐度。

b. 底边界条件

$$\rho_0 K_M\left(\frac{\partial U}{\partial z}, \frac{\partial V}{\partial z}\right) = (\tau_{bx}, \tau_{by}), \quad (7-16)$$

$$q^2 = B_1^{2/3} U_{\tau b}^2, \quad (7-17)$$

$$q^2 l = 0, \quad (7-18)$$

$$W_b = -U_b\frac{\partial H}{\partial x} - V_b\frac{\partial H}{\partial y}, \quad (7-19)$$

式中，$H(x,y)$ 为底地形，$u_{\tau b}$ 为摩擦速度，与底摩擦应力 (τ_{bx}, τ_{by}) 有关，$\vec{\tau}_b = \rho_0 C_D \mid V_b \mid V_b$，拖曳系数 C_D 的表达式为 $C_D = \left[\frac{1}{\kappa} \ln(H + z_b)/z_0 \right]^{-2}$。

c. 侧边界条件

包括温盐侧边界条件和水位强迫边界条件，该项目中采用辐射边界条件，以调和常数作为强迫。

$$\frac{\partial}{\partial t}(\theta, S) + U_n \frac{\partial}{\partial n}(\theta, S) = 0, \tag{7-20}$$

$$\zeta_i(t) = H_i \cos(\sigma_i t - g_i), \tag{7-21}$$

式中，σ_i 为各分潮的角速率，本项目中为 K_1、O_1、P_1、M_2、S_2 与 N_2 等 6 个分潮的角速率；H_i，g_i 分别为各分潮的振幅和迟角，调和常数来自于俄勒冈大学的中国海潮汐模型，该模型的水平分辨率为 $(1/30)°$。

（3）污染物输运

$$\frac{\partial C}{\partial t} + \frac{\partial Cu}{\partial x} + \frac{\partial Cv}{\partial y} + \frac{\partial Cw}{\partial z} = \frac{\partial}{\partial z}\left(K_H \frac{\partial C}{\partial z}\right) + F_C + kC, \tag{7-22}$$

式中，F_C 为水平扩散项，而 k 为衰减系数，对应非保守性污染物，若为保守行污染物，k 为 0。

（4）干/湿网格法

水动力模型：

由于近海港湾滩涂多，因此设置最小水深 $\varepsilon = 0.1\,\mathrm{m}$，当 $(D_{i-1,j} + D_{i,j}) \times 0.5 \leq \varepsilon$ 时水点干出，若 $(D_{i-1,j} + D_{i,j}) \times 0.5 > \varepsilon$ 时参与计算，其中 $D = H + \eta$，H 为相对于平均海平面的水深，η 代表水位。

若 $(D_{i-1,j} + D_{i,j}) \times 0.5 \geq \varepsilon$，当 $D_{i-1,j} > 0$ 且 $D_{i,j} > 0$ 时，$u_{i,j}$ 用动量方程计算，其余情况为 0；当 $D_{i,j-1} > 0$ 且 $D_{i,j} > 0$ 时，$v_{i,j}$ 用动量方程计算，其余情况为 0。

污染物输运模型：

若 $(n-1)\Delta t$ 时刻为湿点，而 $n\Delta t$ 时刻为干点，则设 $n\Delta t$ 时刻的浓度值等于 $(n-1)\Delta t$ 的浓度值，该点跳出计算。

（5）纳潮量计算公式

以一个涨潮或落潮周期内通过横向断面的水量作为某港湾的纳潮量，如式（7-23）所示，断面设置见后述章节。

$$Q = \int_{t1}^{t2}(Q_u + Q_v)\,\mathrm{d}t, \tag{7-23}$$

式中，Q 代表一个涨潮或落潮周期内的纳潮量，Q_u 代表 x 方向的水量通量，Q_v 代表 y 方向的水量通量，潮流流速采用垂向平均结果。

广西近岸各港湾的计算区域如图 7-1 中的红色框所示，分别是铁山港、廉州湾、钦州湾以及防城港湾至北仑河段。

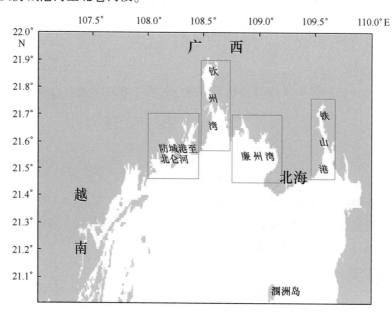

图 7-1　广西岸线分布及沿岸港湾模拟区域的分布（红色框）

选取钦州湾东南部离岸较远的海流观测点来验证模型的准确性，坐标为 21°39′45″N，108°38′53″E，海流观测时间为 2009 年 11 月 10 日的上午 10：00 至 11 月 11 日的上午 10：00。观测表明，钦州湾的表层平均落潮流速为 0.6 m/s，平均涨潮流速为 0.36 m/s，落潮时间为 11 h，涨潮时间为 14 h。底层的转向流时刻、涨潮时间、落潮时间与表层基本一致。受底摩擦力影响，底层的流速值小于表层流速，底层的平均落潮流和涨潮流的流速分别为 0.46 m/s 和 0.29 m/s。图 7-2 中的黑色线代表观测值，蓝色线代表模拟值，从图中可以看出二者基本吻合，但模拟值比观测值略小，这与模型只采用潮汐驱动未考虑季风等强迫因子有关。同时观测值和模拟结果都显示钦州湾呈典型的全日潮流特征，落潮流流速略大于涨潮流流速。

7.2　典型河口海湾水交换能力计算

7.2.1　铁山港湾

7.2.1.1　研究区域

铁山港湾是一个狭长的海湾，似喇叭状，呈 N-S 走向，水域南北长约 40 km，东西最宽处 10 km，一般宽 4 km，海域面积 12 万 km²，是我国大陆上离欧洲、非洲、中亚、西亚最近的港口。铁山港区的建港自然条件非常优越，天然深水岸线长、自然掩

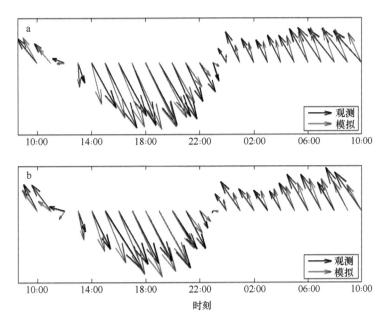

图 7-2　钦州湾表层（a）和底层（b）的模拟值与海流观测数据的验证结果

护条件好、波浪小、泥沙来源少、潮差大，航道港池易于维护，容易开发建设成深水大港。渔业资源丰富，有经济鱼类 500 多种，年捕捞量 $34×10^4 \sim 40×10^4$ t，同时也是世界著名的"南珠"产地。沿海滩涂是珍珠、牡蛎、对虾、文蛤、青蟹、方格星虫等优质海产品的天然养殖场。铁山港发达的养殖业也促使沿岸的入海排污量不断增加，因此有必要分析该区域的海流特征，为环境保护提供科学参考。铁山港的计算区域如图 7-3 所示，网格数分为 $129×179$，水平分辨率为 0.1′，约为 172 m。由于计算区域的最大水深为 20.76 m，因此垂向上分为 7 个 sigma 层，同时上边界层和底边界层加密处理。

7.2.1.2　水动力模型

图 7-4 为模拟区域内整个铁山港平均的水位时间序列（x 轴为模拟天数；y 轴为水位值，单位：m），可以发现模型运行 3 d 后水位达到稳定状态。铁山港的平均潮差为 1.85 m，最大潮差为 3.72 m，发生在落潮时。平均涨潮时为 8.02 h，最长涨潮时为 16 h。而平均落潮时为 6.8 h，最长落潮时为 9 h，涨潮时大于落潮时，铁山港为不正规全日潮。

图 7-5 和图 7-6 分别为铁山港大潮期间表层流的落急和涨急图。落急时，铁山港的最大潮流流速为 1.2 m/s，平均潮流流速为 0.43 m/s。潮流流向基本与地形平行，在湾顶为 SW 向，在湾中段为 SE 向，在湾口处又为 SW 向。涨急时，最大潮流流速为 0.86 m/s，平均流速为 0.31 m/s，小于落急时流速。涨急时湾口处的流向为 NE 向，在湾中段为 NW 向，在湾顶又转为 NE 向。总的来讲，铁山港的潮流呈往复流性质，水深较深处潮流流速较大。

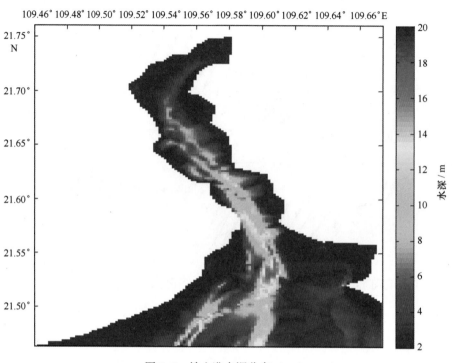

图 7-3 铁山港水深分布（cm）

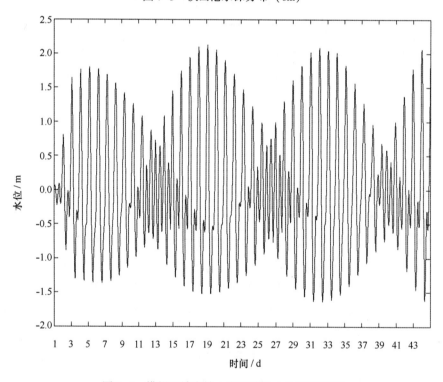

图 7-4 模拟区域内铁山港平均的水位时间序列

109.46° 109.48° 109.50° 109.52° 109.54° 109.56° 109.58° 109.60° 109.62° 109.64° 109.66°E

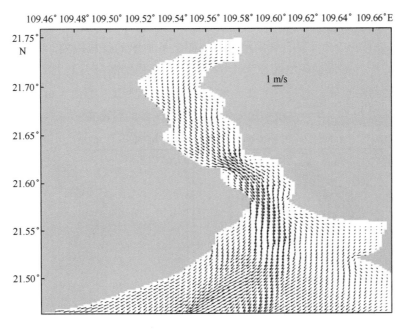

图 7-5　铁山港大潮期间落潮中间时表层海流分布

109.46° 109.48° 109.50° 109.52° 109.54° 109.56° 109.58° 109.60° 109.62° 109.64° 109.66°E

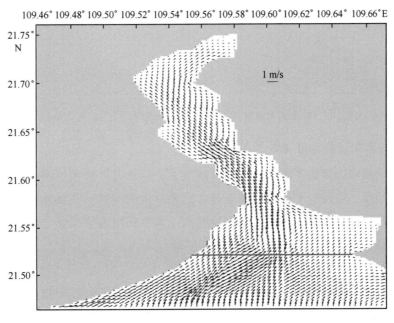

图 7-6　铁山港大潮期间涨潮中间时表层海流分布

7.2.1.3 纳潮量的分析和计算

根据公式（7-23）计算，铁山港内湾（图7-6所示的红线以内）小潮期间的纳潮量为 $3.5 \times 10^8 \, m^3$，大潮期间纳潮量为 $4.0 \times 10^8 \, m^3$，平均纳潮量为 $3.75 \times 10^8 \, m^3$。从图7-7可以看出大潮期间最大潮差发生在区域 $21.68° \sim 21.73°N$，约为 4 m，越往湾外潮差越小，在航道处约为 3.7 m，最小潮差发生在模拟区域的西南角。

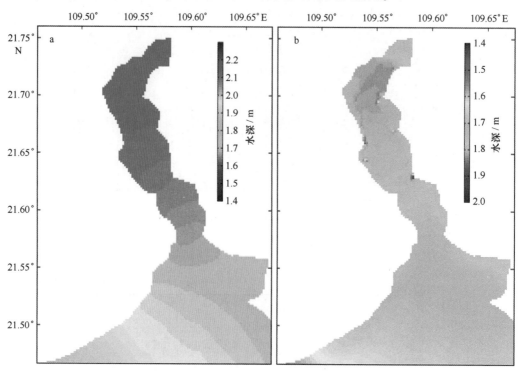

图7-7 铁山港大潮期间高潮时（a）和低潮时（b）水位分布

7.2.1.4 水体交换能力数值计算与分析

海洋水交换能力表征着海湾的物理自净能力，是研究评价和预测海湾环境质量的重要指标和手段，可用粒子追踪法和染色实验来分析海域的水交换能力，但粒子追踪法忽略了扩散过程，低估了海域的水交换能力。本节利用溶解态保守物质的浓度为示踪剂，建立该海湾水交换数值模式。湾内的初始污染物浓度设置为 1 mg/L，湾外的污染物浓度设为 0。模型稳定之后，运行污染物扩散模型共 44 d，每小时输出 1 次全场污染物浓度值，再积分所关心区域的污染物剩余总量，通过剩余污染物占总量的百分比来计算累计水交换率，得到每天的水交换率，达到稳定时作为日均水交换率。

随着湾外污染物浓度为 0 的海水进入，铁山港的污染物浓度不断降低，铁山港湾垂向平均的保守性污染物浓度逐时变化曲线如图7-8所示，黑色曲线为逐时浓度变化，蓝色曲线为日平均浓度变化（其中蓝色星号代表日平均浓度），曲线整体上呈下降趋势，但也存在潮周期变化引起的浓度振荡特征。日平均浓度曲线（黑色线）表明铁山港污染物浓度为 0.5 mg/L 的时间约为 6.8 d，由于初始浓度为 1 mg/L，因此铁山港水体交换半周期为 6.8 d，而水体交换 80% 的时间约为 26 d，随后水体交换速率逐渐减弱。

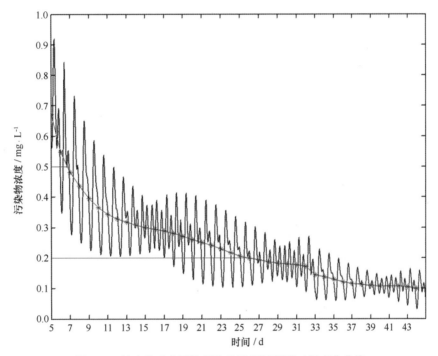

图 7-8　铁山港垂向平均污染物浓度随模拟时间变化曲线

　　另外，污染物浓度的空间变化（图 7-9）可以看出污染物浓度最大值不是在湾顶，而是在湾中段，即区域 21.68°~21.73°N，这是因为铁山港的地形从航道处向北水域变宽，但再往西北处，水道又变窄，因此污染物浓度堆积在湾中段，与该区域相对较小的潮流流速相对应。

7.2.2　廉州湾

7.2.2.1　研究区域

　　廉州湾位于北海市北侧，湾口朝西半开放，呈半圆状，大致范围为西从大风江东岸大木神起顺岸往东南向至北海市的冠头岭。海湾口门宽 17 km，海湾面积 190 km²，其中滩涂面积 100 km²。湾内平均水深 5 m，最大水深约为 10 m。海湾沿岸河流较多，其中包括广西沿海最大的南流江，属于典型的河口湾，巨大的径流带来大量的入海泥沙。

　　廉州湾的计算区域如图 7-10 所示，网格数分为 101×177，水平分辨率为 0.15′，约为 258 m。垂向上分为 7 个 sigma 层，同时上边界层和底边界层加密处理。

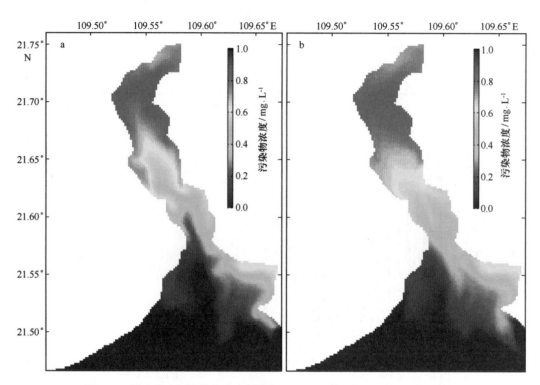

图 7-9　铁山港表层污染物在大潮高潮时（a）和低潮时（b）的浓度分布

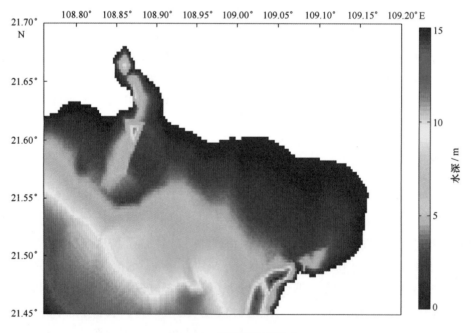

图 7-10　廉州湾水深分布

7.2.2.2　水动力模型

图 7-11 为模拟区域内平均的水位时间序列，平均潮差为 2.59 m，最大潮差为 3.8 m。平均涨潮历时为 8.2 h，最长涨潮历时为 11 h。而平均落潮历时为 10.6 h，最长落潮历时为 16 h，落潮历时大于涨潮历时。

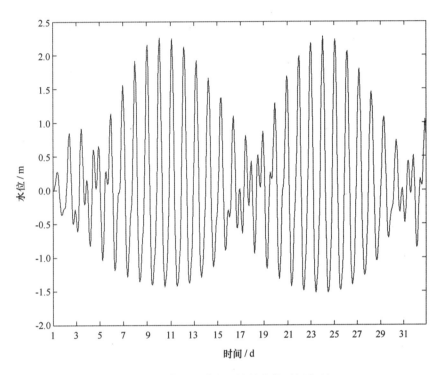

图 7-11　模拟区域内平均的水位时间序列

图 7-12 为大潮期间表层流的落急和涨急图。落急时，廉州湾（红框以内）的最大潮流流速为 0.55 m/s，平均潮流流速为 0.1 m/s。潮流流向基本西偏南向。涨急时，最大潮流流速为 1.42 m/s，平均流速为 0.17 m/s。

7.2.2.3　纳潮量的分析和计算

根据公式（7-23）计算，廉州湾（图 7-12 所示的右端红线以东）小潮期间的纳潮量为 9.3×10^8 m³，大潮期间纳潮量为 9.8×10^8 m³，平均纳潮量为 9.55×10^8 m³。从图 7-13 可以看出整个模拟区域的空间潮差变化不小，廉州湾的水位都比外海的要高，高潮时从西南沿东北方向水位逐渐升高，而低潮时模拟区域中间有一低水位的弧形带。整个模拟区域的潮差值较大，其中廉州湾的潮差约为 3.9 m。

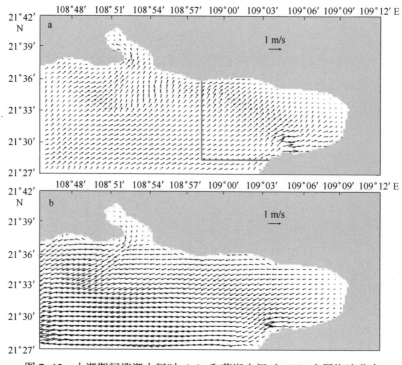

图 7-12　大潮期间涨潮中间时（a）和落潮中间时（b）表层海流分布

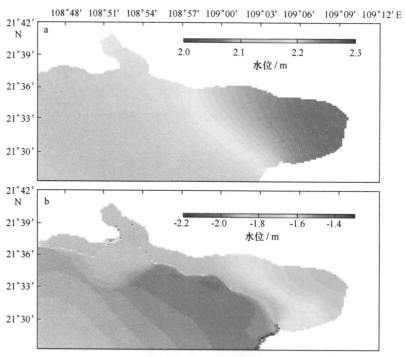

图 7-13　大潮期间高潮时（a）和低潮时（b）水位分布

7.2.2.4 水体交换能力数值计算与分析

利用溶解态保守物质的浓度为示踪剂，建立该海湾水交换数值模式。湾内的初始污染物浓度设置为 1 mg/L，湾外的污染物浓度设为 0。模型稳定之后，运行污染物扩散模型共 30 d，每小时输出一次全场污染物浓度值，再积分所关心区域的污染物剩余总量，通过剩余污染物占总量的百分比来计算累计水交换率，得到每天的水交换率，达到稳定时作为日均水交换率。整体上呈下降趋势，但也存在潮周期变化引起的浓度振荡特征。图 7-14 黑色线为逐时浓度变化，蓝色线为日平均浓度变化（其中蓝色星号代表日平均浓度值），日平均浓度曲线表明廉州湾污染物浓度为 0.5 mg/L 的时间约为 7 d，由于初始浓度为 1 mg/L，因此廉州湾水体交换半周期为 7 d，而水体交换 80% 的时间约为 30 d。

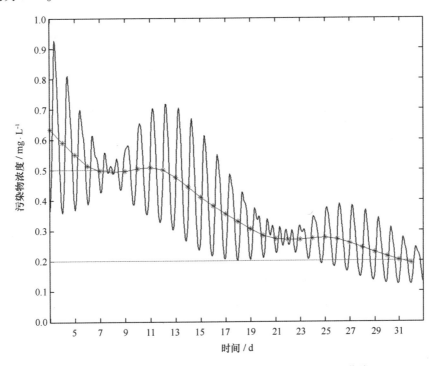

图 7-14 廉州湾垂向平均污染物浓度随模拟时间变化曲线

7.2.3 钦州湾

7.2.3.1 研究区域

钦州湾属南亚热带季风气候，具有典型的亚热带海洋季风气候特点。高温多雨，干湿季节分明，夏无酷暑，冬无严寒，季风盛行。钦州湾为降水资源较丰富的海湾，多年平均年降水量为 2 057.7 mm，年平均降水日数在 169.8～135.5 d 之间。全年的降水量多集中在4—10月份，约占全年降雨量的90%。根据统计资料，钦州湾年平均风速在2.7~3.9 m/s之间。平均风速分布特点是湾中居首，湾口次之，湾顶的钦州市最弱。2月的风速值最高，4月或8月、9月最低。冬半年（10月至翌年3月）的风速均在平均值之上；夏半年（4—9月）的风速值在平均值之下。钦州湾的风向以北风为主，南风次之。风向的季节性变化明显：冬半年盛行偏北气流，局地风向以北风为主；夏半年盛行偏南气流，以偏南风为主。季风交替期间的风向多变，平均风速也较小。历年各月的最大风速为西风（30 m/s），其次为东风和东北风，再次为西北风和南风。

钦州湾的计算区域如图7-15所示，网格数分为105×134，水平分辨率为0.15′，约为258 m。垂向上分为7个sigma层，同时上边界层和底边界层加密处理。

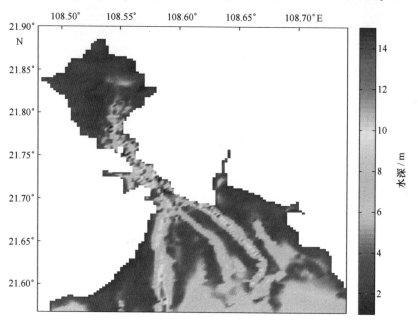

图7-15　钦州湾水深分布

7.2.3.2　水动力模型

图7-16为模拟区域内整个钦州湾平均的水位时间序列，可以发现模型运行3 d后水位达到稳定状态。钦州湾的平均潮差为2.8 m，最大潮差为4.25 m，发生在涨潮时。平均涨潮时为11.4 h，最长涨潮时为16 h。而平均落潮时为8.7 h，最长落潮时为12 h，涨潮时大于落潮时，钦州湾为不正规全日潮。

图7-17和图7-18分别为钦州湾大潮期间表层流的落急和涨急图。落急时，钦州湾的最大潮流流速为2.13 m/s，平均潮流流速为0.43 m/s。潮流流向基本与地形平行，除了航道处为SE向，其他区域基本为SW向。涨急时，最大潮流流速为1.23 m/s，平

均流速为0.23 m/s，小于落急时流速除了航道处为NW向，其他区域基本为NE向。总的来讲，钦州湾的潮流呈往复流性质，航道处潮流流速较大。

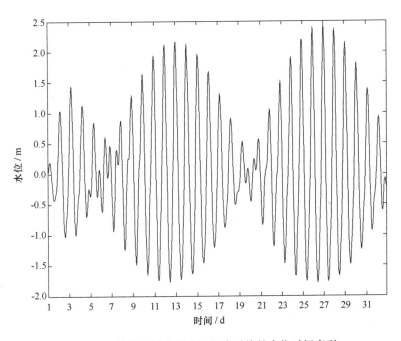

图7-16　模拟区域内整个钦州湾平均的水位时间序列

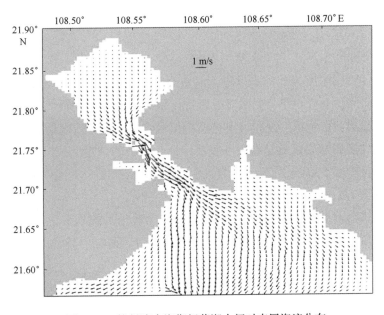

图7-17　钦州湾大潮期间落潮中间时表层海流分布

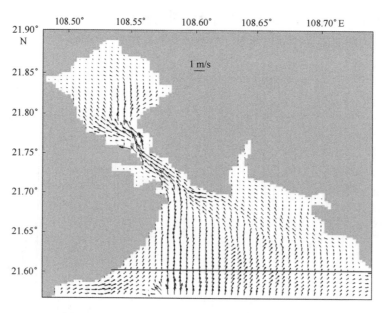

图7-18 钦州湾大潮期间涨潮中间时表层海流分布

7.2.3.3 纳潮量的分析和计算

根据公式（7-23）计算，钦州湾内湾（图7-18所示的红线以内）小潮期间的纳潮量为 7.78×10^8 m³，大潮期间纳潮量为 14.0×10^8 m³，平均纳潮量为 10.8×10^8 m³。从图7-19可以看出大潮期间最大潮差发生在航道处，约为 4.5 m，其次为茅尾海，约为 4.2 m。

7.2.3.4 水体交换能力数值计算与分析

随着湾外污染物浓度为 0 的海水进入，钦州湾的污染物浓度不断降低，垂向平均和整个钦州湾平均的保守性污染物浓度逐时变化曲线如图7-20所示，黑色线为逐时浓度变化，蓝色线为日平均浓度变化（其中蓝色星号代表日平均浓度值），整体上呈下降趋势，但也存在潮周期变化引起的浓度振荡特征。日平均浓度曲线（黑色线）表明钦州湾污染物浓度为 0.5 mg/L 的时间约为 7 d，由于初始浓度为 1 mg/L，因此钦州湾水体交换半周期为 7 d，而水体交换 80% 的时间约为 28 d。

另外，污染物浓度的空间变化（图7-21）可以看出污染物浓度最大值在茅尾海，尤其是低潮时段，整个茅尾海（除了茅尾海东南区域）都较少与外海水交换。

7.2.4 防城港湾至北仑河口

7.2.4.1 研究区域

防城港市地处北回归线以南低纬度地区，属于亚热带海洋性季风气候，冬季温暖，

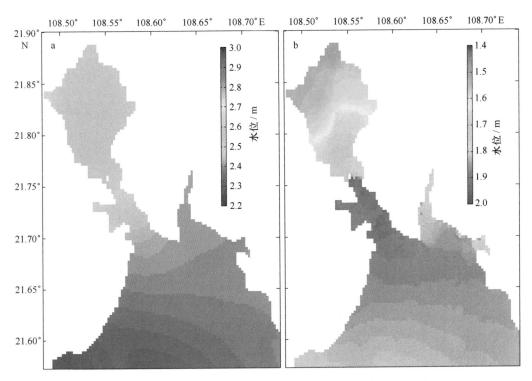

图 7-19 钦州湾大潮期间高潮时（a）和低潮时水位（b）分布

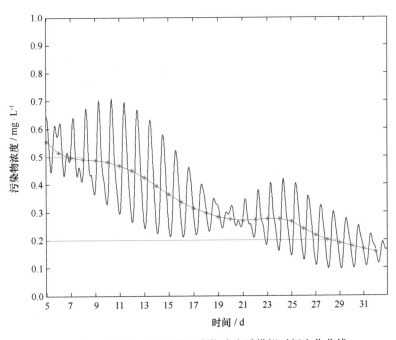

图 7-20 钦州湾垂向平均污染物浓度随模拟时间变化曲线

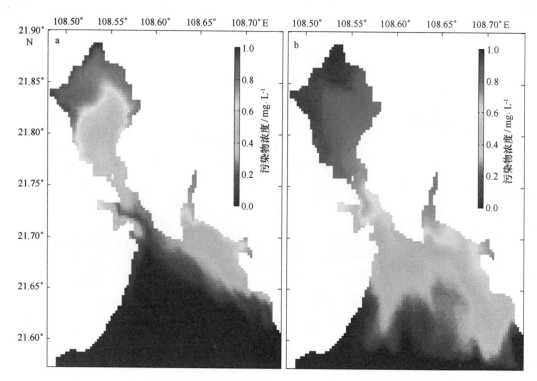

图 7-21　钦州湾大潮期间高潮时（a）和低潮时水位（b）表层污染物浓度分布

夏季多雨，季风明显。常年平均降水量为 2 102.2 mm，大部分集中在 6—8 月，占全年平均降水量的 71%。1—8 月雨量逐月增加，8 月为高峰期；9—12 月逐月递减，12 月雨量最少。防城港多年平均风速为 3.1 m/s。月平均最大风速出现在 12 月，为 3.9 m/s，其次是 1 月和 2 月，为 3.7 m/s；最小平均风速出现在 8 月，为 2.3 m/s。防城港市的常风向为 NNE，频率为 30.9%；次常风向为 SSW，频率为 8.5%；强风向为 E，频率为 4.7%。

　　防城港湾至北仑河的计算区域如图 7-22 所示，网格数分为 275×145，水平分辨率为 0.1′，约为 172 m。垂向上分为 7 个 sigma 层，同时上边界层和底边界层加密处理。

7.2.4.2　水动力模型

　　图 7-23 为模拟区域内平均的水位时间序列，平均潮差为 2.7 m，最大潮差为 3.74 m。平均涨潮历时为 11.1 h，最长涨潮历时为 15 h。而平均落潮历时为 8.8 h，最长落潮历时为 13 h，涨潮历时大于落潮历时。

　　图 7-24 和图 7-25 分别为大潮期间表层流的落急和涨急图。落急时，防城港湾（模拟区域右端红线以内）的最大潮流流速为 1.17 m/s，平均潮流流速为 0.25 m/s。潮流流向基本与地形平行，除了航道处为 SE 向，其他区域基本为 SW 向。涨急时，最大潮流流速为 0.97 m/s，平均流速为 0.2 m/s。北仑河区域（模拟区域左端红线以内）落

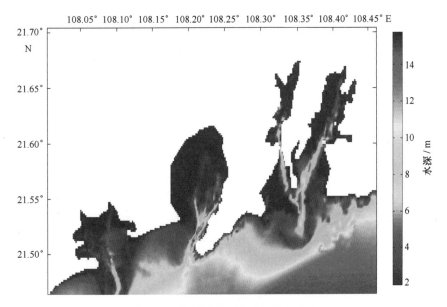

图7-22 防城港湾至北仑河水深分布

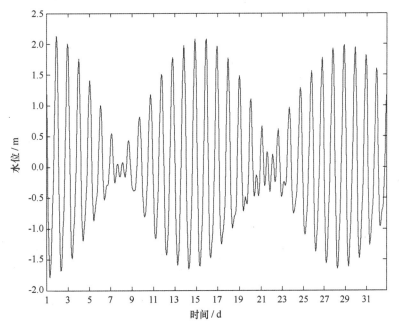

图7-23 模拟区域内平均的水位时间序列

急时最大潮流流速为0.5 m/s,平均潮流流速为0.21 m/s。潮流流向基本与地形平行,除了航道处为SE向,其他区域基本为SW向。涨急时,最大潮流流速为0.39 m/s,平均流速为 0.15 m/s。

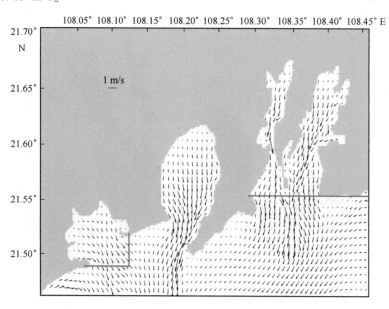

图 7-24　大潮期间落潮中间时表层海流分布

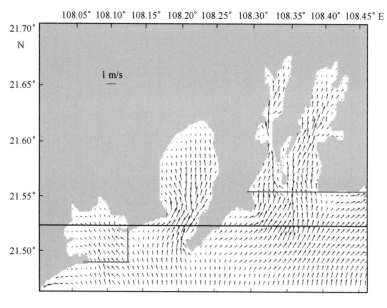

图 7-25　大潮期间涨潮中间时表层海流分布

7.2.4.3　纳潮量的分析和计算

根据公式（7-23）计算，防城港湾（图 7-25 所示的右端红线以北）小潮期间的

纳潮量为 $2.6×10^8$ m³，大潮期间纳潮量为 $3.0×10^8$ m³，平均纳潮量为 $2.8×10^8$ m³。而北仑河（图7-25 所示的左端红线以内）平均纳潮量为 $0.6×10^8$ m³。从图7-26 可以看出整个模拟区域的空间潮差变化较小，例如防城港东湾东北角的潮差约为 3.3 m，北仑河内的潮差约为 3.15 m，仅相差 0.15 m。

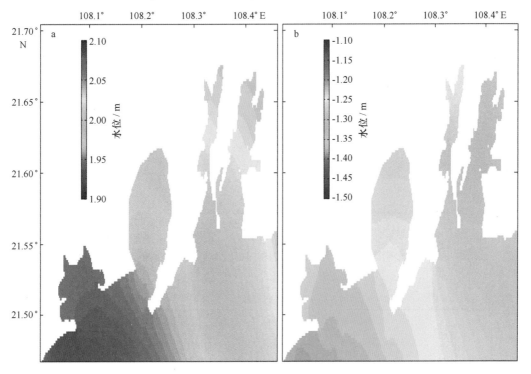

图7-26 大潮期间高潮时（a）和低潮时水位（b）分布

7.2.4.4 水体交换能力数值计算与分析

随着湾外污染物浓度为 0 的海水进入，防城港的污染物浓度不断降低，防城港湾垂向平均的保守性污染物浓度逐时变化曲线如图7-27 所示，整体上呈下降趋势，但也存在潮周期变化引起的浓度振荡特征。日平均浓度曲线（蓝色线）表明防城港污染物浓度为 0.5 mg/L 的时间约为 4 d，由于初始浓度为 1 mg/L，因此防城港湾水体交换半周期为 4 d，而水体交换 80% 的时间约为 32 d。相反，北仑河的水体交换半周期长于防城港，约为 4.5 d，这是因为北仑河的潮流流速小于防城港的潮流流速，而潮流流速是控制短时间内水体交换能力的主要因子。但北仑河水体交换 80% 的时间却短于防城港，为 29 d，这是因为北仑河整体海域开阔，与外海交换面积多。

图7-28 黑色线为污染物逐时浓度变化，蓝色线为日平均浓度变化（其中蓝色星号代表日平均浓度值），从图中可以看出经历过涨潮阶段的高潮时大部分区域被干净的外海水体替换（图7-28a），而低潮时防城港内湾和北仑河还是为较高浓度的污染物占

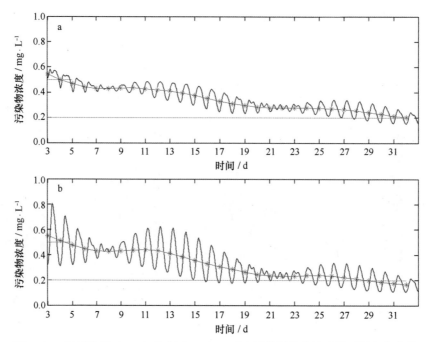

图7-27 防城港湾（a）与北仑河口（b）垂向平均污染物浓度随时间变化曲线

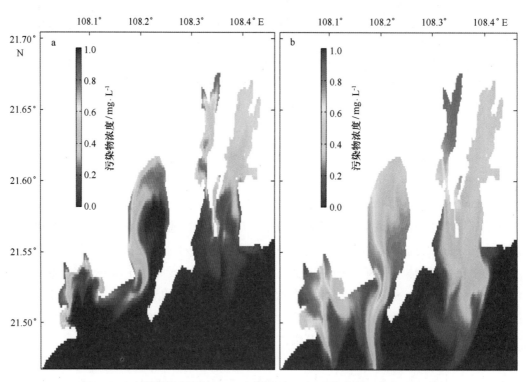

图7-28 大潮期间高潮时（a）和低潮时（b）水位表层污染物浓度分布

据，尤其在防城港西湾的湾顶，由于水交换能力较弱，平均浓度约为 0.8 mg/L。但珍珠湾的东侧则被干净的外海水替换，与该处较强的潮流流速及开阔的海域有关。

7.3 典型河口海湾污染物扩散数值模拟

7.3.1 廉州湾

由于南流江的径流量在广西沿海的河流中是最大的，因此本节主要讨论不同季节南流江的污染物排放对廉州湾的影响。根据调查资料，南流江的夏季和冬季的气候态径流量分别为 392.03 m³/s 和 65.97 m³/s，而污染物浓度都设置为 1.9 mg/L。由图 7-29 可知，在仅考虑潮汐和河流驱动下，南流江的 COD 排放对廉州湾的 COD 浓度起重要作用，尤其夏季时在较强的羽状流作用下，1.5 mg/L 的等值线占据了廉州湾 1/3 的面积。与冬季相比，夏季南流江口高浓度的 COD 占据面积则与羽状流面积相对应，夏季 1.5 mg/L 的面积（图 7-29a）约为冬季（图 7-29b）的 3.6 倍。

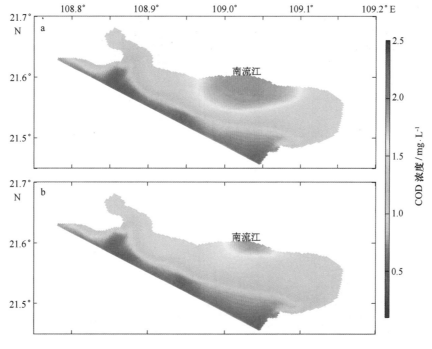

图 7-29 夏季（a）和冬季（b）廉州湾表层 COD 浓度月平均值

7.3.2 钦州湾

（1）秋季

由于潮汐与潮流对近岸浅海的水动力特征起决定性作用，因此本节仅考虑潮汐与河流驱动下的污染物浓度分布情况。根据多年观测资料，秋季（选取 10 月份）钦江和茅岭江的气候态径流量分别为 35.84 m³/s 和 83.26 m³/s，而 COD 秋季气候态排放量分别为 6.9 mg/L 和 1.5 mg/L。另外，污染物输运模型中 COD 初始浓度与开边界浓度根据 2010 年秋季的调查结果进行设置，分别设为 1.07 mg/L 与 0.59 mg/L。

模型模拟 1 个月，河流采取连续排放方式。大潮期间表层 COD 浓度分布如图 7-30 和 7-31 所示。由于外海清洁水的进入，湾口的 COD 浓度较低且低于初始浓度。高潮时 0.7 mg/L 的浓度值基本占据 21.7°N 以南区域，6 mg/L 的浓度值呈弧形分布占据整个茅尾海北部，茅尾海的其他区域平均浓度值约为 2 mg/L。而低潮时 0.7 mg/L 的浓度值只占据湾口区域，但茅尾海的 COD 浓度较高，约为 5 mg/L，且一直向南扩散直至龙门。事实上，茅尾海的高浓度 COD 来源于河流的排放，其中以钦江的排放影响最大。时间序列曲线（图 7-32）表明 COD 浓度变化既有大、小潮的周期变化，又带有日振荡，逐时浓度最大值为 1.27 mg/L，日平均浓度最大值为 0.995 8 mg/L。

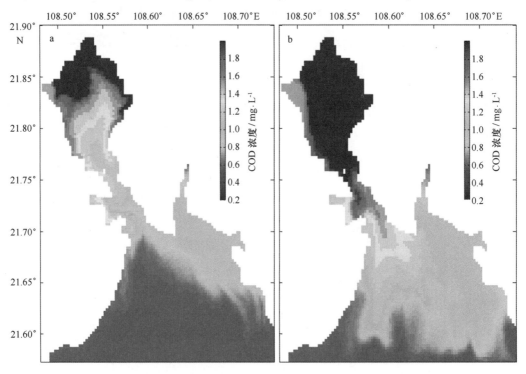

图 7-30　钦州湾大潮期间高潮时（a）和低潮时（b）表层 COD 浓度分布

（2）夏季

由于钦州湾 COD 的夏季调查发生在 6 月份，因此本节选取 6 月份的河流径流量来驱动模型。6 月份钦江与茅岭江的气候态径流量分别为 134 m³/s 与 136 m³/s，分别为秋季径流量的 3.6 倍与 1.6 倍。根据 2010 年 6 月份钦州湾的 COD 调查结果，COD 输运

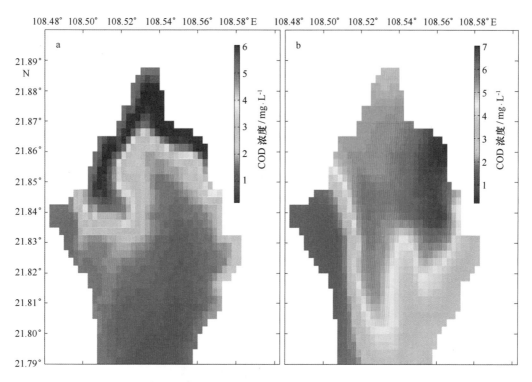

图7-31 茅尾海大潮期间高潮时（a）和低潮时（b）表层COD浓度分布

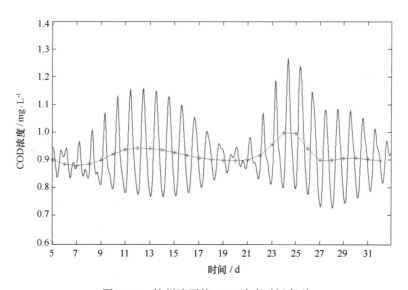

图7-32 钦州湾平均COD浓度时间序列

模型的初始值与开边界值分别设为1.63 mg/L与1.18 mg/L。

为保证夏季与秋季的对比性，河流输出的COD浓度保持不变，即钦江与茅岭江的

COD 排放量仍为 6.9 mg/L 和 1.5 mg/L。夏季与秋季的 COD 分布结果如图 7-33 所示，可以发现由于夏季的初始浓度与开边界浓度都大于秋季，因此夏季龙门水道与湾南部的 COD 平均值比秋季约高 1 mg/L。另外，由上文可知钦江对钦州湾的 COD 浓度起主导作用，而夏季的钦江径流量是秋季的 3.6 倍，因此在羽状流冲刷下夏季整个 COD 高值区向南扩展并影响至金鼓江一带，而秋季河流排放造成的 COD 高值区仅在茅尾海一带，可见夏季河流的污染物排放要引起重视。

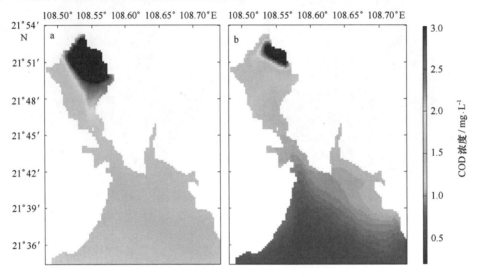

图 7-33　钦州湾夏季（a）与秋季（b）表层 COD 浓度月平均值

7.3.3　北仑河口

（1）冬季

冬季（选取 1 月份）北仑河的气候态径流量为 94.29 m³/s，COD 气候态排放量为 0.85 mg/L。根据 2010 年的调查结果，北仑河的 COD 初始浓度和开边界浓度分别设为 1.2 mg/L 和 1.0 mg/L。

大潮期间的表层 COD 浓度分布如图 7-34 所示。高潮时（图 7-34a），由于前面涨潮流的作用，外海水不断和内湾的高浓度水交换，因此降低了湾内 COD 浓度，约为 0.8 mg/L。但低潮时（图 7-34b），整个北仑河的 COD 浓度约为 1.1 mg/L，且向外海扩散状态。通过整个北仑河平均的 COD 浓度时间序列（图 7-35）可以发现从模拟时间第 3 天到第 14 天 COD 浓度不断降低，直至 0.8 mg/L，之后 COD 浓度在该值附近振荡。

（2）夏季

图 7-36 为北仑河区域的表层 COD 浓度平均值，由于两个季节的开边界浓度一致，

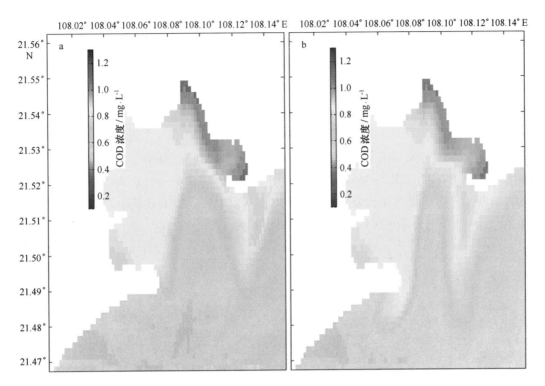

图 7-34　北仑河区域大潮期间高潮时（a）和低潮时（b）表层 COD 浓度分布

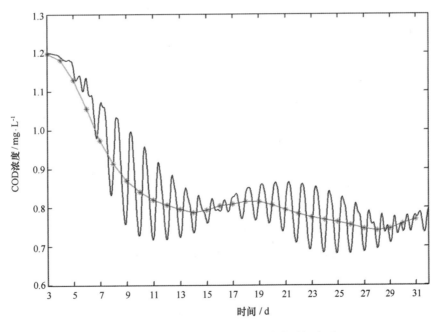

图 7-35　北仑河平均表层 COD 浓度时间序列

但夏季初始浓度较高，因此整个北仑河口海域夏季的平均浓度比冬季略高。虽然两个季节中北仑河的COD排放浓度一样，但由于夏季（6月）的北仑河径流量约为冬季（12月）的8倍，因此在较强的河流羽状流作用下（如图7-37b，图7-38），夏季北仑河出海口的COD浓度向外扩散范围更广，但夏季较强的羽状流也加速了北仑河口海域中央区域与外海水的交换（图7-38），因此夏季北仑河口海域的两侧浓度比中央高得多（图7-36a）。另外夏季北仑河口海域东侧的高浓度值则是因为防城港海域夏季较高浓度的COD在西向流作用下进入北仑河口东侧（图7-38）。事实上，夏季北仑河口海域两侧的COD浓度（图7-36a）比冬季（图7-36b）高0.4 mg/L。而冬季北仑河口海域的中央区域COD浓度则比夏季高，这一方面与夏季较强的羽状流引起的较强水交换有关，另一方面与冬季该区域存在气旋式涡旋有关（图7-37）。

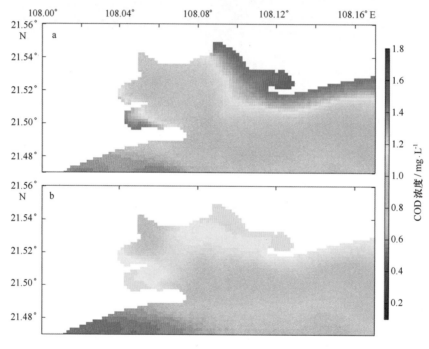

图7-36　北仑河夏季（a）与冬季（b）表层COD浓度月平均值

7.4　典型围填海工程对污染物输运的影响

本节选择钦州湾保税港区的围填海工程来分析其填海后对污染物输运的影响，填海前后的COD浓度差如图7-39所示。围填海对整个钦州湾的COD浓度影响较小，但对填海周围的COD浓度影响较大。落潮中间时（图7-39a和7-39b），填海区域的东面海流流速增强，因此填海后COD浓度较填海前有所降低，约降0.01 mg/L；而填海区域的西南端由于海流流速的减弱，填海后的COD浓度较填海前有所增加，增加约

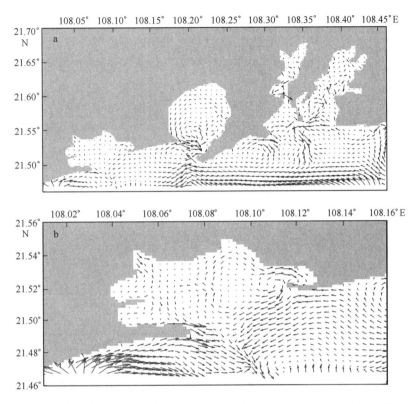

图 7-37 冬季防城港湾至北仑河口 (a) 与北仑河口 (b) 10 d 平均的表层潮汐余流

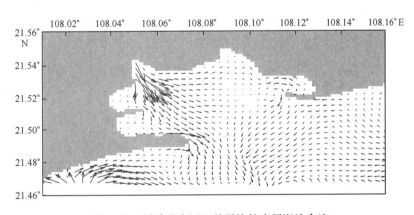

图 7-38 夏季北仑河口月平均的表层潮汐余流

0.02 mg/L；另外，由于填海工程减弱了金鼓江与外界的交换能力，金鼓江内部的 COD 浓度在填海后都较填海前高，0.02 mg/L 的包络线基本覆盖整个金鼓江。该趋势在涨潮中间时也有所体现（图 7-39c 和 7-39d），不过 0.02 mg/L 的包络线仅覆盖金鼓江西侧至填海区域西北角，这是由于金鼓江东侧有干净的外海水进入。但无论涨潮还是落潮，填海区域的东端由于海流增强使得 COD 浓度在填海后较填海前有所降低。

为了分析保税港区围填海对金鼓江 COD 浓度影响的一般性，积分围填海前后的 1 个月钦州湾表层逐时 COD 浓度值，结果如图 7-40 所示：金鼓江北端的 COD 浓度在保税港区填海后约上升了 0.15 mg/L，约占填海前 COD 浓度（约 0.75 mg/L）的 20%；而金鼓江西侧的 COD 浓度在填海后上升了 0.1 mg/L，约占填海前浓度（约为 0.9 mg/L）的 11%。因此，金鼓江的 COD 浓度在填海后明显增大，这与保税港区的围填海工程减弱了金鼓江与外界的水交换能力有关。

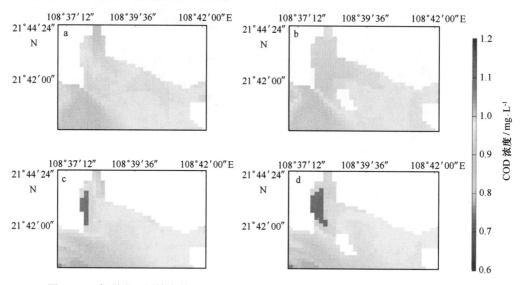

图 7-39　保税港区围填海前（a，c）及之后（b，d）的大潮落潮中间时（a，b）和涨潮中间时（c，d）的金鼓江附近区域表层 COD 浓度分布

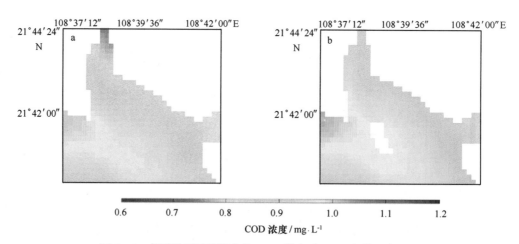

图 7-40　保税港区围填海之前（a）及之后（b）积分 1 个月的金鼓江附近区域表层 COD 浓度分布

第8章　广西近岸典型港湾环境容量计算

⋮⋮

海洋环境污染问题是世界沿海国家和地区经济社会发展过程中面临的主要问题之一。近岸环境容量研究是实行污染物排放总量控制的技术支撑，因此，河口港湾的环境容量计算成为目前海洋科学研究的热点。环境容量系指一定水体在规定环境目标下所能容纳污染物的量，其大小与水体特征、水质目标和污染物特性有关。相较于内陆湖泊、水库、河流的水环境问题，河口及近岸海域由于受到潮汐、径流、地形、湍流、气象等诸多因素共同作用，其动力机制更为复杂，研究清楚对近海海洋环境产生重要影响的河口及浅海物理过程是解决区域海洋环境容量的关键。科学合理地确定特定海域的环境容量，对于有效控制海域的污染物排放总量，合理进行污染物的分配，保护海洋环境，促进海域资源的可持续利用有至关重要的意义。

近年来，广西北部湾经济区快速发展，一大批临海、临港工业项目纷纷落户广西沿海，随之而来的入海污染物快速增长，导致沿海地区海洋环境问题日益突出，诸如赤潮等海洋灾害常有暴发，对当地海洋生态环境造成极大破坏，亟需开展相关方面的研究。目前，针对广西沿海典型港湾的环境容量研究成果鲜见报道，鉴于此，本章选取防城港湾、钦州湾以及铁山港湾作为主要研究对象，构建平面二维潮流数学模型，复演当地海域潮波运动规律，在此基础上，采用海水交换率的方法，对这几个典型港湾环境容量进行分析计算，为后续章节的污染物排放总量控制与分配提供依据。

8.1　水动力模型

为给小区域模型提供潮位边界条件，首先构建一个大范围北部湾潮波模型。

8.1.1　北部湾大范围潮波模型

北部湾大范围二维平面潮波模型的控制方程组如下

$$\frac{\partial \eta}{\partial t} + \frac{\partial (Hu)}{\partial x} + \frac{\partial (Hv)}{\partial y} = 0, \tag{8-1}$$

$$\frac{\partial u}{\partial t} + u\frac{\partial u}{\partial x} + v\frac{\partial u}{\partial y} = -g\frac{\partial \eta}{\partial x} + fv - g\frac{u\sqrt{u^2+v^2}}{C^2 H} + \left[\frac{\partial}{\partial x}\left(\varepsilon_{xx}\frac{\partial u}{\partial x}\right) + \frac{\partial}{\partial y}\left(\varepsilon_{xy}\frac{\partial u}{\partial y}\right)\right], \tag{8-2}$$

$$\frac{\partial v}{\partial t} + u\frac{\partial v}{\partial x} + v\frac{\partial v}{\partial y} = -g\frac{\partial \eta}{\partial y} - fu - g\frac{v\sqrt{u^2+v^2}}{C^2 H} + \left[\frac{\partial}{\partial x}\left(\varepsilon_{yx}\frac{\partial v}{\partial x}\right) + \frac{\partial}{\partial y}\left(\varepsilon_{yy}\frac{\partial v}{\partial y}\right)\right]. \tag{8-3}$$

式（8-1）为连续方程，式（8-2）、（8-3）为潮流运动方程。u、v 分别为计算平面内 x、y 方向的垂线平均速度（m/s），η 为潮位（m），t 为时间（s），$H = h + \eta$ 为总水深（m），g 为重力加速度（m/s^2），C 为谢才系数（m$^{1/2}$/s），f 为科氏系数，ε_{xx}、ε_{xy}、ε_{yx}、ε_{yy} 为水流湍扩散系数（m^2/s），按 Smagorinsky 公式计算，其背景系数取 0.5。

模型固定（岸）边界以法向流速为零处理，即 $\frac{\partial U}{\partial n} = 0$。外海开边界由潮位控制，其潮位数据由 NAO 大洋潮汐预报模式提供，并结合沿岸潮位站验证资料予以调整。NAO（National Astronomical Observatory in Japan）全球潮汐模式是由 Matsumoto 等（2000）采用 TOPEX/Poseidon 卫星高度计资料，结合水动力模式与资料同化技术研发而成。该模式设计上包含全球及区域模式两部分：环球模式（Naotide）具有 0.5° 的空间分辨率；区域模式（NaotideJ）的空间分辨率为 5′，细部海域包括了 20°~65°N，110°~165°E 的范围。整体模式中，NAO99b 及 NAO99Jb 提供了包含 M$_2$、S$_2$、K$_1$、O$_1$、N$_2$、P$_1$、K$_2$、Q$_1$、M$_1$、J$_1$、OO$_1$、2N$_2$、Mu$_2$、Nu$_2$、L$_2$、T$_2$ 等共 16 个天文分潮的调和常数，适用于中国沿海特定期间的短期逐时潮位预报，经与实测潮位值进行比较后得知，除近岸一些地方因局部地形复杂而误差较大外，多数潮位站的预报值与实测值较为接近，其预报结果在日本、台湾、福建以及广东等海域获得较多应用。

控制方程组的数值求解采用有限体积法，其基本思想是将微分守恒律在某一个控制体上积分，得到守恒律的积分形式，再对其离散求解。有限体积法吸收、继承了有限差分与有限元法的众多优点，在控制体内又严格满足物理守恒律，因而获得比较广泛的应用，限于篇幅，对其数值求解过程本章不再赘述，可参考有关文献。

模型计算区域见图 8-1，计算范围从广东西部的乌石港附近至越南太平省东北部沿岸连线的以北海域，包括了整个广西沿海。为真实反映计算区域内岛屿众多、岸线曲折状况，采用非结构三角形网格，并在广西沿岸进行局部加密，网格间距局部岸线处约 200 m，最宽处约 7 000 m，网格单元共计 34 918 个，见图 8-2。

模型岸线广西沿岸采用现状岸线，越南一侧岸线采用美国海洋大气局（NOAA）提供的数据；水深地形采用中国人民解放军海军司令部航海保证部 2005 年版之后海图，广西沿岸局部港湾水深更新至 2012 年。水深及潮位资料统一至当地平均海平面。模型计算起止时间根据实测水文资料而设定，时长一般约 90 d。

为验证北部湾大范围潮波模型的准确性，选取白龙尾、涠洲岛验潮站 2012 年 1 月 1 个月的潮位资料对模型进行验证，验证点位置见图 8-1，图 8-3 和图 8-4 为两个潮位站的潮位对比结果，从图中可见，计算结果与实测值吻合较好，表明模型较好模拟了北部湾海域潮波运动过程，可为局部计算区域提供边界条件。

为对北部湾潮流运动状况有一个初步了解，图 8-5 与图 8-6 分别给出了北部湾大潮期间涨急、落急时刻的流场。

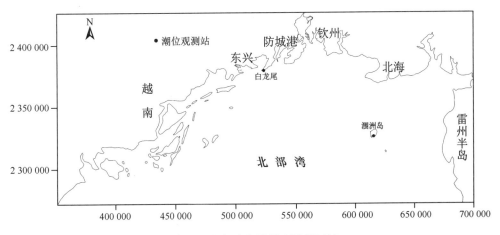

图 8-1　北部湾潮波模型计算区域

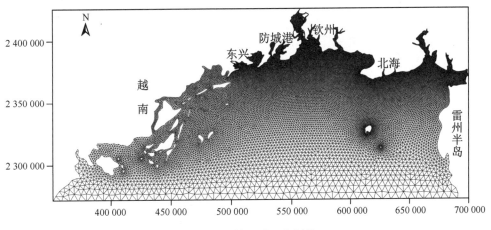

图 8-2　计算区域网格剖分

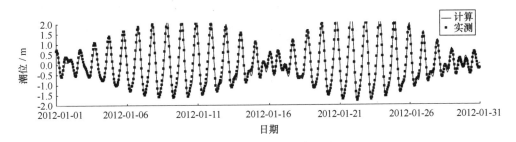

图 8-3　白龙尾潮位验证

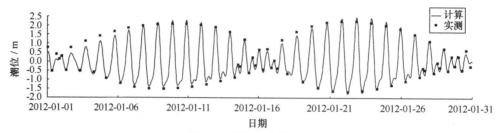

图 8-4 涠洲岛潮位验证

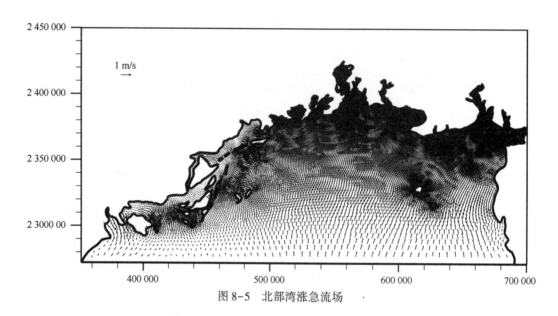

图 8-5 北部湾涨急流场

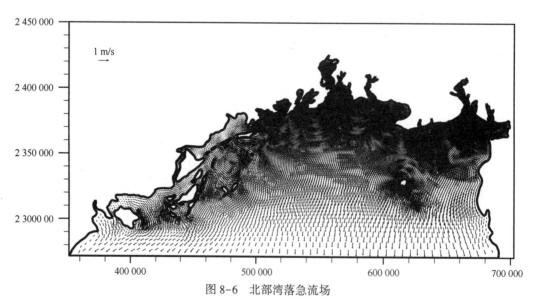

图 8-6 北部湾落急流场

8.1.2 铁山港湾平面二维潮波模型

铁山港湾平面二维潮波模型计算区域、地形及水文观测点位置如图 8-7 所示，计算范围南北长约 62.4 km，东西宽约 58.5 km；选取的潮位验证资料为石头埠、营盘验潮站，观测时间 2008 年 4 月 11—27 日，共计 16 d；1#~3# 为潮流观测站，观测时间 2008 年 4 月 11—13 日大潮。模型地形数据采用中国人民解放军海军航保部 2007 年铁山港海图以及局部调查数据，水深及潮位均统一至 85 国家高程基准面，坐标系统采用北京 54 坐标系。采用非结构三角形网格划分计算区域，网格剖分见图 8-8，计算空间网格节点间距 50~1 200 m，网格单元 8 112 个，网格节点 16 789 个。数值计算方法与前述北部湾大范围潮波模型一致，模型外海开边界同样由北部湾大范围潮波模型提供。铁山港湾沿岸无大河流入海，较大的如那交河，多年平均径流量为 15.2 m³/s，模型计算时在铁山港北部顶端仅取那交河的径流量作为径流开边界。

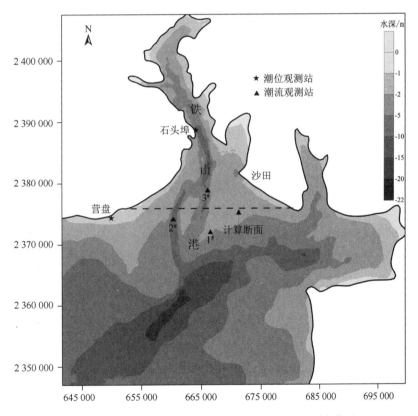

图 8-7 铁山港湾模型计算区域、地形及水文观测点位置

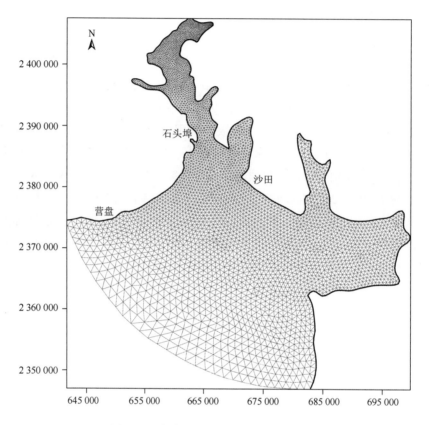

图 8-8 铁山港湾模型计算区域网格剖分

利用图 8-7 所示的水文实测资料对模型进行验证，图 8-9、图 8-10 为两个潮位站验证结果（仅选取与潮流观测时间对应的大潮时段验证），图 8-11 至图 8-13 为 3 个潮流站的验证结果，从验证效果来看，潮位、潮流的模拟计算值与实测值总体吻合较好，模型的模拟结果可作为进一步分析计算的基础。

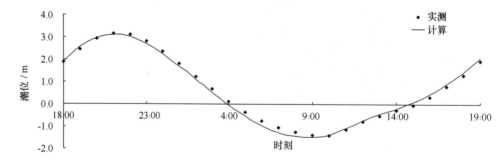

图 8-9 营盘验潮站潮位过程验证

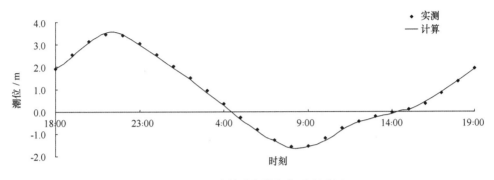

图 8-10　石头埠验潮站潮位过程验证

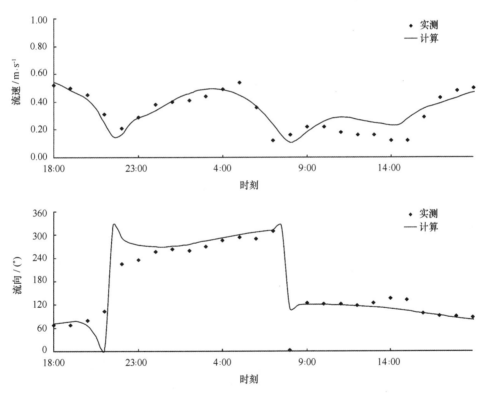

图 8-11　1#站流速、流向验证

　　图 8-14、图 8-15 为铁山港湾涨、落急流场，铁山港涨潮流方向为 NE—N，落潮流方向反之，为 SW—S。总体上看，受港湾地形影响，该海域的潮流亦表现出典型的往复流特征，落潮流速一般大于涨潮流速，深槽、航道处流速大于浅水区流速。

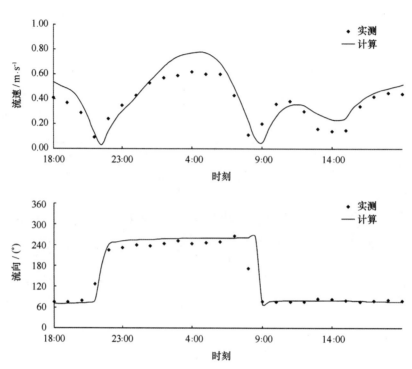

图8-12　2#站流速、流向验证

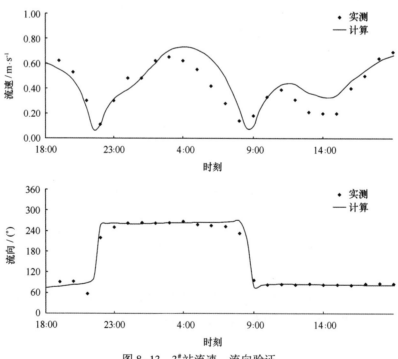

图8-13　3#站流速、流向验证

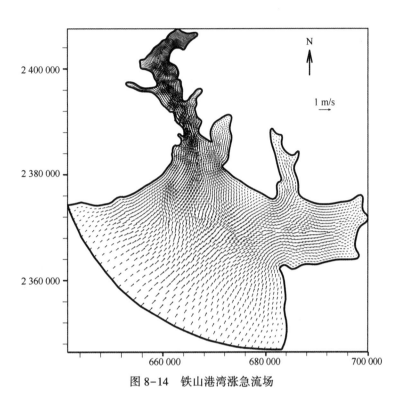

图 8-14　铁山港湾涨急流场

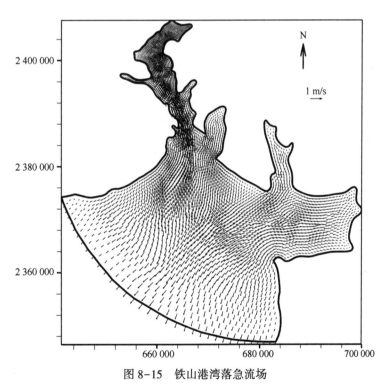

图 8-15　铁山港湾落急流场

8.1.3 钦州湾平面二维潮波模型

钦州湾平面二维潮波模型计算区域、地形及水文观测点位置如图 8-16 所示，其中龙门、企沙为验潮站，F01 至 F06 站为 2007 年 1—2 月大、小潮 6 个潮流站，G01 至 G04 为 2009 年 11 月中潮 4 个潮流站。模型地形数据采用中国人民解放军海军航保部 2008 年、2012 年版钦州湾海图以及 2012 年局部调查数据。水深及潮位均统一至 85 国家高程基准面，坐标系采用北京 54 坐标系。钦州湾海域岸线曲折，岛屿众多，采用非结构三角形网格可以较好地贴合自然岸线，计算区域网格剖分如图 8-17 所示，计算空间网格节点间距 30~2 000 m，网格单元 15 797 个，网格节点 33 162 个。

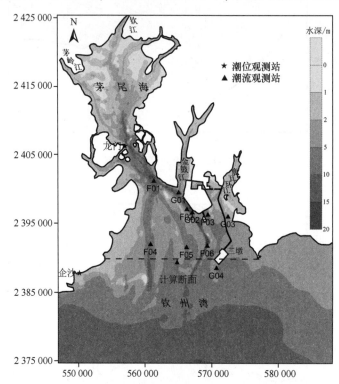

图 8-16 钦州湾潮波模型计算区域、地形及水文验证点位置

数值计算方法与前述北部湾大范围潮波模型一致，动边界同样采用干湿判断法。模型外海开边界由北部湾大范围潮波模型给出。模型北部顶端的钦江以及茅岭江开边界由流量控制，钦江流量取多年平均径流量 37 m³/s，茅岭江多年平均径流量取 51 m³/s。

利用图 8-16 所示站点的潮位、潮流实测资料，对模型进行验证。图 8-18、图 8-19 给出了两个潮位站（龙门、企沙）2009 年 11 月 15 d 实测水位过程与计算值的比较情况。从图中可以看出，计算的潮位过程与实测资料吻合较好，高低潮时间的相位

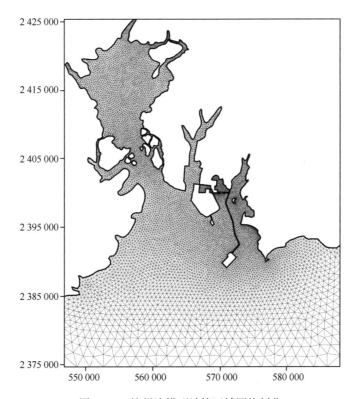

图 8-17　钦州湾模型计算区域网格剖分

差不超过 0.5 h，除龙门潮位站中潮向小潮过渡阶段潮位有一定偏差外，其余时段的潮位偏差较小。

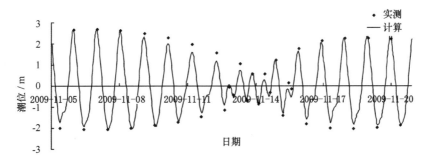

图 8-18　龙门潮位过程验证

　　限于篇幅，选取 F01、F04、F06、G02、G03 共 5 个潮流站进行流速验证，图 8-20 至图 8-27 分别给出了模型流速、流向计算结果与实测资料的比较情况。由这些图可知，小潮期间，除 F01、F04 站在涨、落急时刻附近流速与实测稍有偏差外，其余时段

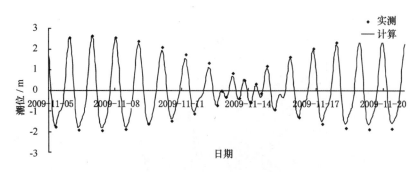

图 8-19　企沙潮位过程验证

各站点计算流速与实测资料基本吻合，流向验证较好；大潮期间，F01、F04 站流速、流向验证较好，F06 站落急时刻附近模拟计算流速与实测流速有一定偏差，但流向基本一致；中潮期间，除 G03 站涨急时刻附近流速比实际偏小外，其余时段各站点模拟计算流速与实测资料基本吻合较好，流向趋势相同。总体来看，计算结果与实际流速过程的形态基本一致，建立的二维潮流模型客观反映了钦州湾海域潮流传播过程。

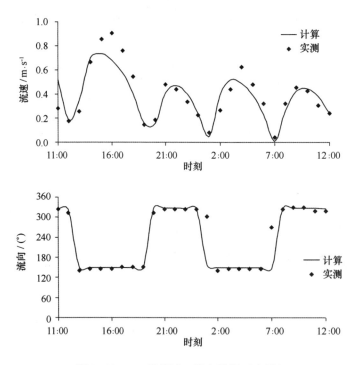

图 8-20　F01 站流速、流向验证（小潮）

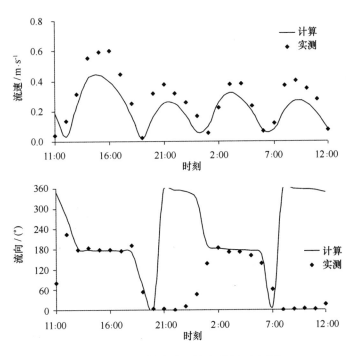

图 8-21　F04 站流速、流向验证（小潮）

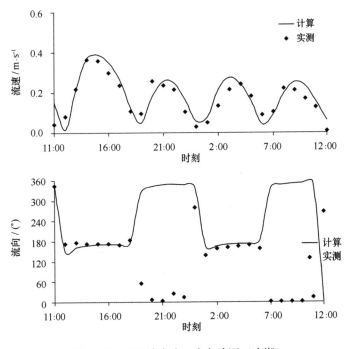

图 8-22　F06 站流速、流向验证（小潮）

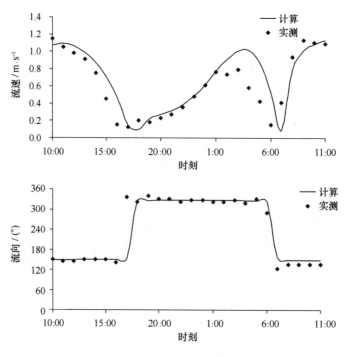

图 8-23　F01 站流速、流向验证（大潮）

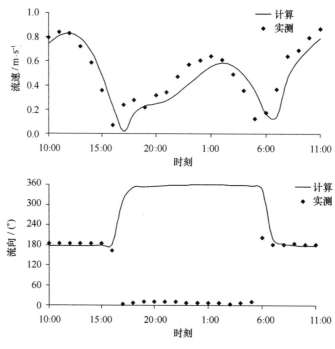

图 8-24　F04 站流速、流向验证（大潮）

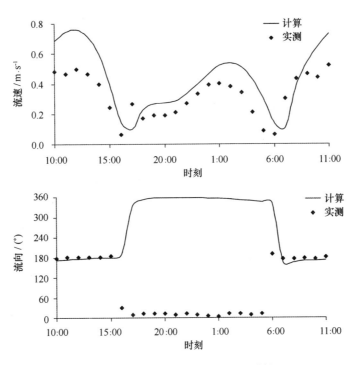

图 8-25 F06 站流速、流向验证（大潮）

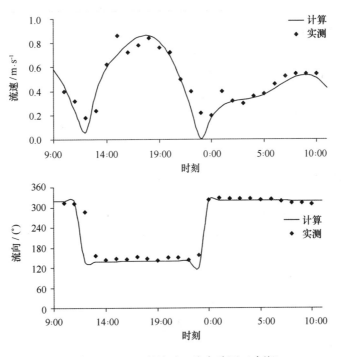

图 8-26 G02 站流速、流向验证（中潮）

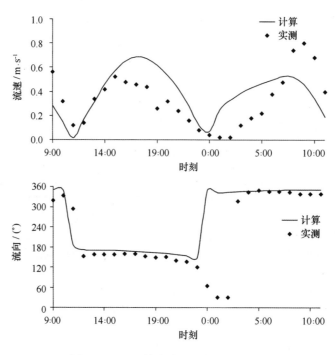

图 8-27　G03 站流速、流向验证（中潮）

　　钦州湾局部涨、落急时刻流场如图 8-28、图 8-29 所示，从图中可以看出，钦州湾潮流呈现典型往复流特征：涨潮时刻，湾内潮流以北向为主，在深槽、航道则基本顺着航道走向，涨潮流汇至青菜头以北的龙门水道后，受地形影响，潮流主流方向转为西北向，进入茅尾海后除局部因地形影响而发生偏转外，其余大部分海域流向以北向为主。落潮流运动形态与涨潮流相反，潮流从茅尾海沿着主流方向经龙门水道，再顺着 3 条航道流出湾外。比较这两幅图还可看出，深槽、航道附近的流速相对较大，落潮流速明显大于涨潮流速。

8.1.4　防城港湾平面二维潮波模型

　　防城港湾平面二维潮波模型计算区域、地形及水文验证点位置见图 8-30，计算区域网格剖分如图 8-31 所示，计算空间网格节点间距 20~1 200 m，网格单元 10 007 个，网格节点 21 005 个。

　　数值计算方法与北部湾大范围潮波模型一致，模型中采用干/湿判断法处理动边界。模型外海开边界由前述北部湾大范围潮波模型给出，并通过局部调整使计算潮位与实测资料相一致。模型北端东、西湾顶的防城江以及榕木江开边界由流量控制，防城江流量取多年平均径流量 60 m³/s，榕木江取 5 m³/s。

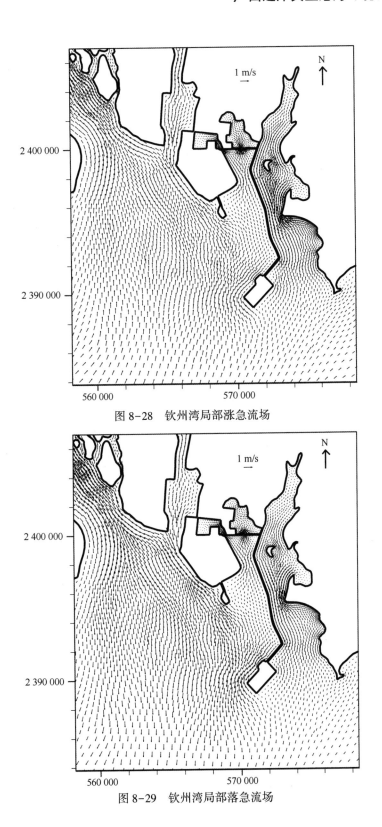

图 8-28 钦州湾局部涨急流场

图 8-29 钦州湾局部落急流场

　　地形数据采用中国人民解放军海军航保部 2008 年版防城港海图以及 2011 年防城港东、西湾局部调查数据，水深及潮位均换算至国家 85 高程基准面，坐标系统采用北京 54 坐标系。潮位、潮流验证点位置如图 8-30 所示，观测时间为 2012 年 1 月 9—10 日，共 26 h。

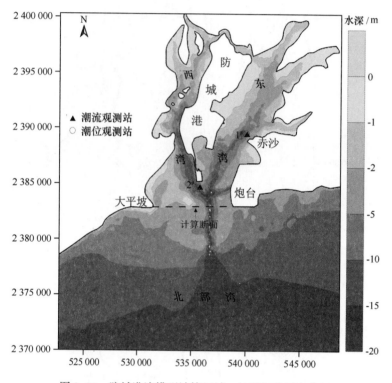

图 8-30　防城港湾模型计算区域、地形与验证点位置

　　模型计算起止时间为 2012 年 1 月 1 日至 3 月 31 日，共计 91 d。图 8-32 给出了 1# 临时潮位站实测潮位过程与计算值的验证结果。从图中可以看出，计算的潮位过程与实测资料吻合较好，高低潮时间的相位差不超过 0.5 h，潮位偏差基本小于 0.1 m。验证结果表明，建立的二维潮波数学模型较好地再现了防城港湾海域潮位变化过程。

　　图 8-33、8-34 中给出了 2 个潮流测站的流速、流向计算值与实测值的比较结果。1# 站位于东湾航道附近，落潮时流速较大，加之实测期间有较大风浪，而模型计算中未考虑风浪作用，导致在落潮阶段验证稍有偏差，其余各时段计算值与实测数据基本吻合。2# 站验证结果较好，计算的流速、流向与实测数据基本相一致。总体而言，计算结果与实测流速过程线的形态基本一致，表明建立的二维潮流数学模型较好地复演了防城港湾潮流传播过程。

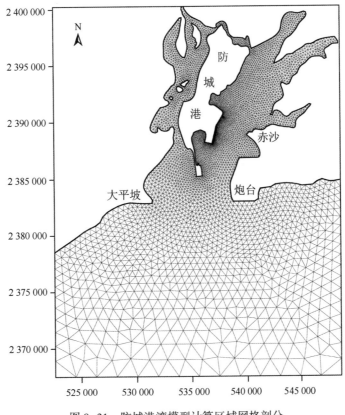

图 8-31　防城港湾模型计算区域网格剖分

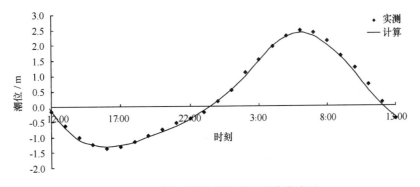

图 8-32　1#临时潮位站潮位过程曲线验证

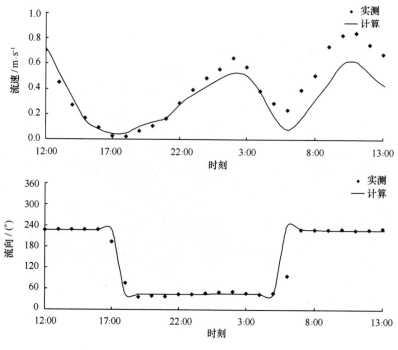

图 8-33　1#潮流观测站流速、流向验证

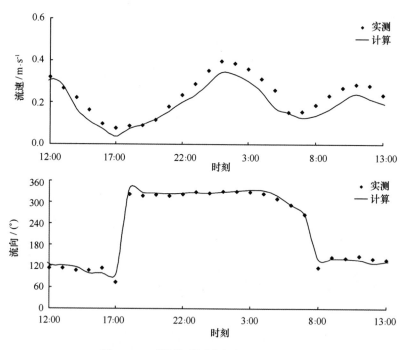

图 8-34　2#潮流观测站流速、流向验证

图 8-35、图 8-36 为防城港东、西湾海域局部涨、落急流场图。可以看出，防城港湾潮流运动形式为典型的往复流。涨潮时，涨潮流从外海传入，受渔澫岛阻挡，分两支沿潮汐通道进入防城港西湾与东湾海域：在西湾，进港水道处的流向为 NW，流速受地形影响，迅速增大，之后折向偏北向，沿主槽方向奔向湾顶；在东湾，潮流的主流方向为 NE，与深槽走向几乎一致，该处流速较大、流向稳定；在两湾的浅水区及岛屿附近，流速相对较小，流态多变。落潮时，落潮流方向与涨潮流方向相反，西湾潮流主流方向为 SE 向，东湾为 SW 向，东、西湾潮流在防城港湾口会合后向外海扩散，与涨潮流速空间分布规律类似，深槽处的潮流流速相对较大。此外，结合图 8-33、图 8-34 分析可知，深槽处的落潮流速大于涨潮流速，最大涨潮流速一般出现在高潮前3~5 h，最大落潮流速一般出现在高潮后 5~7 h；转流时间出现在高潮时或者低潮时附近，憩流延时为 0~2 h。

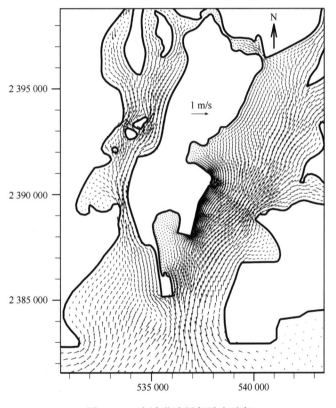

图 8-35　防城港湾局部涨急流场

8.2　环境容量计算方法——海水交换率法

海水交换能力是表征海湾物理自净能力的主要指标，环境容量是水体中某类污染

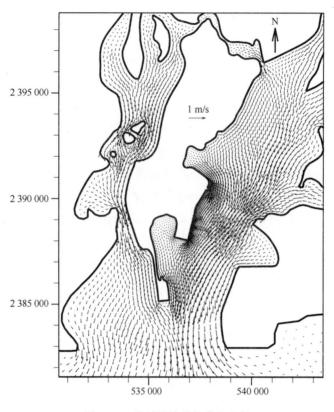

图 8-36　防城港湾局部落急流场

物在不超过其环境标准值的情形下水体还能容纳该物质的最大排放量。海湾的环境容量与海水交换能力有关。目前，计算环境容量的方法较多，如实测指示物质浓度法、箱式模型、拉格朗日数值跟踪法、对流扩散交换模式、三维物质输运模型等，本节主要采用数值模型结合海水交换率公式，计算防城港湾、钦州湾以及铁山港湾典型污染物质的环境容量。

首先，半封闭港湾的零维水质模型为：

$$V \frac{\partial C_B}{\partial T} = \beta Q_F C_0 - \gamma Q_E C_B + D, \qquad (8-4)$$

式中，V 为湾内水体体积；T 为潮周期数；D 为一个潮周期内排入湾内指标物质的总量，即环境容量；C_0 为外海水指标平均浓度；C_B 为湾内水指标平均浓度；Q_F 为涨潮时流入湾内的水量；Q_E 为落潮时流出湾内的水量；γ、β 分别为湾内海水对湾外海水的交换率与外海水对湾内海水的交换率，其计算公式为：

$$\gamma = \frac{\gamma_F[1 - \alpha(1 - \gamma_E)]}{\gamma_E + \gamma_F - \gamma_E \cdot \gamma_F}, \qquad \beta = \frac{\gamma_E[1 - \alpha(1 - \gamma_F)]}{\gamma_E + \gamma_F - \gamma_E \cdot \gamma_F}, \qquad (8-5)$$

一般地，当 $\gamma Q_E / V \leqslant 1$ 时，即落潮带出的湾内水量与涨潮时又返回湾内的水量之差远小于湾内水体的体积时，上式成立。上式中，$\alpha = Q_F / Q_E$；γ_E 为涨潮流入量中流入湾内的浓度为 C_0 的外海水所占的比率，γ_F 为落潮流出量中流出湾外的浓度为 C_B 的湾内水所占的比率，其计算公式为：

$$\gamma_E = \frac{C_F - C_E}{C_0 - C_E}, \qquad \gamma_F = \frac{C_F - C_E}{C_F - C_B},$$

式中，C_E 为落潮时港湾流出海水中指标物质的平均浓度；C_F 为涨潮时流入港湾海水指标物质的平均浓度。

当海水指标物质的平均浓度 C_0 以及 1 个潮周期内排入湾内的指标物质总量一定时，式（8-4）的解为：

$$C_B = \left(C_B' - \frac{\beta Q_F C_0 + D}{\gamma Q_E} \right) \exp\left(-\frac{\gamma Q_E T}{V} \right) + \frac{\beta Q_F C_0 + D}{\gamma Q_E}, \qquad (8-6)$$

式中，C_B' 为湾内环境容量的计算初始浓度。当 $T \to \infty$，即达平衡状态时，上式可写成

$$D = \gamma Q_E C_B - \beta Q_F C_0. \qquad (8-7)$$

式（8-7）即为环境容量的计算式。将污染物质的水质标准值代入式（8-7）中的 C_B 项，并将式中其他各参数代入，就可算出环境水质不超过该标准值条件下，环境还能允许此种污染物质的最大排放量，即环境容量。

从上述方法的简介可知，计算港湾的环境容量需确定以下重要参数：（1）湾内水体体积；（2）湾内、外指标物质的浓度；（3）计算断面上涨、落潮时物质平均浓度；（4）经过断面的涨、落潮流量。

为确定以上有关参数，选取盐度作为指标物质，以前述水动力模型为基础，分别构建防城港湾、钦州湾以及铁山港湾二维盐度输运模型。盐度输运方程如下：

$$\frac{\partial S}{\partial t} + u \frac{\partial S}{\partial x} + v \frac{\partial S}{\partial y} = \frac{\partial}{\partial x}\left(K_x \frac{\partial S}{\partial x} \right) + \frac{\partial}{\partial y}\left(K_y \frac{\partial S}{\partial y} \right), \qquad (8-8)$$

式中，S 为垂线平均盐度；K_x、K_x 分别为 x、y 方向上的盐度水平扩散系数，分别取 $5.93\sqrt{g}\,|u|H/C$ 与 $5.93\sqrt{g}\,|v|H/C$。

对于各典型港湾的盐度开边界，参照周年季度代表月的水质调查数据，防城港湾外海东、西边界由南至北均按 31～30 进行线性插值，南边界取 31，防城江与榕木江边界取盐度 0.05。钦州湾二维盐度模型外海盐度东、西边界由南至北按 31.5～30.5 进行线性插值，南边界取 31.5，钦江与茅岭江开边界取盐度 0.05。铁山港湾外海盐度开边界由中部海域向东、北部岸线按 31.5～30.5 线性插值，那交河盐度边界取 0.05。

联立式（8-1）至式（8-3）以及式（8-8），结合边界条件，对 3 个港湾进行 3 个月盐度输运模拟计算。

8.3 典型港湾环境容量

海洋环境容量计算依据的质量标准为《海水水质标准》（GB 3097—1997），按照海

域的不同使用功能和保护目标，海水水质分为 4 类，本章选取 COD、无机氮、活性磷酸盐以及石油类 4 种主要污染物质，计算其在典型港湾的现状条件下的环境容量。为便于分析计算，列出上述 4 种污染物质的海水水质标准如表 8-1 所示。

8-1　主要污染物海水水质标准　　　　　　　　单位：mg/L

水质标准	COD	活性磷酸盐	无机氮	石油类
一类	2	0.015	0.2	0.05
二类	3	0.03	0.3	0.05
三类	4	0.03	0.4	0.3
四类	5	0.045	0.5	0.5

8.3.1　铁山港湾环境容量

基于前述铁山港湾潮流、盐度数学模型的模拟计算结果，统计涨潮与落潮时不同潮型（小潮，中潮，大潮）通过图 8-7 所示断面的潮通量；再计算断面以及湾内、湾外设置特征点，统计其在涨、落潮时的盐度平均值；同时根据实测水深数据计算设定断面以北铁山港湾内水体体积。计算所得的铁山港湾主要环境参数见表 8-2。

表 8-2　铁山港湾主要环境参数

C_0 / mg·L^{-1}	C_B / mg·L^{-1}	C_F / mg·L^{-1}	C_E / mg·L^{-1}	涨潮通量 Q_F / m^3	落潮通量 Q_E / m^3	湾内水体体积 V/ m^3
30.597	29.129	29.982	29.948	0.912 9×10^9	0.921 9×10^9	1.032 7×10^9

将表 8-2 各参数代入式（8-5），计算得到铁山港湾海水交换率的其他参数如表 8-3 所示。

表 8-3　铁山港湾海水交换率系数

α	γ_E	γ_F	γ	β
0.990 2	0.052 4	0.039 9	0.027 2	0.028 6

根据第 4 章所述的铁山港湾水质调查数据，计算获得铁山港湾外主要污染物平均浓度，见表 8-4。

表 8-4　铁山港湾外主要污染物平均浓度　　　　　　　　单位：mg/L

COD	活性磷酸盐	无机氮	石油类
0.72	0.006	0.035	0.017

由表8-3、表8-4，结合海水水质标准以及式（8-7），计算得到铁山港湾主要污染物的环境容量如表8-5所示。

表8-5 铁山港湾主要污染物环境容量　　　　单位：t/a

水质标准	COD	活性磷酸盐	无机氮	石油类
一类	11 484.7	80.4	1 501.5	296.7
二类	20 662.1	218.1	2 419.2	296.7
三类	29 839.4	218.1	3 337.0	2 591.0
四类	39 016.8	355.7	4 254.7	4 426.5

从表8-5可以看出，在当前水质现状条件下，铁山港湾主要污染物尚有一定的环境容量：在一类水质标准下，COD、活性磷酸盐、无机氮以及石油类的环境容量分别为11 484.7 t/a、80.4 t/a、1 501.5 t/a以及296.7 t/a，而在三类水质标准下，其环境容量分别为29 839.4 t/a、218.1 t/a、3 337.0 t/a以及2 591.0 t/a。

8.3.2　钦州湾环境容量

类似地，利用前述钦州湾潮流、盐度数学模型的模拟计算结果，分别统计小潮、中潮以及大潮期间涨潮与落潮时通过图8-16所示断面的潮通量，并在湾内、湾外以及计算断面上设置特征点，统计涨、落潮时设定断面上的盐度平均值以及湾内、外的海水盐度，同时根据实测数据计算设定断面以北钦州湾内水体体积，计算所得结果见表8-6。

表8-6　钦州湾主要环境参数

C_0 / mg·L^{-1}	C_B / mg·L^{-1}	C_F / mg·L^{-1}	C_E / mg·L^{-1}	涨潮通量 Q_F / m^3	落潮通量 Q_E / m^3	湾内水体体积 V / m^3
30.565	28.981	29.955	29.915	1.191 2×10^9	1.215 8×10^9	1.283 1×10^9

将表8-6各参数代入式（8-5），计算得到海水交换率的其他参数如表8-7所示。

表8-7　钦州湾海水交换率系数

α	γ_E	γ_F	γ	β
0.979 8	0.061 5	0.041 1	0.033	0.037

根据第4章所述的钦州湾水质调查数据，计算获得钦州湾外主要污染物平均浓度，见表8-8。

表 8-8　钦州湾外主要污染物平均浓度　　　　　　　单位：mg/L

COD	活性磷酸盐	无机氮	石油类
0.89	0.005	0.085	0.016

由表 8-7、表 8-8，结合海水水质标准以及式（8-7），计算得到钦州湾主要污染物的环境容量如表 8-9 所示。

表 8-9　钦州湾主要污染物环境容量　　　　　　　单位：t/a

水质标准	COD	活性磷酸盐	无机氮	石油类
一类	14 931.3	139.0	1 557.7	474.2
二类	29 584.3	358.8	3 023.0	474.2
三类	44 237.3	358.8	4 488.3	4 137.5
四类	58 890.3	578.6	5 953.6	7 068.1

从表 8-9 可以看出，在当前水质现状条件下，尽管钦州湾局部海域个别季节出现超一类、二类水质现象，但总体来看，钦州湾尚有一定的环境容量：在一类水质标准下，COD、活性磷酸盐、无机氮以及石油类的环境容量分别为 14 931.3 t/a、139.0 t/a、1 557.7 t/a 以及 474.2 t/a，而在三类水质标准下，其环境容量分别为 44 237.3 t/a、358.8 t/a、4 488.3 t/a 以及 4 137.5 t/a。

8.3.3　防城港湾环境容量

基于前述防城港湾潮流、盐度数值模拟结果，分别计算小潮、中潮以及大潮期间通过图 8-30 所示断面的涨、落潮的潮通量，同时在湾内、湾外以及计算断面上设置特征点，统计涨、落潮时设定断面上的盐度值以及湾内、外的海水盐度，并根据实测水深数据计算设定断面以北湾内水域的水体体积，计算结果见表 8-10。

表 8-10　防城港湾主要环境参数

C_0 / mg·L^{-1}	C_B / mg·L^{-1}	C_F / mg·L^{-1}	C_E / mg·L^{-1}	涨潮通量 Q_F / m^3	落潮通量 Q_E / m^3	湾内水体体积 V/ m^3
30.573	29.084	29.979	29.916	3.212 1×10^8	3.361 4×10^8	3.549 7×10^8

由表 8-10 各参数，代入式（8-5），计算海水交换率的其他参数，其值见表 8-11。

表 8-11　防城港湾海水交换率系数

α	γ_E	γ_F	γ	β
0.955 6	0.095 9	0.070 3	0.060	0.067

采用第 4 章在防城港湾的水质调查数据以及近年来部分补充调查数据，计算获得防城港湾外主要污染物平均浓度，见表 8-12。

表 8-12　防城港湾外主要污染物平均浓度　　　　单位：mg/L

COD	活性磷酸盐	无机氮	石油类
0.86	0.01	0.1	0.018

由表 8-11、表 8-12，结合海水水质标准以及式（8-7），计算得到防城港湾主要污染物的环境容量如表 8-13 所示。

表 8-13　防城港湾主要污染物环境容量　　　　单位：t/a

水质标准	COD	活性磷酸盐	无机氮	石油类
一类	7 962.3	31.8	686.0	226.6
二类	15 327.9	142.3	1 422.6	226.6
三类	22 693.6	142.3	2 159.2	2 068.0
四类	30 059.2	252.7	2 895.7	3 541.1

由表 8-13 可知，在当前水质现状条件下，尽管在东西湾局部区域存在超一类水质现象，但总体来看，防城港湾的环境容量尚有一定剩余，其中，在一类水质标准下，COD、活性磷酸盐、无机氮以及石油类的环境容量分别为 7 962.3 t/a、31.8 t/a、686.0 t/a 以及 226.6 t/a，而在三类水质标准下，其环境容量分别为 22 693.6 t/a、142.3 t/a、2 159.2 t/a 以及 2 068.0 t/a。

8.4　小结

本章仅对防城港湾、钦州湾、铁山港湾等 3 个典型港湾的环境容量作了初步估算，由表 8-5、表 8-9 以及表 8-13 比较可知，钦州湾因水域面积较为广阔，纳潮量大，水交换能力亦不弱，因而，钦州湾主要污染物的环境容量在 3 个港湾中亦相对较大，铁山港湾次之，防城港湾相对较小。研究海域 4 种主要污染物质在各类海水水质标准下，均有一定的环境容量。港湾的环境容量与港湾的水域面积、水动力环境以及水质环境等因素密切相关，钦州湾、防城港湾以及铁山港湾未来均布局一系列重要的港口码头与沿海工业建设，填海面积将显著增加，这将对港湾的纳污能力产生重要影响，有关问题值得关注。

　　环境容量计算过程涉及到较多复杂因素，海水交换率方法的理论假设与实际有一定差距，同时，计算过程中将港湾整体划分为满足某一类水质标准下环境容量，实际上，港湾内部依据海洋功能区划可能划分为不同的水质保护要求，因此，本章计算所得的环境容量与实际可能存在一定偏差，但对总体了解某一类水质要求下港湾的环境剩余容量具有重要参考价值。后续章节将就广西沿岸港湾的环境容量分配问题作进一步研究。

第9章 广西典型河口海湾物质输运滞留时间

:::

水体中物质输运时间尺度是将物质输运的物理过程与生态过程联系起来的一个重要指标,是水体内物质更新速率的基本度量,是水体微团或其他要素如盐、污染物等从其进入某一水体至被输运到水体以外滞留在水体中的平均时间。这一时间尺度是近海海洋环境研究中的重要指标。量化河口、近岸物质输运时间尺度的概念很多。这些概念大多相互关联,但由于各自的定义及所依据的假设不同而不完全相同。目前在海洋工程领域常通过数学模型计算某一水体中示踪物的总量或浓度随时间的变化确定水交换时间。3 种最常用的概念有:冲刷时间,龄和滞留时间。海洋水动力过程、气象因素、岸线地形变化等因素及其自身的时空变化、河流过程的时间依赖性以及许多重要物质的非线性行为,使得滞留时间十分复杂。Zimmerman(1988)给出了一个现在普遍应用的滞留时间的定义:水体中某一个物质的微团的滞留时间为它到达水体的出口前在水体中的停留时间。其中,Takeoka(1984)给出的滞留时间的计算方法为通过数学模型研究滞留时间问题奠定了基础。本章介绍对广西沿海典型海湾的物质输运的滞留时间的数值模拟研究。

9.1 数学模型

9.1.1 控制方程及定解条件

正交曲线坐标系下平面二维潮流数学模型的基本方程为:

$$\frac{\partial Z}{\partial t} + \frac{1}{C_\xi C_\eta}\left[\frac{\partial}{\partial \xi}(C_\eta Hu) + \frac{\partial}{\partial \eta}(C_\xi Hv)\right] = 0, \tag{9-1}$$

$$\frac{\partial Hu}{\partial t} + \frac{1}{C_\xi C_\eta}\left[\frac{\partial C_\eta Huu}{\partial \xi} + \frac{\partial C_\xi Huv}{\partial \eta} + Huv\frac{\partial C_\xi}{\partial \eta} - Hv^2\frac{\partial C_\eta}{\partial \xi}\right] = fHv - \frac{gH}{C_\xi}\frac{\partial Z}{\partial \xi} -$$

$$\frac{gu\sqrt{u^2+v^2}}{C^2} + \frac{1}{C_\xi C_\eta}\left[\frac{\partial C_\eta H\sigma_{\xi\xi}}{\partial \xi} + \frac{\partial C_\xi H\sigma_{\xi\eta}}{\partial \eta} + H\sigma_{\xi\eta}\frac{\partial C_\xi}{\partial \eta} - H\sigma_{\eta\eta}\frac{\partial C_\eta}{\partial \xi}\right], \tag{9-2}$$

$$\frac{\partial Hv}{\partial t} + \frac{1}{C_\xi C_\eta}\left[\frac{\partial C_\eta Huv}{\partial \xi} + \frac{\partial C_\xi Hvv}{\partial \eta} + Huv\frac{\partial C_\eta}{\partial \xi} - Hu^2\frac{\partial C_\xi}{\partial \eta}\right] = -fHu - \frac{gH}{C_\xi}\frac{\partial Z}{\partial \eta} -$$

$$\frac{gv\sqrt{u^2+v^2}}{C^2} + \frac{1}{C_\xi C_\eta}\left[\frac{\partial C_\eta H\sigma_{\xi\eta}}{\partial \xi} + \frac{\partial C_\xi H\sigma_{\eta\eta}}{\partial \eta} + H\sigma_{\eta\xi}\frac{\partial C_\eta}{\partial \xi} - H\sigma_{\xi\xi}\frac{\partial C_\xi}{\partial \eta}\right]. \tag{9-3}$$

式(9-1)为连续方程,式(9-2)、(9-3)为潮流运动方程;上述各式中,

$$\sigma_{\xi\xi} = 2A_M \left[\frac{1}{C_\xi} \frac{\partial u}{\partial \xi} + \frac{v}{C_\xi C_\eta} \frac{\partial C_\xi}{\partial \eta} \right], \quad \sigma_{\xi\eta} = \sigma_{\eta\xi} = A_M \left[\frac{C_\eta}{C_\xi} \frac{\partial}{\partial \xi} \left(\frac{v}{C_\eta} \right) + \frac{C_\xi}{C_\eta} \frac{\partial}{\partial \eta} \left(\frac{u}{C_\xi} \right) \right];$$

$$\sigma_{\eta\eta} = 2A_M \left[\frac{1}{C_\eta} \frac{\partial v}{\partial \eta} + \frac{u}{C_\xi C_\eta} \frac{\partial C_\eta}{\partial \xi} \right], \quad C_\xi = \sqrt{x_\xi^2 + y_\xi^2}, \quad C_\eta = \sqrt{x_\eta^2 + y_\eta^2},$$

为拉梅系数。u、v 分别为计算平面内 ξ、η 方向的速度；Z 为水位；$H = h + Z$ 为总水深；C 为谢才系数；f 为科氏系数。

对于模型的边界条件，固定（岸）边界采用法向流速梯度为零处理；开边界包括外海边界和径流开边界，潮流的外海开边界由潮位控制，径流开边界由流量控制，初始水位取为零。

9.1.2 数值方法及关键参数选取

采用结构化的曲线正交网格作为计算网格，变量在网格点的布置采用交错网格。对于控制方程，空间离散采用角输运迎风格式（CTU，Corner-Transport Upwind）并结合 TVD 限制器（Van Leer）进行通量限制，源项采用算子分裂算法处理，时间积分采用可保持 TVD 性的两步格式计算。

模型中一些关键参数的选取如下：

（1）$C = nH^{1/6}$，n 为糙率系数，取值 $0.015 + \dfrac{0.01}{H}$，其中 H 为总水深。

（2）湍扩散系数 A_M、A_H 由 Smagorinsky 公式计算

$$(A_M, A_H) = 2(C_M, C_H) \Delta x \Delta y \left[\left(\frac{\partial u}{\partial x} \right)^2 + \frac{1}{2} \left(\frac{\partial v}{\partial x} + \frac{\partial u}{\partial y} \right) + \left(\frac{\partial v}{\partial y} \right)^2 \right]^{\frac{1}{2}}, \quad (9-4)$$

式中，C_M、C_H 为系数。

（3）采用干湿判断法处理动边界。

9.2 广西典型河口海湾物质输运滞留时间

9.2.1 铁山港湾和钦州湾

铁山港地处广西沿岸东部，与广东英罗港相邻，范围约为 21°28′35″~21°45′00″N、109°26′00″~109°45′00″E 之间，湾口朝南敞开，呈喇叭状，口门宽 32 km，全湾面积约 340 km²，滩涂面积 173 km²，沿岸有白沙河、铁山河、公馆河、闸利河及那交河等小河流入海，径流量较小，以那交河为例，多年平均流量仅为 15.2 m³/s。钦州湾位于广西沿岸中部，范围约在 21°33′20″~21°54′30″N、108°28′20″~108°45′30″E 之间，由内湾（茅尾海）、外湾（钦州湾）以及连接两湾的龙门潮汐通道构成，中间狭窄，两端宽阔，东、西、北三面为丘陵所环绕，北面有钦江与茅岭江注入，多年平均径流量分别为 37 m³/s、51 m³/s，南面与北部湾相通，是一个半封闭的天然海湾。钦州湾口门宽 29 km，纵深 39 km，海湾面积 380 km²，其中滩涂面积达 200 km²。钦州湾及铁山港湾的地形图见图 9-1。

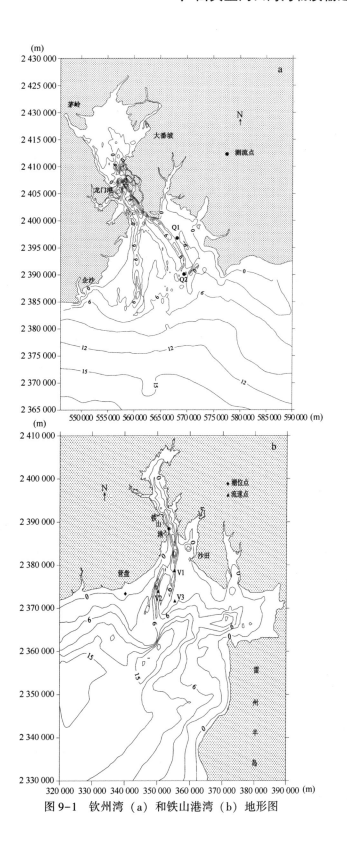

图 9-1 钦州湾 (a) 和铁山港湾 (b) 地形图

9.2.1.1 数学模型

铁山港模型包括整个铁山港湾,西至北海银滩,东至雷州江洪镇,曲线正交网格数 400×240 个,网格步长为 80~1 300 m,外海开边界由大范围北部湾潮流模型计算的潮位过程提供,为了计算便利,将铁山港沿岸入海径流概化成仅在公馆河注入,河流开边界采用多年平均径流量控制。钦州湾模型计算范围西至 108°25′E,东至大风江口附近,南至 21°15′N,曲线正交网格数为 270 × 430 个,网格步长为 18~2 500 m;河流开边界采用多年平均径流量控制,外海开边界同样由大范围北部湾潮流模型计算的潮位过程给定。模型验证采用铁山港 2008 年 4 月 11—12 日 31 h 和钦州湾 2010 年 11 月 2—3 日 27 h 的实测水文资料。图 9-2、图 9-3 分别给出了潮位、流速和流向验证,图 9-4、图 9-5 分别为钦州湾与铁山港湾的涨、落急流场,可见模型较好地再现了钦州湾与铁山港湾潮波运动过程。

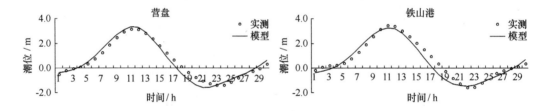

图 9-2 营盘和铁山港潮位验证

9.2.1.2 计算方案

滞留时间的计算采用 Takeoka 法。假设在 $t = 0$ 时刻,水体里的物质的总量为 R_0,在 $t = \tau$ 时刻仍留在水体里的物质的量为 $R(\tau)$。定义函数:

$$\varphi = -\frac{1}{R_0}\frac{dR(\tau)}{d\tau}. \tag{9 - 5}$$

则平均滞留时间 τ_r 可定义为:

$$\tau_r = \int_0^{+\infty} \frac{R(\tau)}{R_0} d\tau . \tag{9 - 6}$$

其中公式(9-6)中积分的上限取 $+\infty$,但在数学模型计算中这是不可能的。数值模拟的积分上限常采用 1 个潮周期内滞留时间的相对变化较小时作为临界值:

$$\tau_{Err}^n = \frac{\tau_r^{(n+1) \, T} - \tau_r^{nT}}{\tau_r^{(n+1) \, T}}, \tag{9 - 7}$$

式中,T 为潮周期,当 $\tau_{Err}^n \leqslant 0.001$ 时积分计算终止。

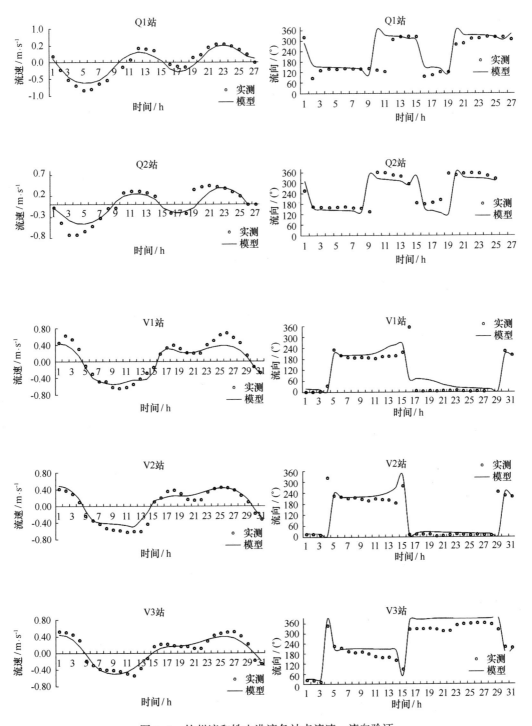

图 9-3　钦州湾和铁山港湾各站点流速、流向验证

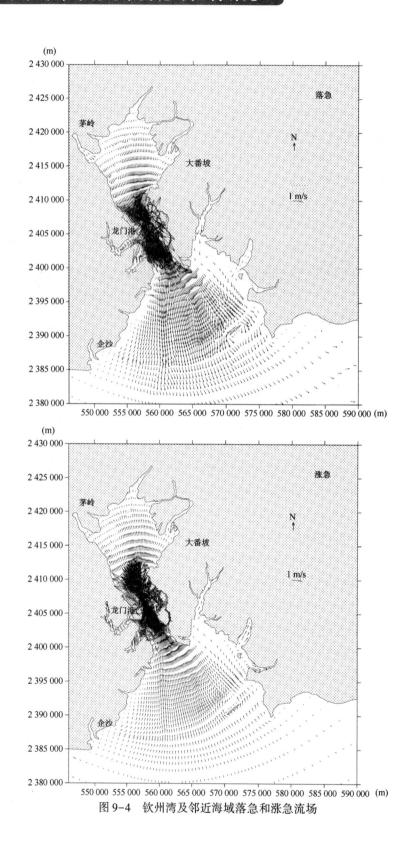

图9-4　钦州湾及邻近海域落急和涨急流场

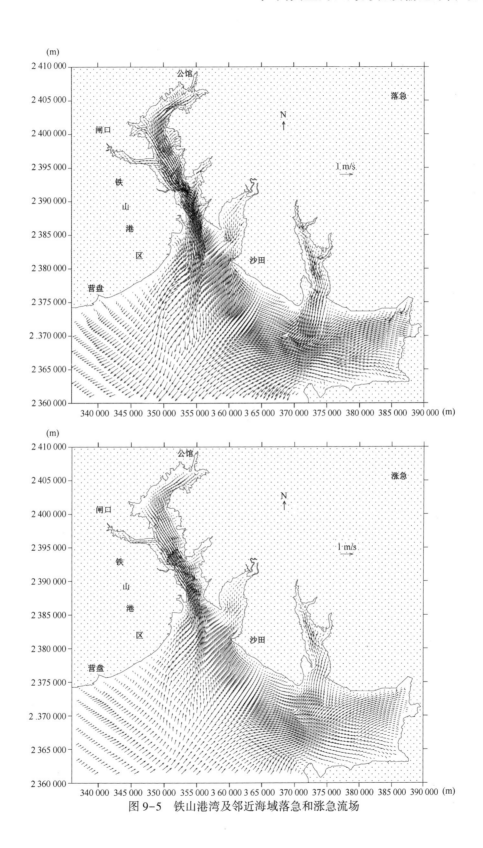

图9-5 铁山港湾及邻近海域落急和涨急流场

为研究钦州湾与铁山港湾滞留时间随径流及潮汐的变化，钦州湾入海径流量分别选取 10、30、60、90、120 m³/s，铁山港湾入海径流量分别给定 0、4、10、20、40、100 m³/s 作为上游开边界条件，外海边界采用包含大、中、小潮的混合潮型作为外海开边界条件，且其潮位过程为包含水文测量期间的 15 d 潮汐过程的循环。钦州湾湾内岸线曲折，岛屿棋布，港汊众多，鉴于内、外湾水动力、水深等自然条件的显著差异，分别针对内、外湾及整个钦州湾的水交换时间进行了计算。

在海洋工程领域，量化水交换能力常通过数学模型计算某一水体中示踪物的总量或浓度随时间的变化确定水交换时间。一般将示踪物平均浓度减至初始浓度一半时的时间称为半交换周期。本节分别计算了钦州湾和铁山港湾的滞留时间和半交换周期。

9.2.1.3　滞留时间和半交换周期

表 9-1 给出了钦州湾不同径流量下的滞留时间 T_r 和半交换周期 $T_{1/2}$。由表 9-1 可以看出，茅尾海在不同径流量下的滞留时间均超过 1 000 h，并随径流量增大而减小；半交换周期在 120 m³/s 径流量下为 791 h，在 10 m³/s 径流量下为 1 505 h，反映出其随径流量减小而增大的趋势明显。钦州湾外湾的 T_r 为 235~313 h，$T_{1/2}$ 不超过 100 h，二者均随径流量增大而减小。比较茅尾海以及钦州湾外湾相应的水交换时间可知，外湾的水交换能力远强于内湾，整个钦州湾的滞留时间和半交换周期介于前二者之间。同时亦可以看出，$T_{1/2}$ 随径流量的变化在茅尾海明显大于外湾，反映了茅尾海受径流影响更为显著，外湾则度潮汐作用影响较大。表 9-1 给出的钦州湾的半交换时间为 6~7.5 d。

表 9-1　钦州湾水交换时间计算值

径流量/ m³·s⁻¹	茅尾海		外湾		钦州湾	
	T_r/h	$T_{1/2}$/h	T_r/h	$T_{1/2}$/h	T_r/h	$T_{1/2}$/h
10	1 726	1 505	313	97	595	178
30	1 460	1 261	297	96	583	174
60	1 298	1 109	291	94	550	170
90	1 165	867	258	88	465	151
120	1 059	791	235	79	413	148

表 9-2 给出了铁山港湾不同径流量下的滞留时间和半交换周期。在径流量分别为 0、4、100 m³/s 的情况下，T_r 分别为 598、487、215 h，反映出滞留时间随径流量增大而显著减小。半交换周期 $T_{1/2}$ 在不同径流量下约为 50 h，亦表现为随径流量增加而减小的趋势，但其变幅相对较小。

表 9-2　铁山港湾水交换时间计算值

交换时间	径流量/m³·s⁻¹					
	0	4	10	20	40	100
T_r/h	598	487	396	350	292	215
$T_{1/2}$/h	55	54	53	52	51	49

从表 9-1、表 9-2 亦可以看出，在不同海域 $T_{1/2}$ 均小于相同径流量条件下的 T_r，这一点符合二者的定义：半交换周期为水体或水体内物质经交换剩余一半时所需要的时间，滞留时间定义为水体或水体所携带的保守物质停留在水体中的平均时间，为加权平均的概念，式（9-6）中的积分在计算完半交换周期后仍需继续。

图 9-6 给出了钦州湾和铁山港湾的滞留时间与半交换周期随径流量变化的对比情况，可以看出，铁山港湾的滞留时间在小流量情况下随径流量变化显著，在大流量下随径流量变化较小，而钦州湾的滞留时间随径流量大致呈线性变化，二者的变化规律存在较大差异。对半交换周期而言，两个港湾的 $T_{1/2}$ 随径流量均近似呈线性变化，但钦州湾的变幅稍大。此外，不论是钦州湾、铁山港湾亦或是茅尾海与钦州湾外湾，$T_{1/2}$ 和 T_r 之间均无明确的函数关系，这反映了不同海域的水深、地形及径流与潮汐相互作用的差异性和复杂性。

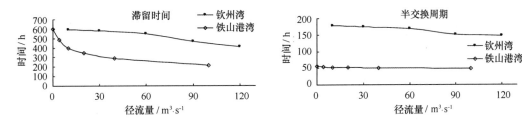

图 9-6　钦州湾与铁山港湾水交换时间随径流量的变化

综上，空间分布上在相同径流量条件下，茅尾海的滞留时间大于钦州湾外湾，外湾的水交换能力远强于内湾，整个钦州湾的滞留时间计算值介于二者之间，各海域滞留时间随径流量大致呈线性变化；在茅尾海，半交换周期 $T_{1/2}$ 随径流量的变幅明显大于外湾，反映出茅尾海受径流影响更为显著，外湾则受潮汐作用影响较大，整个钦州湾的 $T_{1/2}$ 随流量近似呈线性变化。铁山港的滞留时间在小流量情况下随径流量变化显著，在大流量下随径流量变化较小，半交换周期 $T_{1/2}$ 在不同径流量条件下约为 50 h 左右，呈现随径流量增加而小幅减小的趋势，二者亦近似呈线性变化。钦州湾、铁山港湾的 $T_{1/2}$ 和 T_r 之间尚无明确的函数关系。

9.2.2　防城港湾

防城港湾在北部湾北部顶端，位于 21°32.0′~21°44.3′N ，108°17′~108°29′E 之间，湾口朝南，宽约 10 km，全湾岸线约 115 km，海湾面积约 160 km²。全湾被 NE—SW 走向的渔䇲岛分为东湾和西湾两部分。海湾大部分海域水深较浅，滩涂宽阔，自然条件好。随着《防城港市城市总体规划》（2008—2025 年）的实施，防城港沿岸规划为工业、港口用地区、钢铁产业园、造船基地、大西南临港工业园与粮油食品加工产业园等大型项目。这些项目建设将会大量利用岸线资源和海域空间资源，改变水动力环境条件。为研究防城港湾物质输运的时间尺度空间变化及对不同环境因子的响应，本文通过高分辨率物质输运数学模型开展研究。

9.2.2.1　数学模型

模型计算范围西至北仑河口，取从河口口门上游向 8.5 km 处为径流边界。东边界至 108°54′E 附近，南边界约至 21°15′N。防城江和北仑河作为径流边界，外海开边界由 OPTS（OSU Tidal Prediction Software）全球潮位预报模型求得边界网格点的潮位过程给定。模型计算网格采用曲线正交网格，网格步长在外海最大约为 900 m，在近岸湾内、河口减小至 30 m 左右。模型网格总数为 376 × 333 个。模型验证采用 2007 年 5 月 18—19 日的实测水文资料。图 9-7 为防城港湾海域地形图。图 9-8、图 9-9 分别给出了潮位、流速和流向验证，图 9-10 为涨、落急流场，从整体流态看，模拟的流场能够反映研究区域内水深和地形的基本形势。总体而言，模型能够较好地复演研究区域内的潮流过程。

9.2.2.2　计算方案

为研究防城港湾滞留时间随径流及潮汐的变化，分别选取流量为年平均流量 Q_m、0、$Q_m/2$、$2Q_m$ 和 $3Q_m$ 作为上游开边界条件，由于东湾沿岸的河流都比较小，因此只考虑了西湾湾顶的防城江。分别选取大、中、小组合的潮汐过程和不施加潮汐过程的 0 潮差的极端情况作为外海开边界条件。为了研究防城港湾滞留时间的空间变化，分别将防城港湾东湾、西湾划分为 7 个和 9 个子区域，在湾顶设置 N1 区域以研究湾顶的滞留时间，西湾 W4 子区域地形较复杂，为细致研究，将 W4 子区域进一步划分为 W4L 和 W4R 两个子区域。子区域划分基本以水深条件为原则，对每个子区域的滞留时间进行了数值模拟计算。图 9-11 给出了各子区域的划分示意图。

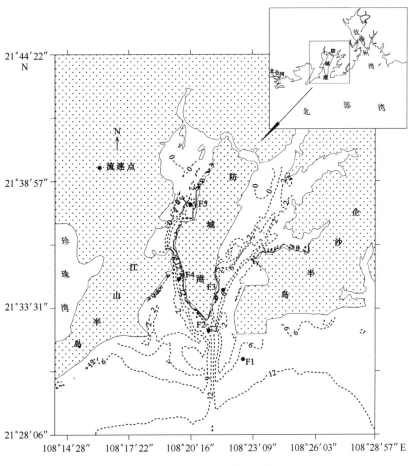

图 9-7　防城港湾海域地形图

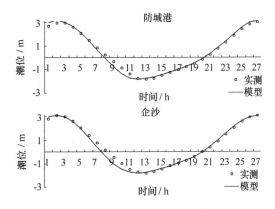

图 9-8　防城港和企沙潮位验证

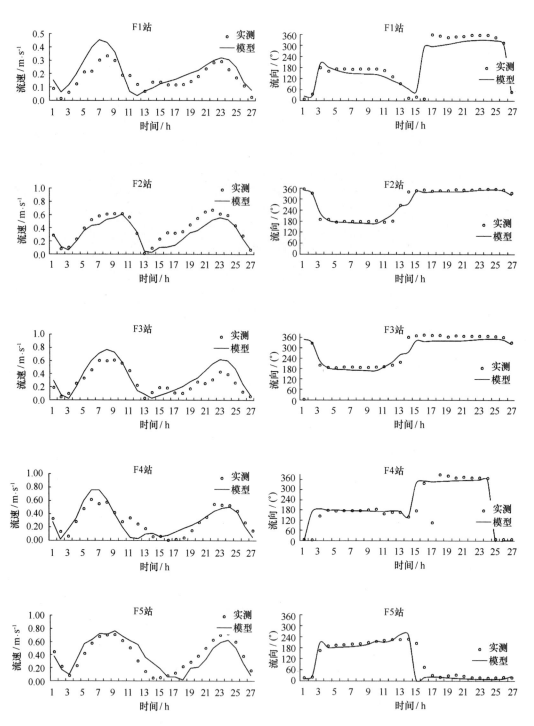

图 9-9　防城港湾各站位流速、流向验证

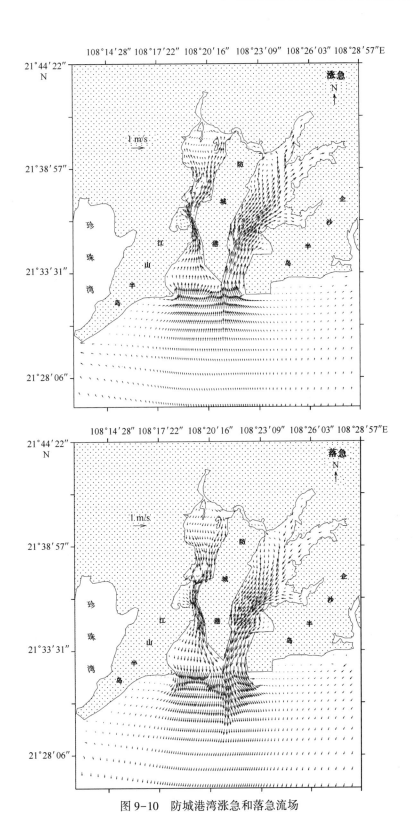

图 9-10　防城港湾涨急和落急流场

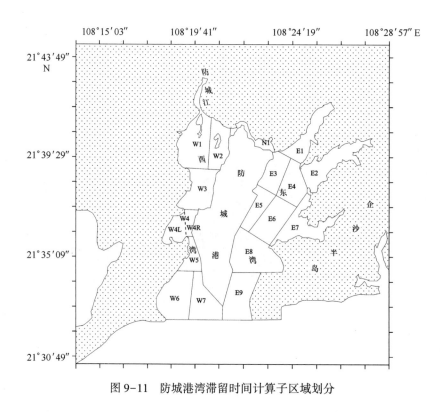

图 9-11　防城港湾滞留时间计算子区域划分

9.2.2.3　滞留时间的空间分布

表 9-3 给出了防城港湾不同区域在不同计算条件下的滞留时间。在混合潮和平均流量 Q_m 的情况下，西湾顶部的 W1 和 W2 子区域的滞留时间分别为 198.2 h 和 161.8 h，湾口的 W6 和 W7 子区域分别为 37.7 h 和 11.3 h，说明西湾内水交换能力的空间差异很大。湾顶处交换能力弱，湾口区水交换能力强。湾顶的 W2 水深条件较好，是防城江来水的主要通道，因此 W2 的滞留时间小于 W1。湾口的 W7 位于主航道上，水动力条件强，而 W6 位于浅滩处，因此 W7 的滞留时间明显小于 W6。在纵向上，西湾 W2—W3—W4—W5—W7 滞留时间分别为 161.8 h、123.6 h、156.7 h、65.7 h 和 11.3 h，基本呈由湾顶向湾口逐渐减小的趋势。其中，W4 滞留时间大于 W3，其原因应该是 W4 的地形比较复杂，在其西部存在一个回水区。若进一步将 W4 分为 W4L 和 W4R（图 9-11），其滞留时间分别为 230 h、118.2 h，则 W2—W3—W4R—W5—W7 的滞留时间向湾口单调减小。东湾的情况与西湾类似，从表 9-4 可以看出，在混合潮和平均流量 Q_m 的情况下，湾顶东北方 E1 区域的滞留时间最长可达 508.6 h，而湾口 E9 的滞留时间仅为 53.1 h，两者相差近 10 倍；从纵向上看，滞留时间沿深泓线 E4—E6—E8—E9 逐渐减小，在横向上，位于浅滩处的 E3、E5/E7 的滞留时间明显大于与之分别对应的深槽处的 E4 和 E6。综上可以认为，防城港湾的滞留时间空间分布上呈现明显的湾顶大于

湾口、浅滩大于深槽的整体特征。

表 9-3　防城港湾不同区域滞留时间计算值　　　　　　单位：h

区域	0	$Q_m/2$	Q_m	$2Q_m$	$3Q_m$
W1	314.3	247.6	198.2	146	110.9
W2	269.7	202.2	161.8	116.8	86
W3	189.8	146	123.6	94.9	75.9
W4	246.8	191.7	156.7	118.1	89.9
W5	126.6	86.6	65.7	39.9	29.4
W6	71.5	50	37.7	27	22.4
W7	26.3	16.3	11.3	7.54	6.6
E6	72.9	62.2	54	45.2	38.8
东湾	170.3	145.6	142.8	124.7	116.3
西湾	149.3	118.2	92.7	68.5	52.4

注：外海潮型为混合潮，径流量为 Q_m。

表 9-4　防城港东湾各子区域滞留时间计算值

	E1	E2	E3	E4	E5	E6	E7	E8	E9
滞留时间/h	508.6	279.3	180	58.9	71.5	54	294.9	53.9	53.1

注：外海潮型为混合潮，径流量为 Q_m。

9.2.2.4　径流量和潮汐的影响

在外海给定混合潮型，防城江流量分别取 0、$Q_m/2$、Q_m、$2Q_m$ 和 $3Q_m$ 情形下，研究径流来水对防城港东、西湾滞留时间影响。图 9-12 给出了防城港西湾 W1～W7、E6、整个东湾及西湾的滞留时间对防城江来水的响应关系。从图中可以看出各区域的滞留时间与径流量呈现明显的相关关系，给出的各研究区域 3 次多项式拟合曲线的相关系数 R^2 均超过了 0.9，最小为 0.973 7（东湾），其他均超过 0.99，说明在本研究所涉的径流量的量级内，滞留时间与径流量的 3 次方呈极好的函数关系。由图 9-12 亦可以看出，横向上，位于浅滩的 W1 拟合曲线走势相对平缓，而位于深槽主流区域的 W2 拟合曲线相对较陡，前者滞留时间随径流量的变化率小于后者，说明径流对后者影响大于前者；纵向上，西湾主流通道 W2—W3—W4—W5—W7 滞留时间随径流量的变化亦较显著，拟合曲线均呈现明显的下降趋势，表明从湾顶至湾口径流量对滞留时间仍保持相当大的影响，径流对西湾水体环境的净化起到非常积极的作用。从图 9-12 还可以看

257

出，东湾的 E6 区域和整个东湾的滞留时间亦随防城江径流量呈 3 次函数变化，表明防城江对防城港东湾的水交换有一定的影响，也间接表明防城江的部分来水通过东西湾顶的水道向东湾输运，并参与东湾的水体交换。此外，由表 9-3、图 9-12 的 E6 区域以及东湾、西湾的拟合曲线比较来看，防城江来水对东湾的影响明显小于西湾海域。

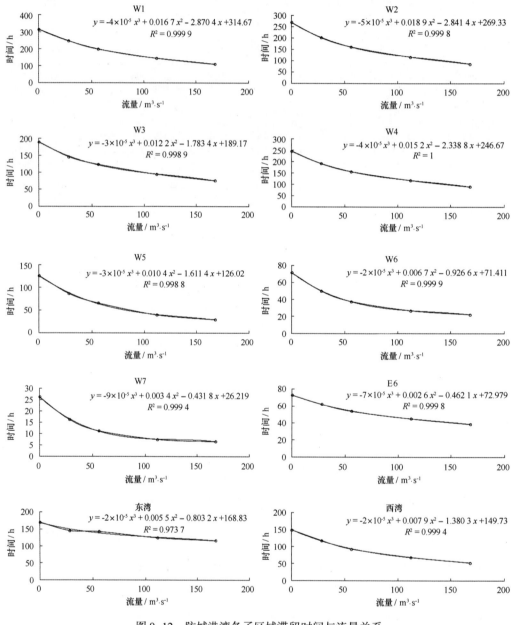

图 9-12　防城港湾各子区域滞留时间与流量关系

在外海潮差取 0，防城江流量分别取 Q_m、$2Q_m$ 和 $3Q_m$ 情况下，计算得到西湾的滞留时间分别为 475.1 h、290.7 h 和 238.6 h，呈现随径流量增大而逐渐减小的变化趋势；当外海取混合潮型时，由表 9-3，相应流量下的滞留时间分别为 92.7 h、68.5 h 和 52.4 h，由此可知，由于潮汐的作用，西湾的滞留时间大幅减小，仅约为单纯径流作用情况下滞留时间的 20%。事实上，外海取混合潮型、径流量取 0 的情况得到的滞留时间可以认为是单纯潮流的冲刷能力，相应的外海潮差取 0 时的滞留时间可以表征径流的冲刷能力。由表 9-3 可以看出，前者为 149.3 h，后者在平均流量下为 475.1 h，后者约为前者的 3.2 倍，由此可知，防城港西湾潮流对污染物质的冲刷能力远大于径流的冲刷能力，这应是由于防城江径流量较小所致。由此亦可以认为，湾内物质交换能力对由于围填海导致的湾口束窄可能导致湾内潮汐动力的变化尤为敏感。

综上，空间分布上防城港湾的滞留时间呈现明显的湾顶大于湾口、浅滩大于深槽的整体特征。西湾滞留时间与防城江径流量的 3 次方呈极好的函数关系，径流对西湾水体环境起到非常积极的净化作用。东湾的滞留时间亦随防城江径流量呈 3 次函数变化，防城江的部分来水通过东西湾顶的水道向东湾输运，对防城港东湾的水交换有一定的影响，但影响程度要小于西湾海域。由于潮流的作用，西湾滞留时间大幅减小。防城江径流量较小导致防城港西湾潮流对污染物质扩散能力的影响远大于径流。

9.2.3　北仑河口及珍珠湾

北仑河是我国与越南的分界河，河口北岸为我国，西岸为越南。北仑河口地理位置特殊，区域特点明显，资源敏感度强（图 9-13）。北仑河口位于北部湾的西北面，地处热带和亚热带区域，既受到热带气候条件的影响，也受到频繁人为活动的影响。北仑河口红树林生态保护区位于本研究区域内，更加提高了本海域海洋环境的敏感性。与此同时，沿海项目建设将会大量利用岸线资源和海域空间资源，改变水动力环境条件。随着防城港市经济发展呈现出加速化、临海化、重工业化的总体趋势，近海水动力变弱、海洋环境污染恶化以及景观环境破坏等问题日益加重。广西已有的海洋研究中对北仑河口的研究较少，仅有一些研究主要针对海洋环境调查、生态系统等。鉴于此，本节探讨北仑河口、珍珠湾及其邻近海域物质输运的时间尺度空间变化及对不同环境因子的响应。

9.2.3.1　数学模型

北仑河口及其邻近海域的数学模型上游边界位于北仑河口口门以上约 20 km，采用流量控制。模型范围东西向约为 30 km，南北向约为 45 km，包括珍珠港湾、北仑河口、防城港湾外部分海域，西边界近越南沿海。图 9-14、图 9-15 分别给出了潮位、流速和流向验证。图 9-16、图 9-17 分别为北仑河口及珍珠湾局部涨、落急流场。

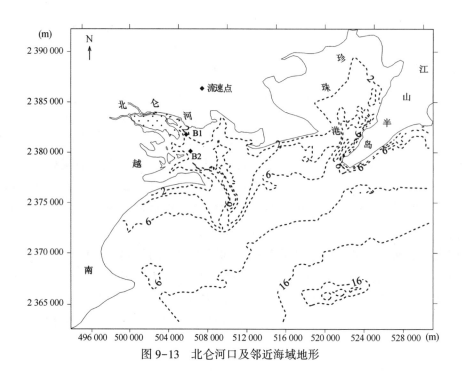

图 9-13 北仑河口及邻近海域地形

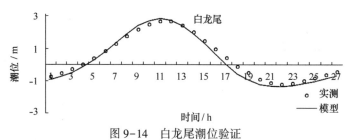

图 9-14 白龙尾潮位验证

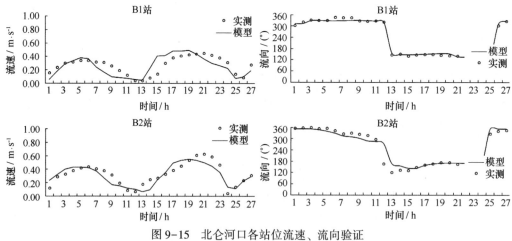

图 9-15 北仑河口各站位流速、流向验证

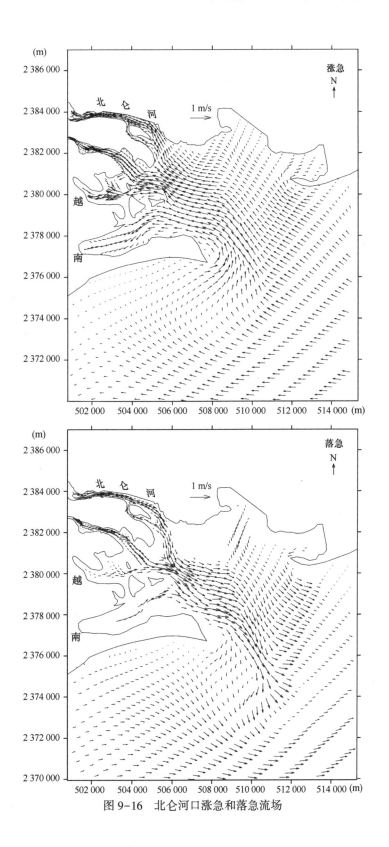

图9-16　北仑河口涨急和落急流场

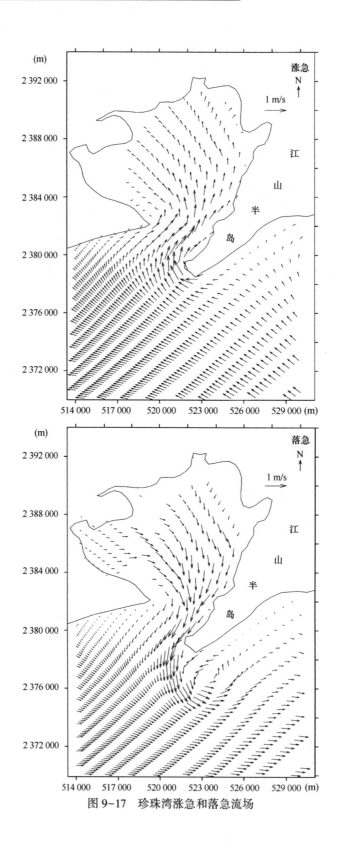

图 9-17　珍珠湾涨急和落急流场

9.2.3.2　计算方案

为研究北仑河口滞留时间随径流及潮汐的变化，分别选取流量分别为年平均流量 Q_m、0、$Q_m/2$、$2Q_m$ 和 $3Q_m$ 作为上游开边界条件，分别选取大潮、中潮以及大中小组合（混合潮）的潮汐过程作为外海开边界条件。为了研究北仑河口及其邻近海域滞留时间的空间变化，分别将北仑河口及珍珠湾划分为12个和9个子区域，对每个区域的滞留时间进行了数值模拟计算。图9-18给出了各子区域的的划分示意图，子区域划分基本上以水深条件作为划分原则。

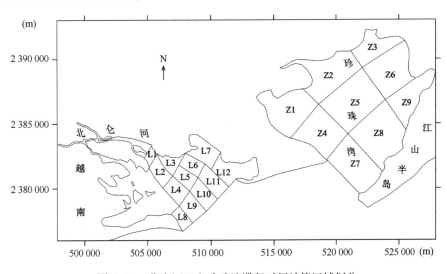

图9-18　北仑河口和珍珠湾滞留时间计算区域划分

9.2.3.3　滞留时间的空间分布

表9-5、表9-6分别给出了北仑河口及珍珠湾各区域的滞留时间空间分布。以混合潮、径流量取 Q_m 的情况为例，从表9-5可以看出：在纵向上，北仑河口深槽主流 L1—L2—L4—L9 一线的滞留时间分别为 143.4 h、76.2 h、17.6 h 和 5.3 h，呈现明显的自口门向外海逐渐减小的趋势，究其原因，口门附近主流深槽较窄，两侧发育大片浅滩影响了物质的交换，物质滞留时间较长；至茶古岛外部海域，深槽扩展，海域开阔，水动力条件增强，物质交换能力增大，滞留时间随之减小；与此同时，L1—L2—L4—L9 一线滞留时间的减小幅度沿程逐渐变小，说明径流的影响逐渐减小。L3—L5—L10 一线尽管不在深槽主流区域，但其滞留时间与 L1—L2—L4—L9 一线的分布规律一致。在横向上，L4—L7 一线的滞留时间分别为 17.6 h、81.3 h、187.5 h 和 506.5 h，在 L8—L12 一线分别为 3.3 h、5.3 h、21.0 h、47.6 h 和 138.5 h，结合图9-13可知，二者均呈现自深槽向浅滩逐渐增大的变化趋势。其他的计算条件下河口滞留时间空间分布规律亦相同。若将 L1—L12 作为一个整体区域计算，在混合潮、径流量取 Q_m 情形

下，其滞留时间为 145.9 h。表 9-6 给出的珍珠湾各子区域的滞留时间显示，在深水区的 Z4、Z5、Z7、Z8 处，在大潮情形下，滞留时间一般不超过 38 h，而在海湾边缘的浅水区，滞留时间明显增大，Z6、Z9 区域均超过 200 h。在混合潮型的情况下，位于珍珠湾内部的 Z3 浅水区域，滞留时间可达约 464.8 h。整个珍珠湾的滞留时间在大潮情况下为 60.4 h，在混合潮时为 185.9 h。基于上述分析可知，北仑河口和珍珠湾海域深水区的物质滞留时间相对较短，污染物的排放应尽量在深水区排放；同时，北仑河口区域和珍珠湾在大潮情况下的滞留时间分别为 74.1 h 和 60.4 h，即滞留时间与该海域大潮阶段的持续时间相近，所以污染物应尽量在大潮期间排放，以利于污染物迅速扩散稀释，减小对海洋生态环境的影响。

表 9-5　北仑河口滞留时间计算值　　　　　　　　单位：h

区域	大潮	混合潮	混合潮	混合潮	混合潮	混合潮	中潮
	Q_m	0	$Q_m/2$	Q_m	$2Q_m$	10	Q_m
L1	48.0	196.2	166.2	143.4	92.3	53.3	73.2
L2	32.3	120.1	96.0	76.2	50.1	34.7	44.6
L3	81.8	229.3	177.3	159.3	141.1	124.0	100.0
L4	12.1	25.4	20.5	17.6	14.9	13.0	16.3
L5	24.9	106.2	91.7	81.3	70.7	60.4	50.5
L6	46.8	196.9	189.7	187.5	181.8	147.1	96.1
L7	226.5	582.5	555.0	506.5	493.0	477.6	387.3
L8	2.0	3.4	3.3	3.3	3.2	3.1	3.5
L9	5.3	5.6	5.4	5.3	5.0	4.7	5.3
L10	13.3	26.1	23.1	21.0	17.9	14.3	14.4
L11	19.0	61.4	53.9	47.6	37.3	23.3	27.1
L12	49.7	164.7	146.2	138.5	133.7	77.7	92.8
A	74.1	189.2	148.6	145.9	145.6	145.4	108.7

注：A 表示 L1—L12 作为整体计算。

表 9-6　珍珠湾滞留时间计算值　　　　　　　　单位：h

	Z1	Z2	Z3	Z4	Z5	Z6	Z7	Z8	Z9	A
大潮	150.5	100.5	189.1	33.5	37.3	203	12	12	201.6	60.4
混合潮	413.7	353.6	464.8	59	72.8	291.3	18.2	19.2	436.1	185.9

注：A 表示 Z1—Z9 作为整体计算。

9.2.3.4　径流量的影响

图 9-19 给出了北仑河口 L1—L12 各子区域的滞留时间与径流量的关系。可以看出

各子区域的滞留时间与径流量呈现明显的函数关系，图亦给出了各子区域的二次多项式拟合线，可以看出各拟合曲线的相关系数 R^2 均超过了 0.9，最小为 0.947 2（L12）、最大为 0.999 8（L2）。一般而言，R^2 在浅滩处较小，如 L3、L7、L12，在水深较大区域 R^2 较大，如 L2、L4、L9 等，这可能与浅水区域地形更为复杂有关。北仑河口深槽线主要沿 L1—L2—L4—L9 一线走向，L3、L5—L7、L11—L12 等处为大片浅滩，低潮时出露，北仑河口的径流量相对又不是很大，径流对距离深槽较远区域的影响相对有限。在纵向上，滞留时间随径流量的变化率表现出自口门向外海逐渐减小的趋势：由 L1—L2—L4—L9 子区域的拟合公式可看出，滞留时间与径流量关系的拟合效果相对最好，在口门附近区域的 L1、L2，其拟合曲线较好地表现为二次函数，滞留时间随径流量的变化率相对较大，说明径流量对这两个区域的滞留时间影响较大；至 L4 区域，其二次拟合曲线效果稍差些，基本仍满足二次函数的基本特征，但其二次项系数已较小，曲率趋近平缓，说明径流量增大对其滞留时间影响区域减小；靠近外海的 L9 区域，径流量与滞留时间的关系已明显表现为线性函数，从拟合的二次函数各项系数可以看出，其二次项系数已非常小，可认为二次函数曲线已退化为一次函数，并且其一次项系数（即线性函数斜率）亦较小，曲线走向非常平缓，这表明径流量的较大增加并不能促使滞留时间明显减小，在 L9 南部海域，径流量对滞留时间的影响相对较弱。在横向上，L4—L7 一线和 L8—L12 一线滞留时间随径流量的变化曲线逐渐趋缓，其变化率大致表现出自深槽向浅滩逐渐减小的趋势，说明径流对滞留时间的影响在深槽处大于浅滩处。

9.2.3.5 潮差的影响

由表 9-5 可以看出，位于口门附近的 L1 区域在大潮、混合潮和中潮情况下，滞留时间分别为 48、143.4 和 73.2 h，在 L4 区域分别为 12.1、17.6 和 16.3 h，L9 区域在 3 种潮型情况下均为 5.3 h。这说明潮差对滞留时间的影响明显，滞留时间随潮差的增大而减小，混合潮因为含有小潮过程，滞留时间最大，其值最大可达大潮的 3 倍以上（L1、L5）。滞留时间随潮差的变幅在纵向上呈现出口门处大于外海的趋势，这应该是由于外海滞留时间很短所致。在横向上，滞留时间随潮差的变化呈现与纵向上类似的规律：滞留时间随潮差的增大而减小，滞留时间短时受潮差的影响较小。此外，由表 9-5 还可以看出，若将 L1—L12 作为一个整体区域考虑，则滞留时间主要随潮差变化而变化，随径流量变化较小。这可能与北仑河口各区域的滞留时间在空间上差异很大有关。在珍珠湾海域，各区域的滞留时间随潮型的变化更为明显，在包含小潮过程的混合潮型的情况下，滞留时间明显大于仅大潮作用的情况。珍珠湾滞留时间随潮差变化比北仑河口区域更为显著，除两个区域的自然条件不同外，还应与由于珍珠湾沿岸河流较小，在计算中未考虑径流的影响有关。

综上，在空间上北仑河口区域滞留时间在纵向上呈现明显的自口门向外海逐渐减小的趋势，减小幅度逐渐变小，说明径流的影响逐渐减小；在横向上滞留时间自深槽

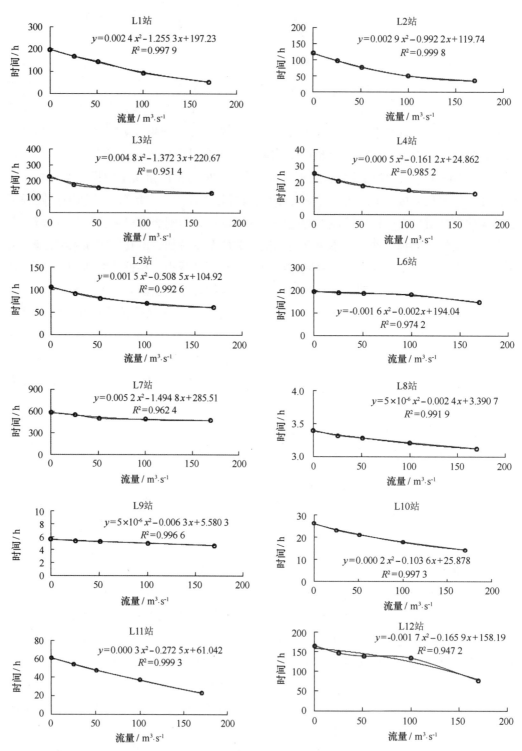

图 9-19　北仑河口各子区域滞留时间与径流量关系

向浅滩逐渐增大。在珍珠湾海湾边缘的浅水区，滞留时间明显大于深水区域的滞留时间。北仑河口区域滞留时间与径流量呈现明显的二次函数关系，拟合曲线的相关系数 R^2 在浅滩处较小，滞留时间随径流量的变化率在纵向上由口门向外海逐渐减小，在横向上滞留时间随径流量的变化率大致表现为自深槽向浅滩逐渐减小的趋势，说明径流的影响向外海逐渐减弱，在深槽处大于浅滩处。滞留时间随潮差的增大而减小，变幅在口门处大于外海。北仑河口作为整体考虑的情况下，滞留时间则主要受潮汐的影响。

第10章 海洋环境容量总量控制

水环境污染物总量控制简称总量控制，是指根据一个地区或区域的自然环境和自净能力，依据环境质量标准，控制污染源的排放总量，把污染物负荷总量控制在自然的承载能力范围内。采用总量控制的水污染控制和管理方法已得到人们的共识，许多学者从不同角度建立了污染物排放控制模型，根据水环境或区域环境目标的要求，通过优化计算得到达到该环境目标所允许的污染物最大排放量，进而得出污染物排放总量控制规划方案及总量控制规划的保障措施，为海域环境保护管理提供科学依据。

污染物总量控制研究源于 20 世纪 60 年代日本和美国的水质规划。最早的水质目标管理技术以浓度控制为主，但随着排入水体污染物的增多及对水质目标、水质管理要求的提高，浓度控制难以控制水环境污染，在 20 世纪 70 年代，美国、日本等发达国家开始进行污染物排放总量控制。在我国，经济持续快速发展和人民生活水平的提高导致了自然资源和生态环境受到越来越大的压力，水环境污染问题日益严重。随着我国环境管理的深入，我国水污染控制在经历了浓度控制和目标总量控制后，目前已在向容量总量控制方向转变。污染物排放总量控制正式作为中国环境保护的一项重大举措，出现在 1996 年全国人大通过的《国民经济和社会发展"九五"计划和 2010 年远景目标纲要》中。"十五"以后我国总量控制思路和方法都进行了调整，将宏观目标总量控制与基于控制单元水质目标的总量控制管理相结合。"十二五"全国主要污染物排放总量控制规划表明"十二五"时期国家将推行四大环保战略，实施强化总量减排倒逼机制，在行业上抓好总量控制及重金属、挥发性有机化合物的区域性总量控制。学者研究得出，国家中长期"十二五"期间实施总量控制约束性、质量改善指导性模式，不以单一的环境质量考核代替排放总量控制考核。"十三五"期间（2016—2020 年）实施总量控制约束性、质量改善约束性模式，即"双约束"模式。由于"十三五"时期是中国全面小康社会目标的实现期，影响环境质量改善的主要污染物都必须严格实行排放总量控制，同时环境质量必须得到改善。总量控制是水环境污染物总量控制的简称，指根据一个流域、地区或区域的自然环境及其自净能力，根据环境质量标准，通过控制污染源的排污总量和相应的污染物处理措施，把污染物负荷总量控制在自然环境的承载能力范围之内。其包括 3 个要素：污染物的排放总量、排放污染物的地域和排放污染物的时间。海洋环境容量把海洋环境容纳污染物的能力与允许污染源排放的量联系起来，不仅是制定沿海污水排海计划的基本依据，同时也是海域水质管理的有力工具。只有在总量研究的基础上，才能制定出既达到环境标准又行之有效的规划方案，图 10-1 给出"总量控制-质量改善"行动路线图。总量控制通过限制水环境中污染物的总量，不管区域的污染源是否增加，只要排入水体中的污染物负荷总量不超过其水环境容量，则可保证水质目标的实现，避免了浓度控制下可以通过稀释排放达标的弊病。

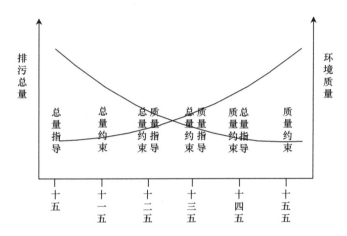

图 10-1 "总量控制-质量改善"行动路线图（王金南等，2010）

本研究以海域环境功能规划为控制标准，以防城港湾、钦州湾、铁山港湾为例开展广西典型海湾的主要污染物排放总量控制研究。根据相关规划及海洋环境现状，海水环境容量分析所选取的污染因子主要为 COD、N、P。

10.1 研究方法

污染物质进入海洋以后，在海水中进行复杂的物理、化学和生物过程。通过这 3 种过程的作用，污染物质在海水中被稀释、吸收、沉降或转化，环境逐渐恢复到原来的状况，这些过程即为海水自净过程。影响海水自净能力的因素主要有海岸地形、水文条件、水中微生物的种类和数量、海水温度和含氧状况，以及污染物的性质和浓度等。这些因素构成一个复杂的相互作用特征，即污染源输入-水质响应系统。因此海域的环境容量的计算需要水动力学、水化学等多方面的综合研究工作，通过污染物质在海洋环境中的动力学模型进行计算。在河口近岸海域污染物输运转化过程可用方程表述：

$$\frac{\partial C}{\partial t} + V\nabla C = \nabla(A_h \nabla C) + Q, \qquad (10-1)$$

其中，C 为污染物的垂向平均浓度，V 为流速，Q 为源汇项，A_h 为水平湍流扩散系数，∇ 为水平梯度算子。可以看出，对于某一特定海区，一定的排放负荷所产生的环境影响的空间分布是一定的，据此相应关系，以水质目标作为约束条件便可以计算出各排污源的允许排放总量。

根据定义，环境容量可表述为：在选定的一组水质控制点的污染物浓度不超过其各自对应的环境标准的前提下，使各排污口的污染负荷排放量最大，即：

$$\text{目标函数：} \max L = \sum_{j=1}^{n} x_j,$$

约束条件：$\sum_{j=1}^{n} a_{ij} x_j + c_{bi} \leq c_{is}$，$i = 1, 2, \cdots, m$，$x_j \geq 0$，$j = 1, 2, \cdots, n$，

式中，i 为水质控制点编号；m 为水质控制点数目；j 为排污口编号；n 为排污口数目；x 为负荷量；L 为总负荷量；a_{ij} 为第 j 个排污口的单位负荷量对第 i 个水质控制点的污染贡献度系数；c_{bi} 为水质控制点的污染现状浓度；c_{is} 为水质控制点处的环境标准控制水质浓度值。响应系数 a_{ij} 由海域环境影响预测部分二维浅水方程和污染物二维输运方程的模拟结果得到。各排污口附近混合区范围通过控制混合区范围的水质监控点选取实现。

在流速 V、水平湍流扩散系数 A_h 确定的情况下，方程（10-1）为线性的，满足叠加原理。因此，若干个污染源共同作用下所形成的平衡浓度场可视为各个污染源单独影响浓度场的线性迭加，即设 C_i 为第 i 个污染源 Q_i 单独作用的浓度场，则在 n 个污染源同时存在时所形成的浓度场 C 为：

$$C(x, y, t) = \sum_{i=1}^{n} C_i(x, y, t)，\tag{10-2}$$

同时，某一源强所形成的浓度场可以视为由若干个单位源强的作用的线性迭加的结果，即有：

$$C_i(x, y, t) = P_i(x, y, t) Q_i，\tag{10-3}$$

其中，$P_i(x, y, t)$ 为单位源强（$Q_i = 1$）时所形成的浓度场。$P_i(x, y, t)$ 可称为响应系数，它表征了海区内水质对某个点源的响应关系。由于各种环境动力因素的相互作用，$P_i(x, y, t)$ 在海区内的分布随地点而变化，形成响应系数场。在海洋环境中，由于潮汐的影响，响应系数场是随涨落潮过程而呈周期性变化的，具体应用中，响应系数场应考虑其随潮汐动力的时间变化，因此本研究中取 15 d 的平均值。本章所采用的潮流数学模型基本情况详见第 9 章。

10.2　海洋环境容量分配

10.2.1　铁山港湾

在铁山港湾沿岸共布设了 6 个虚拟污染源（表 10-1、图 10-2），用每一个污染源分别代表其所在岸段的污染排放。图 10-3 为铁山港水质控制点的分布，图 10-4 至图

10-9 为 6 个虚拟污染源排放排放强度取 100 时污染物的扩散情况。

表 10-1 铁山港湾湾虚拟污染源坐标

站号	纬度	经度
T1	21°43′47″N	109°34′29″E
T2	21°39′05″N	109°31′37″E
T3	21°37′48″N	109°34′45″E
T4	21°34′31″N	109°35′18″E
T5	21°33′17″N	109°38′44″E
T6	21°26′26″N	109°26′20″E

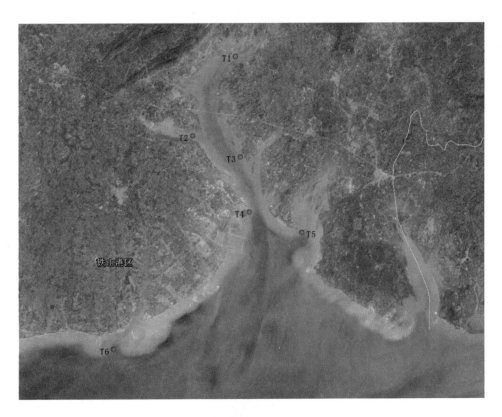

图 10-2 铁山港湾海域虚拟污染源位置示意图

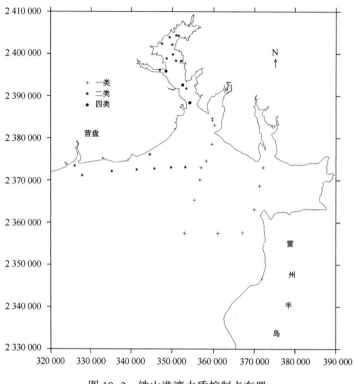

图 10-3 铁山港湾水质控制点布置

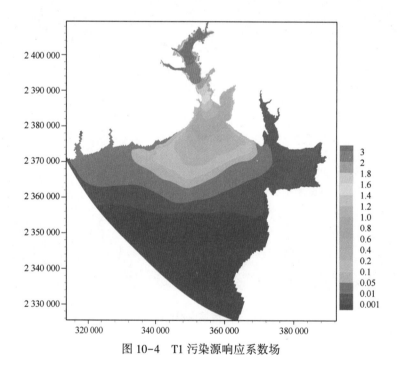

图 10-4 T1 污染源响应系数场

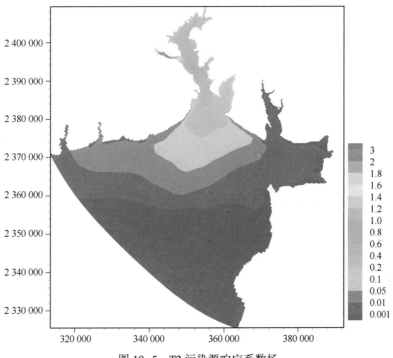

图 10-5　T2 污染源响应系数场

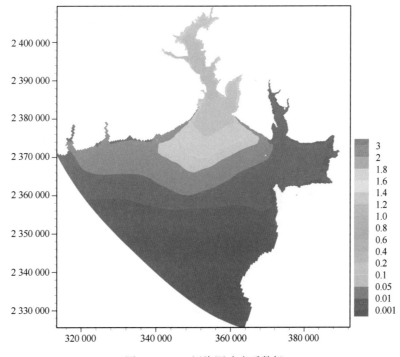

图 10-6　T3 污染源响应系数场

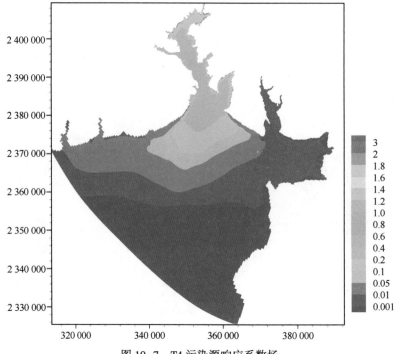

图 10-7　T4 污染源响应系数场

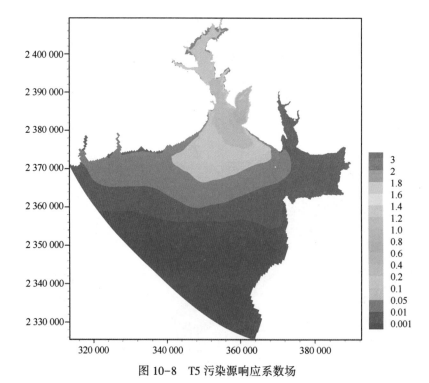

图 10-8　T5 污染源响应系数场

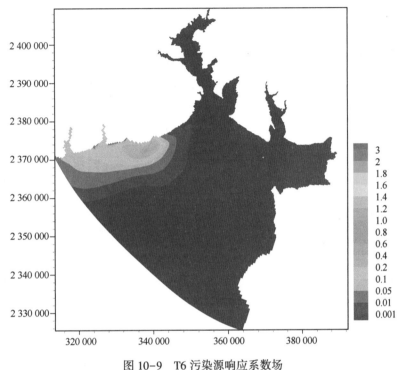

图 10-9　T6 污染源响应系数场

　　位于湾顶的 T1 污染源会导致湾内水域大面积的高浓度区的出现，这应该是由于湾顶区域水深很浅、水动力很弱导致的污染物在湾内的大量聚集所致。T2 污染源的排放将在局部较为封闭的小区域内形成高浓度区，在湾内较大的水域内浓度较为均匀。T3 污染源污染物的扩散与分布与 T2 情况极为相似，二者差异主要是在各自附近的浓度的差异，T3 污染源不能形成 T2 污染附近封闭小区域的高浓度区，但在山口自然保护区附近浓度略高于 T2 的情况。T4 污染源位于铁山港湾的湾口处，污染物具有扩散所需的良好的水动力和地形条件，因此形成高浓度区，但其影响范围亦可达湾顶。T5 污染源位于山口自然保护区附近，该处靠近外海开场水域，但局部地形和水深导致污染物在排放后会在排污口周边形成面积较为广阔的较高浓度区。T6 污染源位于营盘附近，该污染源排放的影响主要是向西、向南方向，对铁山港内影响甚微。

　　表 10-2 为铁山港湾虚拟污染源 COD、N、P 的剩余排放负荷，可以看出 T1 污染源由于扩散能力很弱，易于导致湾内污染物的聚集，该处没有剩余排放容量。T4、T5 污染源由于靠近水质标准要求较高的山口自然保护区（一类水质标准），也已不存在剩余排放量。T6 污染源主要影响周边，对湾内影响甚微，该处附近水质要求为二类水质，所以 T6 所代表的岸段存在一定的剩余排放容量。T3、T4 分别位于铁山港内中段的东、西两岸，由表 10-2 可知，此 2 个虚拟污染源所代表的岸段存在较多的剩余环境容量，这一方面是由于目前铁山港内水质状况尚良好，基本为一类水质，另一方面是因为铁

山港内规划为港口航运区，对水质要求较低。同时值得指出的是，本文所采用的规划方法的基本思想为通过优化计算得到达到该环境目标所允许的污染物最大，事实上若削减实际的总的排放量或考虑其他因素，各污染源的剩余排放容量尚可做一定调整。

表 10-2 铁山港湾虚拟污染源剩余排放负荷   单位：t/a

站号	COD	N	P
T1	0.0	0.0	0.0
T2	35 383.4	2 617.5	399.2
T3	1 2617.6	788.4	126.1
T4	0.0	0.0	0.0
T5	0.0	0.0	0.0
T6	8 010.1	1 030.6	113.8
合计	56 011.1	4 436.5	639.2

10.2.2 钦州湾

在钦州湾沿岸共布设了 7 个虚拟污染源（表 10-3、图 10-10），用每一个污染源分别代表其所在岸段的污染排放。图 10-11 给出了钦州湾水质控制点的分布，图 10-12 至图 10-18 为钦州湾沿岸各虚拟污染源排放的扩散情况。图中污染排放强度为 100。

表 10-3 钦州湾虚拟污染源坐标

站号	纬度	经度
Q1	21°50′7″N	108°29′5″E
Q2	21°50′54″N	108°35′39″E
Q3	21°44′58″N	108°33′3″E
Q4	21°37′51″N	108°32′11″E
Q5	21°41′48″N	108°41′11″E
Q6	21°35′54″N	108°44′39″E
Q7	21°44′41″N	108°36′53″E

Q1 污染源位于茅岭江口附近，污染物向外海输运过程中，高浓度主要分布在茅尾海西岸，同时向东面扩散，但不致影响茅尾海湾顶区域。经龙门水道的强水流动力的混合，在龙门水道中，浓度断面分布渐趋均匀，横向梯度减小，但不能达到横向完全

均匀的状态。出龙门水道后，浓度等值线呈现两个特征：在航道区域，污染物有明显的沿航道向外海扩散的趋势；在航道东面，浓度等值线近乎东西走向（图 10-12）。

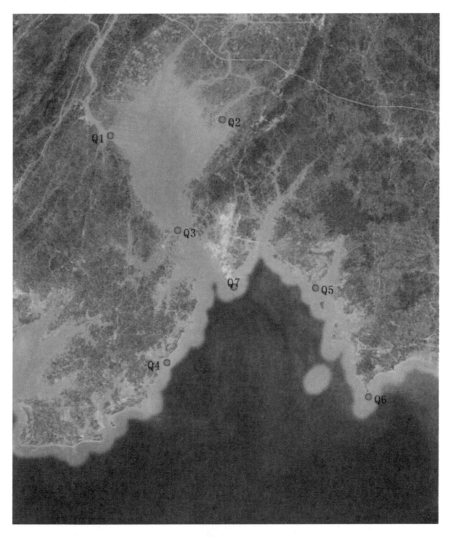

图 10-10　钦州湾海域虚拟污染源位置示意图

　　图 10-13 为钦江河口附近的虚拟污染源 Q2 的扩散情况。可以看出，在钦江口门附近形成以高浓度区，污染物在茅尾海内主要沿东岸向外输运，同时又存在明显强于 Q1 的湾内横向输运。在龙门水道以外，污染物分布的平面形态与 Q1 污染源的情况类似，但扩散范围和浓度均小于 Q1 的情况，这一现象与茅尾海内 Q2 污染源在横向的输运较强而导致在茅尾海内滞留较多相对应。可以看出，龙门水道由于其特殊的地形和水流条件，对于水流所挟带的污染物具有很强的混合作用，经过龙门水道后，污染物在水体中分布趋于均匀。

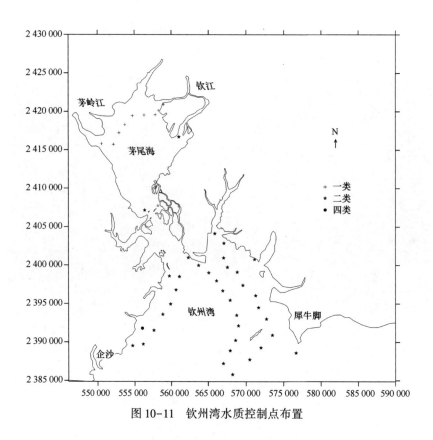

图 10-11　钦州湾水质控制点布置

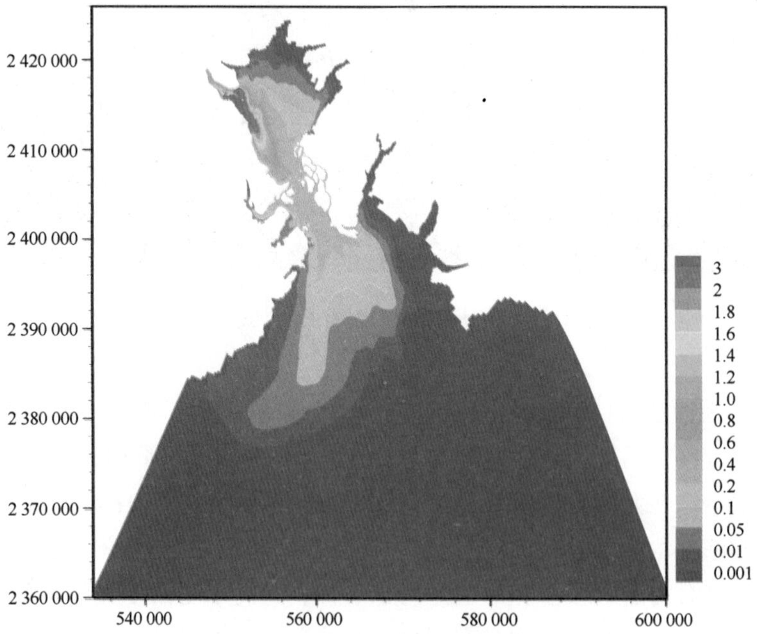

图 10-12　Q1 污染源响应系数场

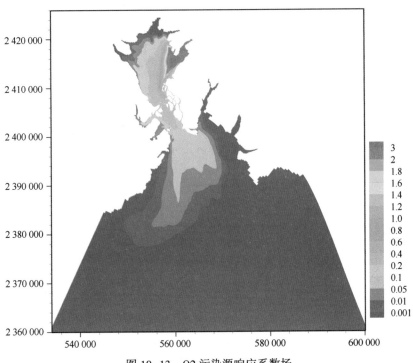

图 10-13　Q2 污染源响应系数场

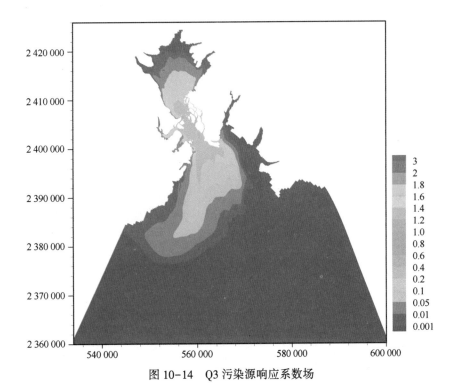

图 10-14　Q3 污染源响应系数场

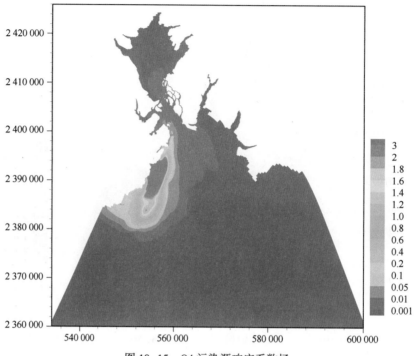

图 10-15　Q4 污染源响应系数场

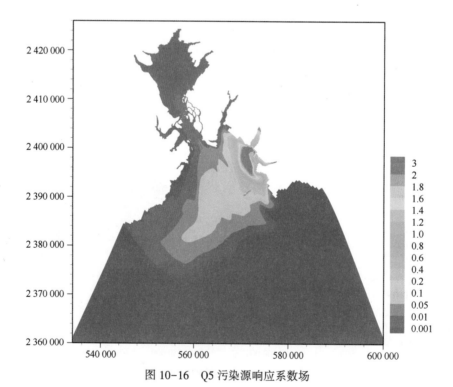

图 10-16　Q5 污染源响应系数场

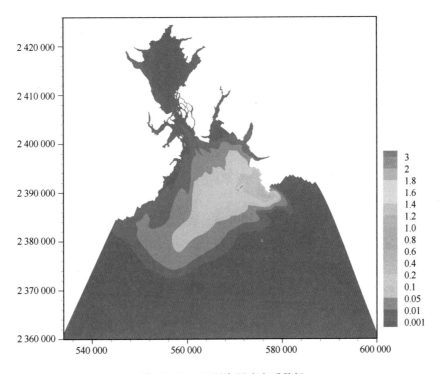

图 10-17　Q6 污染源响应系数场

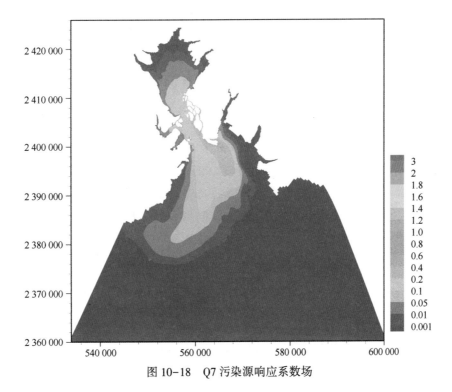

图 10-18　Q7 污染源响应系数场

图 10-14 为 Q3 污染源排放的输运情况。Q3 位于龙门水道的上端西岸，代表了茅尾海南部、龙门水道上端的污染物排放。该处水深和流速均相对较大，因此污染物在此处的排放不能形成高浓度区，污染物向北可较大地影响到茅尾海中部及钦江、茅岭江口门。污染物排放后即经过在龙门水道的混合后，随潮流的向外输运。在钦州湾内，污染物的平面分布呈现与 Q1、Q2 污染源类似的形态，但向西南方向影响的范围和强度均更大。

Q4 污染源位于防城港核电项目附近，该处的排放主要影响周边附近浅水区域，并向西、向南扩散。影响较大的东缘可达到航道处，由于航道处沿航道的强水流的影响，污染物越过航道向东方向的横向输运很弱。

Q5 位于钦州湾东岸中部，由于水深较浅，水流较弱，污染物在排污口附近形成较大面积的高浓度区，大致呈沿岸走向的椭圆形。向西的扩散等值线基本呈东西走向。与 Q4 类似的原因，由于航道内强水流的阻挡，污染物很难越过航道向西扩散，同时虽然污染物有绕过航道南缘向西扩散的趋势，但其影响范围有限。

Q6 虚拟污染源位于犀牛脚，该处的污染物排放后主要在钦州湾主航道以东的水域输运。向北的影响范围很小，污染物浓度等值线基本呈现 NEN—WSW 走向。同时由于Q6 位于钦州湾的外缘，航道强水流影响有限，因此污染物排放后可以较为容易地向西向南输运。

Q7 虚拟污染源位于龙门水道下端的东岸。污染物在该处的排放所导致的污染物分布于位于龙门水道上端的 Q3 污染源的情况非常相似，差异为 Q7 污染源在钦州湾的影响范围更大、浓度也较 Q3 的情况更大，而在茅尾海，情况则恰为相反。

表 10-4 为钦州湾各污染源 COD、N、P 的年剩余排放污染容量。由相关规划可知，茅尾海内水质控制主要为二类水质标准，但局部小区域为一类水质标准。由于茅尾海内水质现状在沿岸部分小范围内已非常接近一类水质标准的的上限，所以在本次总量规划中，计算结果显示，茅尾海内的 3 个虚拟污染源除 Q3 存在少量的 P 的剩余排放容量（0.6 t/a）外，其他均没有剩余容量。COD 的剩余容量在 Q5～Q7 虚拟污染源均剩余约 6 300 t/a。在钦州燃煤电厂附近的 Q7 约为 8 650 t/a，这一数值与下一节的 F14 源存在一定差异，原因是 F14 与 Q7 并不重合，Q7 基本位于 F14 与企沙之间，更靠近外海。N 和 P 的剩余容量基本上呈现外海的虚拟污染源 Q4 和 Q6 最多，钦州湾内的虚拟污染源 Q5 和 Q7 较少。

表 10-4　钦州湾虚拟污染源剩余排放负荷　　　　单位：t/a

站号	COD	N	P
Q1	0.0	0.0	0.0
Q2	0.0	0.0	0.0
Q3	0.0	0.0	0.6

站号	COD	N	P
Q4	6 315.4	183.2	7.3
Q5	6 306.9	0.0	2.5
Q6	6 315.4	749.6	47.3
Q7	8 650.0	0.3	1.6
合计	27 587.7	933.2	59.3

10.2.3 防城港市沿岸

10.2.3.1 响应系数场

根据防城港市沿岸自然状况及污染物排放情况，在从北仑河口至红沙的防城港市沿岸共布设了14个虚拟污染源（表10-5、图10-19），用每一个污染源分别代表其所在岸段的污染排放。表10-5为虚拟污染源位置坐标。按前述定义，响应系数场为单位源强形成的浓度场分布，由响应系数场可得到该污染源的影响范围。

表 10-5 防城港市沿岸虚拟污染源坐标

站号	纬度	经度
F1	21°32′27″N	108°02′55″E
F2	21°31′26″N	108°13′30″E
F3	21°35′48″N	108°18′05″E
F4	21°43′13″N	108°20′19″E
F5	21°35′16″N	108°19′54″E
F6	21°41′24″N	108°25′38″E
F7	21°39′42″N	108°26′17″E
F8	21°37′00″N	108°24′35″E
F9	21°36′03″N	108°24′53″E
F10	21°33′18″N	108°21′06″E
F11	21°32′52″N	108°22′55″E
F12	21°33′09″N	108°26′46″E
F13	21°34′23″N	108°28′49″E
F14	21°38′50″N	108°33′19″E

图 10-19 防城港市海域虚拟污染源位置示意图

10.2.3.2 水质控制点

各排污口附近混合区范围通过控制混合区范围的水质监控点选取实现。其水质现状和达标浓度值要求按《海水水质标准》与《防城港市海域功能区划》确定，混合区的范围按照《污水海洋处置工程污染控制标准》GB 18486—2001 确定。为保证分区达标控制，在污染源附近不同功能区水质分界线处设立水质控制点（图 10-20）。

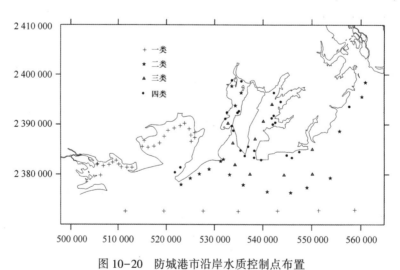

图 10-20 防城港市沿岸水质控制点布置

10.2.3.3　分区达标控制

在利用前述数学模型模拟得到污染响应系数场以后，结合该区域的污染现状，利用上述分区达标控制法可以计算得到虚拟污染源所代表的岸段能够排放污染物的最大负荷量。

10.2.3.4　计算结果分析

（1）污染物扩散趋势及影响范围

图10-21至图10-34为14个虚拟点源的排放扩散图，图中虚拟污染源排放强度为100。可以看出北仑河口附近的 F1 虚拟污染源其影响范围仅限河口附近，污染物自北仑河入海后主要集中在口门附近海湾，北仑河口附近的 F1 源排放的污染物在空间上向东向北扩散有限，向东不能到达珍珠湾口。同时在河口湾内也不超过2，没有高浓度污染水体存在。这表明在北仑河口区域，物质主要是沿岸向西南方向输运，部分污染物绕过茶古岛沿岸向越南方向扩散。

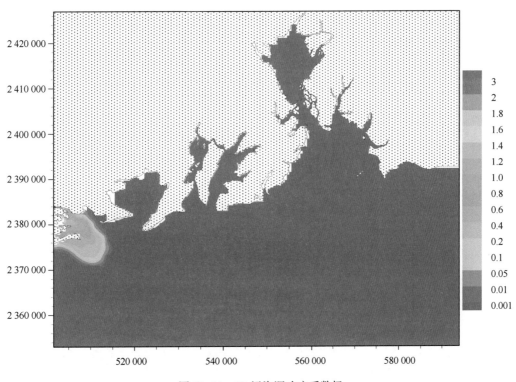

图 10-21　F1 污染源响应系数场

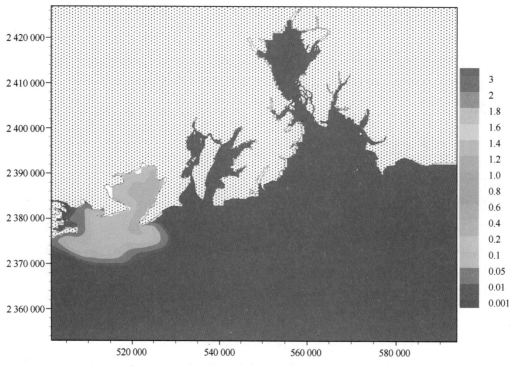

图 10-22　F2 污染源响应系数场

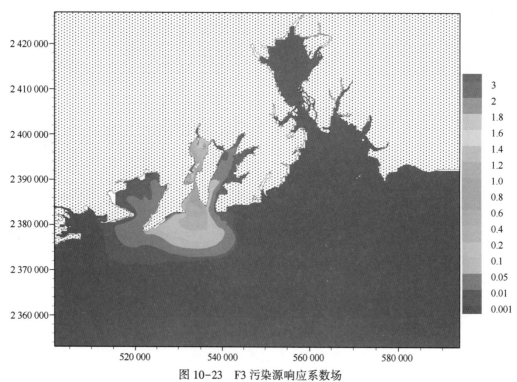

图 10-23　F3 污染源响应系数场

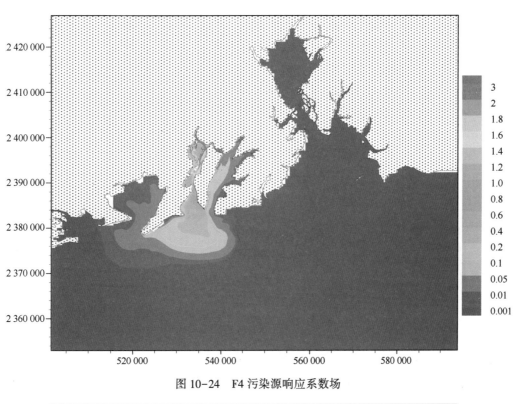

图 10-24　F4 污染源响应系数场

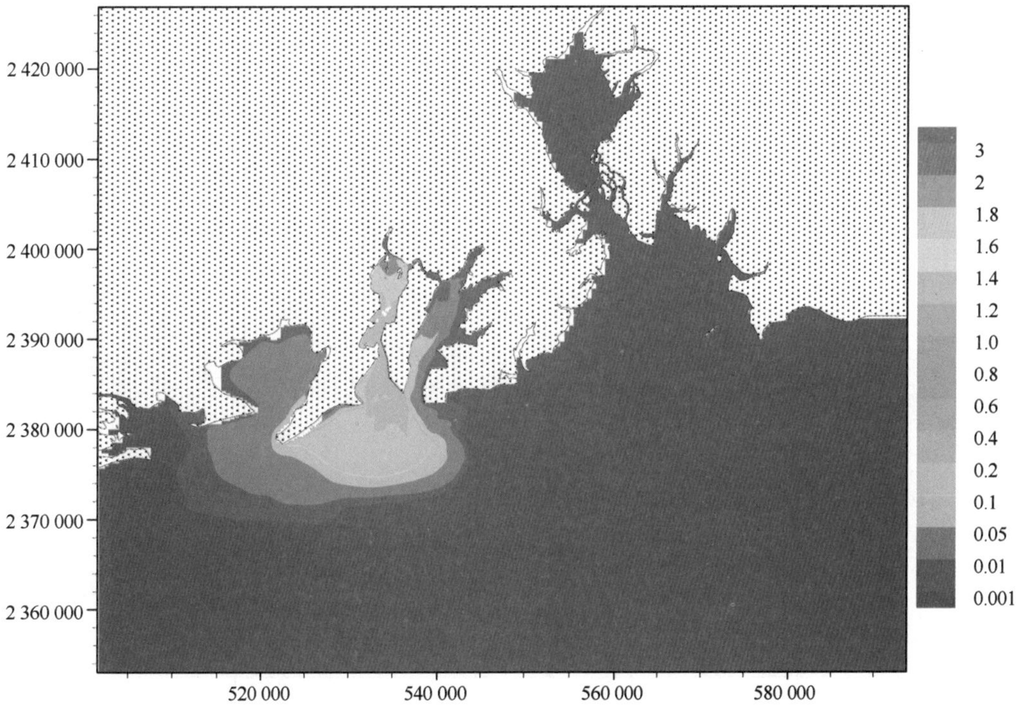

图 10-25　F5 污染源响应系数场

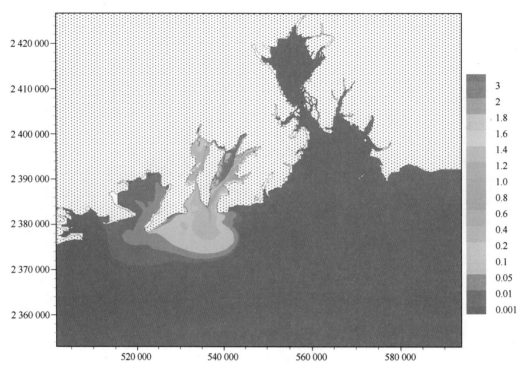

图 10-26 F6 污染源响应系数场

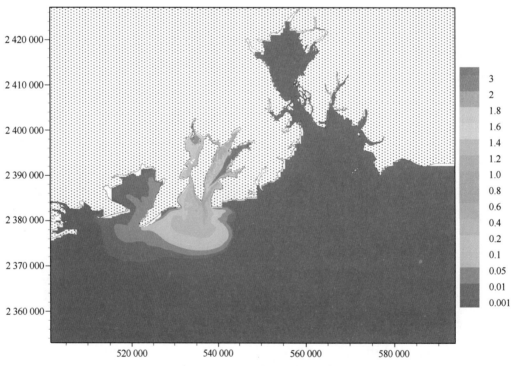

图 10-27 F7 污染源响应系数场

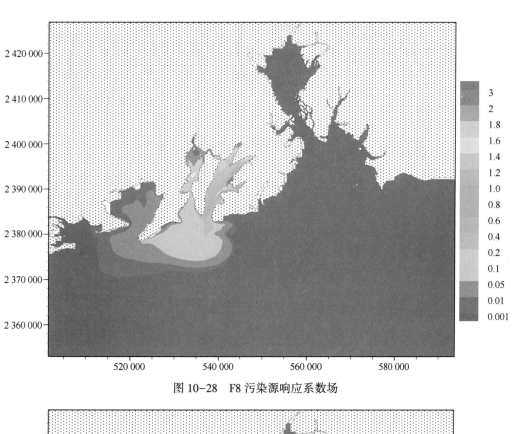

图 10-28　F8 污染源响应系数场

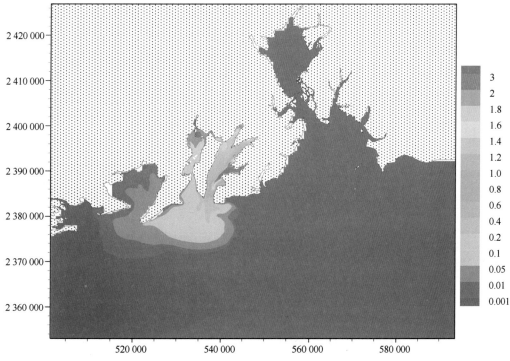

图 10-29　F9 污染源响应系数场

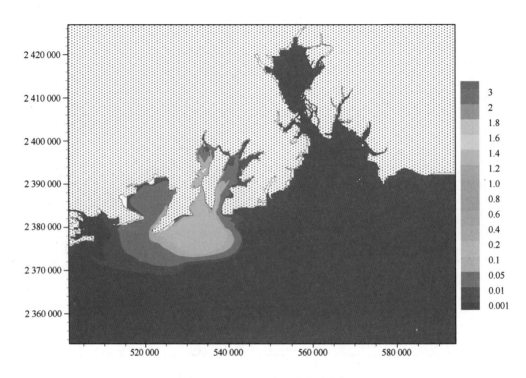

图 10-30   F10 污染源响应系数场

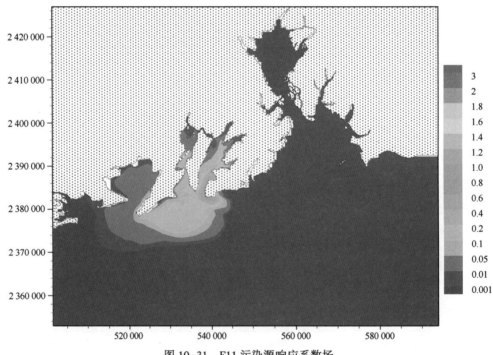

图 10-31   F11 污染源响应系数场

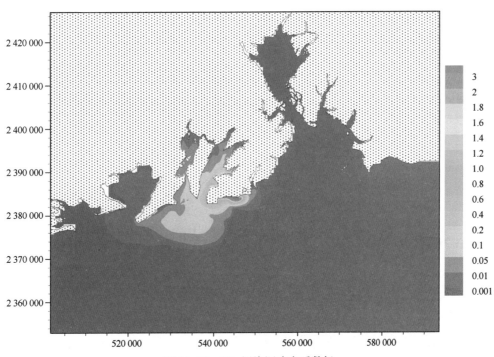

图 10-32　F12 污染源响应系数场

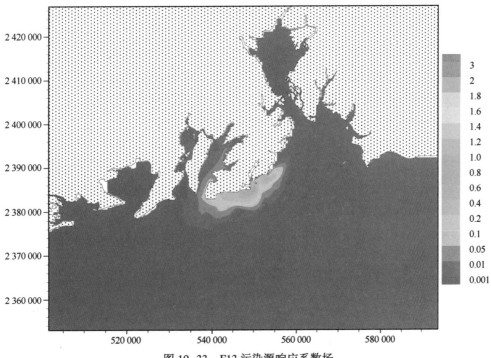

图 10-33　F13 污染源响应系数场

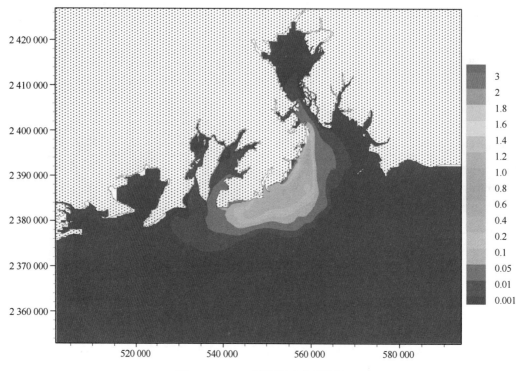

图 10-34　F14 污染源响应系数场

　　F2 污染源位于珍珠港湾口、白龙半岛西侧。该点源所处位置靠近外海,又位于湾口,水流状况良好,冲刷能力强。F2 源排放物质主要分布在珍珠湾和珍珠湾-北仑河口之间,污染物主要向珍珠港湾内及出湾口向西、西南方向扩散,向防城港湾方向扩散很少,而防城港湾内的污染源则对珍珠港湾有较大影响。

　　F3 污染源位于西湾中部西侧,由图 10-23 可以看出,由于西湾湾口宽度较窄,导致西湾与外海水交换能力有限,在该污染源附近至防城港码头间形成一定范围的较高浓度区。同时,由于西湾几近封闭,加之湾顶水深较小,污染物向北扩散不强。F3 源排放的污染物质出西湾湾口后主要集中在白龙半岛东至 20 万吨码头西侧之间。小部分污染物会随涨潮流进入东湾和珍珠湾水域,可影响整个珍珠湾和东湾,但导致的浓度很小。

　　F4 污染源位于防城江口。由于西湾上部水深较小,水动力条件差,因此在西湾形成高浓度区。污染物出湾口后的扩散趋势与 F3 污染源类似。此外,F4 污染源排放的污染物通过东西湾湾顶水道有不明显的向东湾扩散的趋势。

　　F5 污染源位于防城港码头附近,该处靠近西湾湾口,水流状况良好,水深较大,因此该污染源的排放不会导致高浓度污染区域的产生。同时可以看出,与湾内的污染源相比，污染物易于向外海的输运。由于该处接近外海，因此随涨潮流进入珍珠湾的物质相对较多，对西湾内区域也有一定影响，但由于与 F3 源类似的原因，对西湾顶部影响不大。

F6、F7 污染源均位于东湾顶部。由图 10-26、图 10-27 可以看出，污染物排除后在东湾形成很大范围的高浓度区，其范围可达东湾湾口附近。F6 和 F7 源形成的高浓度区分别位于东湾东西两侧。污染物出口门后不仅分布于东湾湾口附近，在西湾湾口也有同样的聚集。同时随涨潮流进入西湾，影响西湾水质。此外 F6 污染源排放的污染物有比较较明显的通过湾顶水道向西湾输运的趋势。对比图 10-26 和图 10-27，可以发现，在西湾顶部，F6 污染源导致的污染物浓度明显大于 F7 污染源的情况，说明在东湾顶部西侧的污染物有通过湾顶水道向西湾净输运的发生。

F8、F9 污染源位于东湾中部东侧。F8 污染源云约江口湾外，F9 污染源位于电厂排水口附近。可以看出，相对于湾顶排放的情况，此处由于水深、潮流状况相对较好，因此并未形成大面积的高浓度区。但是 F8 污染源位置的排放时，由于水深较浅（落潮时不超过 1 m），会导致云约江口湾污染物堆积。由于此处有电厂的排水口存在，因此此现象值得重视，可能会导致局部一定范围内的水温升高。污染物出东湾湾口外后的扩散与 F7 污染源的情况基本一致。

F10、F11 污染源分别位于东湾湾口的 20 万吨码头和钢铁基地项目附近。可以看出，由于此处水深较大，水流动力强，污染物不能聚集成高浓度区。二者扩散范围的区别在于 F11 污染源污染物随涨潮流主要进入东湾，而 F10 污染源的物质则更多进入西湾。在防城湾口外及珍珠湾的影响基本一致。同时也可以看出，污染物向东扩散较弱。

F12 污染源位于企沙半岛南端中部位置，由图 10-32 可以看出，与其他污染源类似，F12 源的污染物质亦主要向西输运，向东的影响范围很小。随涨潮流，污染物主要沿东岸进入东湾，重点影响东湾中部以南。对电厂排水口附近也有较大影响。此外在 F12 污染源附近，会有一个高浓度区形成，究其原因，可能是由于该处位于防城湾与钦州湾之间，处在防城湾与钦州湾涨落潮主要流路的内侧，导致该区域的污染物向海扩散受到限制，污染物聚集。从图 10-33 也可以看出，位于 F12 源东侧附近的 F13 号污染源的物质也多集中在沿岸扩散。

红沙海域核电站附近的 F14 污染源的污染物主要沿海岸向西南输运，较高浓度可影响至防城港东湾湾口附近，但对于东西湾湾内和茅尾海影响很小，同样，防城港市海域其他位置污染源对于红沙附近海域几乎没有影响。

综上所述，可以认为防城港湾、北仑河口、红沙海域相互之间的影响不大，污染物自污染源排放后，浓度迅速降低。F1、F2、F13、F14 污染源对防城港湾的影响很小。总体而言，防城港市海域污染源具有明显向 SW 方向扩散的趋势。

（2）污染源排放剩余负荷分配

表10-6给出了按分区达标法计算的防城港市沿岸各虚拟污染源的年排放剩余负荷。由表10-6可以看出，位于开阔水域的珍珠港湾口的F2污染源、20万吨码头附近的F10污染源及红沙核电附近的F13污染源年剩余负荷最大。以化学需氧量（COD）为例，剩余负荷均超过$1×10^4$ t/a。其次为位于东湾口钢铁项目附近的F11污染源，该位置水深条件、水流条件均适合污染物扩散，但是由于此处的污染物会随涨潮流进入东湾，对东湾湾内水质有一定影响，因此F11污染源的剩余负荷相对于邻近其他开阔水域点源小，约为6 983 t/a。企沙半岛南端中部的F12污染源由于局部水流不利于污染物向外海的扩散，其年剩余负荷也不大，如能采取一定的延伸到外海排放的工程，此岸段的剩余负荷应有一定的增加。企沙河口附近的F14污染源剩余负荷约为2 831 t/a。北仑河口附近的F1污染源由于污染物向西向南的扩散能力较强，其剩余负荷约为1 550 t/a。其他污染源所代表的岸段由于多处于较为封闭的海湾内部，其年剩余负荷不大，一般不超过1 000 t/a。

表10-6　防城港市沿岸虚拟污染源剩余排放负荷　　　　　单位：t/a

站号	COD	N	P
F1	1 550	0.0	0.0
F2	11 470	263.6	37.8
F3	658	140.3	8.2
F4	505	34.8	1.6
F5	2 860	159.3	7.9
F6	118	43.1	0.0
F7	67	24.3	0.0
F8	933	90.2	1.0
F9	756	73.1	0.7
F10	16 731	350.4	21.8
F11	6 983	636.0	36.5
F12	1 891	220.0	17.2
F13	13 347	965.2	120.1
F14	2 831	262.5	24.7
合计	60 700	3 262.8	277.5

第11章 广西海岸带海洋环境污染变化趋势

···

11.1 海岸带海洋环境污染日趋严重

11.1.1 近岸海域海水污染物浓度呈上升趋势

"十五"期间，广西近岸海域海水水质基本上维持稳定状态，无明显变好或变差趋势。2012年，一、二类水质比例达86.4%，环境功能区达标率为90.9%，水质状况"良好"。但随着近年来海洋开发速度加快，临海工业项目的增多，近岸海域水质环境污染程度明显加强。2001年，广西近岸海域中的COD、活性磷酸盐、铜的污染指数分别为0.36、0.18、0.08，2012年，三者的污染指数上升至0.40、0.26和0.11。海水污染物浓度虽然还保持在相对较低含量水平，但其总体变化却具有显著性的上升趋势；水体富营养化指标由2001年的0.17上升到2012年的1.09，富营养化水平也由贫营养型向轻度富营养转变；广西沿岸的茅尾海、防城港东湾、廉州湾等局部海域水质恶化现象一直未得到改善，依然频繁出现四类、劣四类水质状况，局部海域的无机氮、活性磷酸盐的超标频次有增加现象，海水污染物浓度呈现上升趋势。

11.1.2 入海河口海水水质超标现象严重

近年来，河流携带入海的污染物量比重越来越大，2007年，河流携带入海的污染物量为$4.2×10^4$ t，占总入海量的比例大约为65%；2008—2012年，河流携带入海的污染物量每年大约在$3.9×10^4$ ~ $9.4×10^4$ t不等，占比逐步升至79%~91%左右。入海河流水质对海水水质产生较大影响，如有钦江、茅岭江注入的茅尾海海域，有南流江、大风江注入的廉州湾海域，COD、氮、磷浓度相比高于其他海域，特别是茅尾海海域，无机氮普遍超标。2012年，在广西9条入海河流的11个水质监测断面中，南流江携带入海污染物为36 425 t，钦江为15 693 t，茅岭江为8 189 t，北仑河为6 008 t，防城河为5 967 t，大风江为3 801 t，白沙河为2 670 t，西门江为1 062 t，南康江为969 t。入海河流携带的入海污染物，如高锰酸盐、总氮、总磷、石油类、重金属等均比以前年份明显增加。除茅岭江入海河口水质多年来基本能达《地表水环境质量标准》Ⅲ类标准外，其余监测断面的水质均不同程度出现超标，甚至有五类、劣五类水质情况出现，超标因子主要有氨氮、总磷、COD等。入海流域各类污染物入海量不断增加造成入海河口海水水质超标现象严重。

11.1.3 海域沉积物重金属污染物含量增加

随着港口码头的开发建设以及临海钢铁工业的发展，重金属污染物开始在海洋沉积物中累积富集，造成铁山港、廉州湾、防城港、珍珠港等海域铬金属含量呈显著性上升趋势，珍珠港海域沉积物中铜含量也出现显著增加的现象。重金属污染物含量增加来源于两个方面，一是城镇入海排污口未达标废水排放。据调查，2012 年，所监测的 17 个广西沿海城镇排污口中，仅有 1 个排污口的废水达标排放，达标率仅 5.9%，其余 16 个排污口的废水未达标排放。未达标排放因子主要为磷酸盐、BOD_5、COD、氨氮等。二是工业企业污染物排放。2012 年，广西沿海钦州、北海、防城港 3 市共有废水外排的工业企业 276 家，年排工业污水量 $7\,763.76×10^4$ t，化学需氧量 22 060.96 t，氨氮 748.81 t，石油类 66.14 t，重金属 1 306.6 kg。大量的工业污水排放使附近海域各类沉积物因子产生明显变化，而这些因子对广西近岸海湾沉积物环境质量产生一定影响，造成锌、有机碳、石油类、铅、砷、铜、镉、硫化物和总铬等沉积物因子出现超标现象。2002—2012 年，广西近岸海域中锌的超标率为 4.8%，有机碳、石油类和铅超标率为 2.4%，砷和铜超标率为 1.7%，镉超标率为 0.7%，硫化物和总铬超标率为 0.3%。不同海湾中的沉积物因子均出现严重的超标现象，例如，廉州湾，锌超标率为 20.0%，石油类和有机碳的超标率分别为 11.4%、5.7%；茅尾海，砷和铜超标率为 6.5%；防城港湾，锌和铅超标率分别为 8.6%、6.7%，珍珠湾，锌超标率为 10.0%。反映出广西沿岸海湾沉积物重金属污染有加重的变化趋势。此外，生活处理厂、规模养殖、港口船舶等不同途径排放入海的污染物及其废水、污水也会造成海岸带海洋环境污染趋势的加重。

11.1.4 局部海湾多次出现赤潮异常现象

环境质量分析表明，整个广西近岸海域及广西各个海域各评价因子污染指数以无机氮污染指数较高，活性磷酸盐污染指数仅次于无机氮和化学需氧量，近岸海域富营养化指数升高的趋势明显，特别是钦州湾、茅尾海、防城港重点海域，升高的幅度较大，存在富营养化指数升高风险。

2010—2012 年间，通过自动监测网络共发现广西近岸海域发生 4 次有赤潮发生特征的水质异常情况，其中 2010 年、2011 年各 1 次，2012 年 2 次。2013 年 4—6 月先后在三娘湾、大风江口、南流江口、廉州湾、铁山港等 8 个河口区、港口区及养殖区海区出现 11 次 pH、溶解氧及叶绿素同步升高的有赤潮暴发特征水质异常现象。尤其是在廉州湾和茅尾海两大入海河口区，近年来曾多次发生赤潮特征水质的异常现象。

廉州湾是南流江入海口所在海域，南流江污染物入海量占广西近岸海域入海河流污染物入海量40%左右，加上南流江口、大风江入海口滩涂存在大量对虾养殖区，养殖废水在收获季节集中排放。茅尾海是一个封闭状的内湾，海水交换能力较差，其北部有钦江和茅岭江汇入。钦江汇集了钦州主城区的全部生活废水，目前在入海口处的水质时有超标的情况。近几年来随着钦州港城镇化进程加快，加上茅尾海东岸滨海新城的开发建设，排入茅尾海的有机污染物、营养盐等将会迅速增加；茅岭江在入海口段是钦州和防城港两市的界河，在茅岭江西岸有规划的防城港工业园区茅岭组团，以发展东盟特色资源开发加工业为主导，积极发展与钢铁、能源工业相配套的上下游产业及仓储物流产业，重点发展纸浆、钢材、制糖、冶金、建材、矿产、石油气以及农产品精深加工。其中纸浆、制糖和农产品精深加工业的生产过程中有机污染物、氨氮的强度是较大的，这些下游产业及加工业都会对茅尾海带来较大的环境污染影响。此外，在茅岭江两岸还分布有大片的虾塘，每年排放的养殖废水通过茅岭江流入茅尾海，使海水富营养化指数升高，容易成为发生赤潮的高风险区域。赤潮异常现象的出现，充分说明了海区环境质量退化趋势严重。

近10年来，广西沿海了发生多次单相型赤潮。虽然与同时期全国其他沿海省份相比，发生赤潮影响面积小，持续时间短，造成的经济损失不大，但所监测到的海域浮游植物和赤潮生物种类丰富。在广西沿海港湾及江河入海口区域，由于附近工业项目及城镇人口增多，直排入海污水大量增加，导致赤潮灾害发生的可能性增大，海域环境污染程度明显加强。

综上所述，根据近岸海域海水污染物浓度、入海河口海水水质状况以及各海湾沉积物重金属污染物含量等的多年变化趋势，广西海岸带海洋环境污染程度逐步加快，近年来，局部海湾多次出现赤潮灾害现象，海域环境质量下降趋势明显。

11.2 海岸带工业区污染物入海量变化预测

根据《广西壮族自治区工业和信息化发展"十二五"规划》，"十二五"期间，广西依托两大炼油、石化项目，将建成沿海大型储油工程，原油和成品油码头，深度开发石油化工后续产品，发展乙烯、丙烯腈、芳烃、合成树脂、合成橡胶、合成纤维、重交沥青等，原油加工能力规划达到 $2\,600\times10^4$ t，乙烯 100×10^4 t，芳烃 100×10^4 t。其中，钦州港、涠洲岛将建成 3×10^4 t 级原油码头及其配套工程，钦州港将建成 $2\,000\times10^4$ t 原油储备库等工程。这些石化企业主要分布在铁山港湾口西侧啄罗作业区；涠洲岛西北部及西南部；钦州港经济开发区的三墩及金鼓江口沿岸；防城港东湾、企沙半岛西部海域。按照上述规划布局后，广西沿岸工业石化有机物污染以及溢油污染将直接改变近海环境质量状况，海岸带污染物入海量也将迅速增加。我们依据布局在不同岸段的工业企业，分近期（2015年）、远期（2020年）两个时段预测污染物入海量，了解海岸带污染物入海量发展趋势。

11.2.1　铁山港、北海工业区污染物入海量预测

（1）铁山港工业区

根据《广西北部湾经济区北海市铁山港工业区规划环境影响报告书》及《北海炼油异地改造石油化工（20万吨/年聚丙烯）项目调整工程环境影响报告书》，铁山港工业区远期（2020年）污染物入海量预测如下。

①2015年污染物入海量

铁山港工业区，近期2015年预计投产运行的项目主要有北海炼油异地改造石油化工（20×10^4 t/a 聚丙烯）项目、斯道拉恩索（广西）林浆纸项目一期工程、北海泰邦能源有限公司、凯迪化工综合项目、铁山港远洋船舶修造项目一期工程、北海诚德镍业有限公司新材料生产项目、新奥海洋运输有限公司修造船基地项目以及北海市铁山港污水处理厂一期工程等。近期工业区污水最终排入铁山港工业排污区，主要废水污染物入海量见表11-1。

表11-1　铁山港工业区（2015年）主要污染物入海量

项目名称	废水量/10^4 m³·a^{-1}	COD/t·a^{-1}	氨氮/t·a^{-1}
斯道拉恩索（广西）林浆纸项目一期工程	2 700	2 430	216
北海泰邦能源有限公司	34	41	17
凯迪化工综合项目	41	47	10
铁山港远洋船舶修造项目一期工程	1	3	1
新奥海洋运输有限公司修造船基地项目	4	8	1
广西国营赤江华侨陶器厂	1	1	0
广西北海市铁山港污水处理厂	1 460	876	117
北海炼油异地改造石油化工项目	345	213	18
合计	4 586	3 619	380

②远期（2020年）

根据规划预测，2020年，工业区最高日用水量为84.8×10^4 m³/d，生活污水排放系数按0.85计，工业污水排放系数按0.8计，工业区废水产生量约65.0×10^4 m³/d。

根据工业区排水规划，工业区排水执行雨、污分流制，工业区内规划建设3个污水处理厂，林浆纸项目自行建设污水处理厂，废水处理规模为11×10^4 m³/d，工业区污水总处理规模达75×10^4 m³/d。远期的21×10^4 m³/d 及 33×10^4 m³/d 污水处理厂尾水排放原执行《城镇污水处理厂污染物排放标准》（GB 18918—2002）二级标准，由于现有沿海3市污水处理厂（包括北海市铁山港污水处理厂工程）普遍执行一级B标准，而且广西"十二五"规划沿海新建城镇污水处理工程一般执行一级B标准，个别执行一

级 A 标准，因此将 $21×10^4$ m³/d 及 $33×10^4$ m³/d 污水处理厂尾水排放按执行一级 B 标准计算。污水最终排入铁山港工业排污区，远期预测结果见表 11-2。

表 11-2　铁山港工业区（2020 年）主要污染物入海量预测

排放源	废水量/10^4 m³·d⁻¹	污染物	污染物浓度/mg·L⁻¹	污染物入海量/t·a⁻¹	排放标准
$21×10^4$ m³/d 污水处理厂	21	COD	60	4 599	GB 18918—2002 一级 B 标准
		氨氮	8	613	
林浆纸项目污水处理厂	11	COD	90	3 505	GB 3544—2008 一级 B 标准
		氨氮	8	312	
北海市铁山港污水处理厂工程	10	COD	60	2 190	GB 18918—2002 一级 B 标准
		氨氮	8	292	
$33×10^4$ m³/d 污水处理厂	33	COD	60	7 227	GB 18918—2002 一级 B 标准
		氨氮	8	964	

（2）北海市工业园区、北海市出口加工区及合浦县工业园区

根据《北海市工业园区、北海市出口加工区、合浦县工业园规划及环境影响报告书》预测，2015 年，工业园污水排放量 $2 516×10^4$ m³/a，COD 为 $1 800×10^4$ t/a，氨氮为 $326 ×10^4$ t/a；2020 年，工业园污水量为 $8 101×10^4$ m³/a，COD 为 $5 443×10^4$ t/a，氨氮为 $896×10^4$ t/a。3 个工业园区入海量预测结果见表 11-3。

表 11-3　北海市工业园区、出口加工区及合浦县工业园区入海量预测

园区名称	预测年份	废水量/10^4 m³·a⁻¹	COD/t·a⁻¹	氨氮/t·a⁻¹
北海市工业园	2015	1 460	875	117
	2020	6 315	3 788	505
北海市出口加工区	2015	326	195	26
	2020	815	487	65
合浦县工业园	2015	730	730	183
	2020	1 460	1 460	365

11.2.2　钦州港工业污染物入海量预测

根据《北部湾钦州港工业区概念规划环境影响报告书》预测，2015 年，钦州港工业区污水排放量 $7 129×10^4$ m³/a，COD 为 $7 354×10^4$ t/a，氨氮为 $493×10^4$ t/a；2020 年，工业区污水量为 $28 548×10^4$ m³/a，COD 为 $21 265×10^4$ t/a，氨氮为 $1 549×10^4$ t/a。钦州港工业区近期及远期水污染物排放情况分别见表 11-4 及表 11-5。基于与前面相同的理由，

污水处理厂尾水排放按执行一级 B 标准计算。

表 11-4 钦州港工业区（2015 年）各排污区水污染物入海量

	排污单位	废水量/$10^4 m^3 \cdot a^{-1}$	COD/$t \cdot a^{-1}$	氨氮/$t \cdot a^{-1}$
A1 排污区	中石油	270	280	55
	金谷污水处理厂一期	3 650	2 190	292
	合计	3 920	2 470	347
A2 排污区	金桂浆	1 384	3 789	/
	金光污水处理厂一期	1 825	1 095	146
	合计	3 209	4 884	146

表 11-5 钦州港工业区（2020 年）各排污区水污染物入海量

	排污单位	废水量/$10^4 m^3 \cdot a^{-1}$	COD/$t \cdot a^{-1}$	氨氮/$t \cdot a^{-1}$
A1	中石油	432	449	89
	金谷污水处理厂二期	10 950	6 570	876
	合计	11 382	7 019	965
A2	金光污水处理厂二期	7 300	4 380	584
	合计	7 300	4 380	584
A3	金桂浆二期	9 866	9 866	/
	合计	9 866	9 866	/

11.2.3 防城港工业污染物入海量预测

（1）企沙工业区

根据《防城港市企沙工业区规划环境影响报告书》，防城港市工业区近期 2015 年、远期 2020 年废水排放量分别约为 $8.3 \times 10^4 m^3/d$、$21.4 \times 10^4 m^3/d$，分别经工业区污水处理厂、钢铁基地污水处理厂、金川有色金属原料加工园区污水处理厂处理达到 GB 897—1996《污水综合排放标准》一级标准后，外排防城港企沙工业区排污区。工业区主要污染物入海量预测结果见表 11-6。

表 11-6 企沙工业区主要污染物入海量预测结果

预测年份	废水量/$10^4 m^3 \cdot a^{-1}$	污染物	污染物浓度/$mg \cdot L^{-1}$	污染物入海量/$t \cdot a^{-1}$
2015	3 030	COD	100	3 030
		氨氮	15	438
2020	7 811	COD	100	7 811
		氨氮	15	1 168

（2）大西南临港工业园

根据《大西南临港工业园污水处理厂及截污管网一期工程环境影响报告书》，防城港市大西南临港工业园污水处理厂处理规模为近期 2015 年 $4×10^4$ m³/d，远期 2020 年 $12×10^4$ m³/d，出水达到 GB 18918—2002《城镇污水处理厂污染物排放标准》一级 B 标准后，外排防城港东湾市政排污区。据此计算防城港市大西南临港工业园区主要污染物入海量见表 11-7。

表 11-7　大西南临港工业园区主要污染物入海量预测结果

预测年份	废水量/10^4 m³·a⁻¹	COD/t·a⁻¹	氨氮/t·a⁻¹
2015	1 460	876	117
2020	4 380	2 628	350

综上所述，预测结果表明，无论近期或者远期，排放入各工业区的工业废水量逐年增多，化学需氧量、氨氮等污染物入海量也随着工业废水量排放增加而增加，从而使海洋环境污染日趋严重。此外，从铁山港工业区、北海工业区、钦州港工业区、防城港企沙及大西南临海工业区近期及远期预测的排放的废水量、化学需氧量、氨氮等比较，2015 年钦州港工业区污水排放量 $7\ 129×10^4$ m³/a，COD 为 $7\ 354×10^4$ t/a，氨氮为 $493×10^4$ t/a；至 2020 年，钦州港工业区污水量为 $28\ 548×10^4$ m³/a，COD 为 $21\ 265×10^4$ t/a，氨氮为 $1\ 549×10^4$ t/a，比其他工业区明显大得多，说明钦州港工业发展要比铁山港、北海、防城港等区域要快，未来污染物入海量也随着这些工业废水的大量排放而快速增加。

第12章 广西海岸带海洋环境污染防治对策

· ·

12.1 广西海岸带海洋环境存在的问题

12.1.1 临海工业企业布局部分重叠

广西沿海城区/县城工业园规划整合度低，不利于资源优化配置及产业链延伸。广西沿海三市临海工业园除重化工业布局外，沿海的有些市县也根据本地现有企业情况和资源禀赋，规划建设了多个工业区，而工业区的产业规划导向趋同。此外，除了临海工业区外，沿海的市县也设置了多个城区产业园。市县间、城区内的产业园主导产业也多有同构化倾向，如北海市工业园、北海市高新技术产业园区、北海市出口加工区、钦州中国-马来西亚产业园、钦州高新技术开发区、灵山县工业区、防城港市大西南临港工业区等。从整个北部湾经济区来看，沿海三市的临海工业区、各市县的产业园规划的主导产业部分重叠，造成了资源及环境容量的争夺，不利于污染物的综合治理。北部湾经济区应作为一个整体全面规划各个产业园区的导向及其定位，城市之间要整合资源，实现资源的优化配置，实施交错互补的发展战略，在重大项目和重大产业布局上，充分考虑各个城市的资源环境优势与限制因子，避免雷同、重复建设。

按照《广西北部湾经济区发展规划》要求，钢铁主导产业主要布局在防城港市企沙工业园区，而根据2012年统计，沿海三市的铁合金冶炼及有色金属制造共有29家，其中钦州市辖区多个工业园就分布了27家，而产值较大的铁合金冶炼企业则建于北海铁山港；在磷化工布置方面，根据《广西北部湾经济区发展规划》，钦州港工业区应布置磷化工，然而目前防城港的磷化工企业的产值占了广西沿海三市产值的88.2%。此类现象反映了各地在产业园区的规划建设上缺乏协调性，产业的布局与《广西北部湾经济区发展规划》要求存在明显矛盾。

12.1.2 环境风险的污染物种类多样化

随着《广西壮族自治区工业和信息化发展"十二五"规划》的实施，一批依托原油炼制企业副产品为原料的石化企业将建成投产，这些石化企业除存在溢油风险外，将增加甲醇、苯类、酯类、丙烯腈等石化有机污染物泄露风险。除此之外，临港工业园区的生产项目中，污染物种类产生多样化，许多含有风险项目存在潜在的环境污染风险，如磷酸泄漏会造成极大的环境风险。"十二五"期间，广西依托炼油、石化两大项目，将建成沿海大型储油工程，原油和成品油码头，深度开发石油化工后续产品，发展乙烯、丙烯腈、芳烃、合成树脂、合成橡胶、合成纤维、重交沥青等，原油加工能力规划达到 $2\,600\times10^4$ t，乙烯 100×10^4 t，芳烃 100×10^4 t。此外，根据《北部湾港总体规划》，考虑到广西沿海临港工业的大发展，将形成吞吐量突变，以及西部大开发对广西港口需求，广西北部湾港 2015 年、2020 年货物吞吐量将分别增加到 2×10^8 t、3.5×10^8 t。防城港渔澫港区、钦州港金鼓港区、大榄坪港区和铁山港西港区将兼顾石油和化工类接卸，这些港区要逐步实行分工承接不同类型的货物种类，例如：液体化学品主要由金谷港区的鹰岭作业区和金鼓江作业区承担接卸，危险品主要类别有：石油制品及其他散装液体化学品，其中后者主要包括甲醇、乙醇、硫酸、农药和磷酸等；石化危险品主要由防城港渔澫港作业区承担接卸，危险品主要类别有：燃料油、汽油、柴油、甲醇、乙醇、石脑油等。这些石化品种不但种类多样，而且还有毒及易燃，一旦发生事故灾害，就会危及人的生命和财产的安全，同时还造成环境污染风险。

12.1.3 应对海上溢油污染风险处置能力不足

广西沿海海上溢油污染风险处置能力主要集中于海事部门，但设备的配置及使用存在如下问题：（1）作为区域性的溢油应急处置主要是以钦州溢油应急反应基地为主的区域溢油应急处置中心，设备包括"海特191"中型溢油应急回收船和国家中型应急设备库，其中"海特191"中型溢油应急回收船可一次性回收中高黏度浮油640 m³，收油效率每小时可达 200 m³，国家中型应急设备库具备一次控制 500 t 溢油综合清除能力，设备库选址位于勒沟作业区。其功能主要为钦州港及周边海域应急服务，特别是防止溢油向茅尾海红树林自然保护区和茅尾海海洋公园漂移，降低溢油进入茅尾海和污染茅尾海内生态敏感区的风险。北海及防城港还没有溢油应急处置基地，应对海上溢油污染风险处置能力显得不足。（2）目前广西沿海溢油应急设备大部分分散储存于企业的应急设备库中，由于目前港区内各企业没有签订联防联控协议，一旦其他海域发生较大的溢油事故，不能及时将各企业的应急设备调往现场处置溢油事故。（3）广西沿海三市港区现已建成的码头业主还有相当部分没有进行防治船舶污染海洋环境风险评估，正在生产的码头、港口大部分没有按照《港口码头溢油应急设备配备要求》配备相应的防治污染设备和器材。

另外，溢油应急设备主要用于油类等难溶于水的物品收集处置，难以处置易溶于水的化学物品。由此可见，随着广西沿海工业发展及港口码头船舶的增多，环境污染的风险增大，应对海上溢油污染风险处置能力益显不足。

12.2 广西海岸带海洋环境污染风险分析

广西沿海钦州、北海、防城港三市现有石油开采炼制及石油产品加工企业 5 家、

油类储存库 12 家、涉油港口及码头 8 个，其中规模最大的为中石油广西石化钦州 1 000×
10^4 t 炼油项目、中石化北海炼化项目（20×10^4 t/a 聚丙烯）。除海上石油开采位于涠洲
岛西南方约 30 km 的海域外，其他石油炼制企业分别位于铁山港、钦州港经济开发区，
这些石油开采及加工企业每年都将向近岸海域排放大量的工业废水，对近海海域环境
质量造成不同程度的影响。此外，还有涉油港口及码头船舶溢油污染影响等，也是海
岸带污染风险主要来源之一。

12.2.1 石化工业企业污染影响风险

根据《广西壮族自治区工业和信息化发展"十二五"规划》，"十二五"期间，广
西依托两大炼油、石化项目，将建成沿海大型储油工程，原油和成品油码头，深度开
发石油化工后续产品，发展乙烯、丙烯腈、芳烃、合成树脂、合成橡胶、合成纤维、
重交沥青等，原油加工能力规划达到 2 600×10^4 t，乙烯 100×10^4 t，芳烃 100×10^4 t。其
中，钦州港、涠洲岛将建成 30×10^4 t 级原油码头及其配套工程，钦州港将建成 2 000×
10^4 t 原油储备库等工程。这些石化企业主要分布于铁山港湾口西侧啄罗作业区；涠洲
岛西北部及西南部；钦州港经济开发区的三墩及金鼓江口沿岸；防城港东湾、企沙半
岛西部海域。根据规划布局及潜在环境风险分析，涠洲岛西南部油田区是溢油和石化
有机物污染的易发区域，存在溢油事故和石化有机物泄漏的环境风险。

"十二五"期间广西规划建设的石化及原油码头规模见表 12-1。

表 12-1　"十二五"期间广西规划建设的石化及原油码头规模

序号	项目名称	建设规模及内容	建设起止年限	所在地	业主
1	北海铁山港石油化工产业园区一期工程	年产己二酸、己二胺、尼龙 66 盐、丙烯腈、丁腈橡胶、苯乙烯等石化中下游产品 320×10^4 t。	2012—2015	铁山港	招商引资
2	中石油 100×10^4 t/a 乙烯项目	建设 100×10^4 t/a 乙烯装备	2012—2015	钦州港经济开发区	中国石油广西石化分公司
3	中石油 2 000×10^4 m³ 原油储备库项目	建设 2 000×10^4 m³ 原油罐区	2009—2012	钦州港经济开发区	中国石油广西石化分公司
4	中石化铁山港炼化一体化项目	年加工原油 1 000×10^4 t，年产芳烃 90×10^4 t。	2012—2015	铁山港	中国石油化工股份有限公司
5	中石油钦州炼油二期项目	新增年加工 1 000×10^4 t 炼油能力	2012—2016	钦州港经济开发区	中国石油广西石化分公司

序号	项目名称	建设规模及内容	建设起止年限	所在地	业主
6	中石油广西石化有限公司乙烯项目	年产 $100×10^4$ t 乙烯	2012—2015	北海市	中石油广西石化有限公司
7	钦州玉柴 $200×10^4$ t 重油制芳烃项目	年产 $200×10^4$ t 重油制芳烃	2011—2015	钦州港经济开发区	广西玉柴石油化工公司
8	中石油广西石化有限公司对二甲苯项目	年产 $50×10^4$ t 对二甲苯	2015—2020	钦州市	中石油广西石化有限公司
9	中石油 $100×10^4$ t/a 芳烃项目	建设 $100×10^4$ t/a 芳烃装置	2012—2015	钦州港经济开发区	招商引资
10	钦州临海 $60×10^4$ t/a PTA 项目	年产 PTA $60×10^4$ t	2011—2015	钦州市石化产业园	招商引资
11	钦州临海 $25/56×10^4$ t/a 环氧丙烷/苯乙烯项目	年产 PO $25×10^4$ t、SM $56×10^4$ t	2011—2013	钦州港经济开发区	招商引资
12	北海原油储罐及相关配套设施	建设 32 个 $10×10^4$ m³ 原油储罐及相关配套设施	2012—2015	北海市	中石化管道储运分公司
13	防城港 $150×10^4$ t 重交沥青项目	年处理 $500×10^4$ t 原料油，包括年产 $150×10^4$ t 沥青装置、$10×10^4$ t 级码头泊位（年吞吐量约 $600×10^4$ t）和公用工程及辅助设施（含铁路专线）等	2009—2011	防城港大西南临港工业园	防城港市信润石化有限公司
12	钦州港 $30×10^4$ t 原油码头	建设 $30×10^4$ t 原油码头泊位 1 个	2011—2015	钦州港经济开发区	中石油广西石化有限公司
13	涠洲岛 $30×10^4$ t 原油码头及配套工程	建设 $30×10^4$ t 原油码头泊位 1 个，$65×10^4$ t 原油中转库及管道配套工程	2009—2012	北海市涠洲岛	中国石化

12.2.2 有色金属重金属污染影响风险

《广西壮族自治区工业与信息化发展"十二五"规划》指出：要充分利用广西地缘及沿海港口优势，引进国外红土镍矿资源，采用国内外先进适用冶炼技术，积极发展镍铬合金及其精深加工不锈钢产品，延伸不锈钢产业链，开发不锈钢制品。沿海三市工业与信息化"十二五"规划对镍铬合金及其精深加工产业发展也有了明确目标，规划建设的项目分布在沿海工业园区，原料主要来自海外，采取先进生产工艺和完善的污水、雨水收集处理设施后，废水可以做到不外排，生产厂区废水对海域的影响不大。但是，来自海外的原料矿山地质环境复杂，部分原料含有重铬、镉等金属，装卸过程中如果撒落在码头前沿水域，直接造成港口附近海域水体和沉积物铬、镉重金属含量升高；进港的红土镍矿等原料在码头露天堆放，目前大部分堆场没有完善的雨水、渗滤液收集处理设施，遇到降雨，码头区初期雨水、堆场渗滤液收集不完全处理达标，直接从码头前沿排入海域，造成港口码头附近海域水质、沉积物重金属含量升高。从2000—2012年水质监测结果看，重金属含量很低，2008年以来污染指数均小于0.15，基本维持稳定；从检出率分析，汞、镉的检出率有上升的趋势；自2002年以来，广西近岸海域表层沉积物重金属污染指数有上升趋势。由此可见，随着"十二五"沿海有色金属冶炼项目的增加，势必会影响到沉积物重金属含量升高的可能。

广西沿海地区规划建设的有色金属冶炼或铁合金项目具体见表12-2。

表12-2　广西沿海地区规划建设的有色金属冶炼或铁合金项目

序号	项目名称	建设规模及内容	总投资/千万元	建设起止年限	所在地	业主
1	广西金川有色金属原料加工项目	年产 60×10^4 t 铜冶炼、11×10^4 t 含镍量的镍产品，以及铜、镍和化工产品深加工	3 000	2010—2015	企沙工业区	甘肃金川集团有限公司
2	金广集团镍合金生产项目	项目一期形成年产 1.2×10^4 t 金属镍生产能力；项目二期建成后共形成年产 4×10^4 t 金属镍生产能力	500	2011—2016	大西南临港产业园	四川金广实业（集团）股份有限公司
3	防城港镍基料项目	年产镍基料 20×10^4 t	60	2012—2014	大西南临港产业园	广西宝盛有色冶金有限公司
4	年产 20×10^4 t 再生铜项目	建设年产 20×10^4 t 再生铜生产线及配套设施	50	2011—2015	防城港市	招商引资
5	北部湾（广西）新材料有限公司 50×10^4 t/年高、中、低碳硅锰合金项目	主要建设原料、干料、电炉、浇铸、产品精整、成品、及辅助的原料处理车间、收尘系统、冷却循环系统、机修车间、化验室、变电站以及 5×10^4 t 码头。	300	2010—2015	铁山港工业园区	中信大锰矿业有限责任公司

序号	项目名称	建设规模及内容	总投资/千万元	建设起止年限	所在地	业主
6	镍铁项目	年产 10×10^4 t 镍铁	300	2012—2013	钦州港经济开发区	中镍公司
7	年产 32×10^4 t 镍合金（60×10^4 t 不锈钢）项目	年产镍合金 32×10^4 t、不锈钢 60×10^4 t。	110	2011—2014	钦南区	江苏康阳国际贸易有限公司
8	建设北海新材料产业园	生产镍铬合金系列产品 160×10^4 t、50×10^4 t 锰系列产品深加工及 10×10^4 t 级码头	1 107	2011—2015	铁山港	招商引资
9	北海诚德新材料生产项目	年产镍铬合金系列产品 100×10^4 t。	500	2013—2020	铁山港	北海诚德镍业有限公司
10	北海锰业新材料生产项目	50×10^4 t 锰系列产品深加工及 10×10^4 t 级码头	280	2012—2015	铁山港	招商引资
11	北海镍铬合金材料产业园	园区基础设施建设，生产镍铬合金系列产品等	150	2011—2015	铁山港	招商引资
12	熠晖新材料生产项目	年产高碳铬铁 50×10^4 t、镍铁 50×10^4 t	30	2011—2015	铁山港	熠晖冶金集团

12.2.3 港口码头船舶溢油污染影响风险

随着广西沿海地区港口建设快速发展，每年进出港的船舶数量快速增加，自 2001 年至 2009 年，广西沿海进出港船舶数量增加 5 倍，各港口进出港船舶数量见表 12-3。自 2001 年至 2012 年，广西沿海港口货物吞吐量增长近 10 倍（表 12-4），说明进出港船舶大型化趋势明显，船舶装载燃油数量增加，燃油仓单仓燃油量增加，一旦发生船身损坏的溢油事故，将发生较大溢油量的溢油事故风险。特别是钦州港，自 2009 年以来，货物吞吐量年均增长约 $1\,000\times10^4$ t，进出港船舶大型化更加明显，除布置了原油码头外，同时还有海上原油过驳装卸作业，成为我国沿海港口海上原油过驳的第一大港，发生溢油事故的风险更应该引起关注。

表 12-3 广西沿海港口进出港船舶数量　　　　　　　　单位：艘

港口	2001 年	2002 年	2003 年	2004 年	2005 年	2006 年	2007 年	2008 年	2009 年	2010 年	2011 年	2012 年
钦州港	5 245	6 728	7 678	12 609	20 465	14 120	18 083	21 875	25 105	18 121	20 487	13 547
北海港	7 020	7 810	7 634	8 470	8 738	14 660	16 390	15 812	21 512	24 118	25 814	22 956

续表

港口	2001 年	2002 年	2003 年	2004 年	2005 年	2006 年	2007 年	2008 年	2009 年	2010 年	2011 年	2012 年
防城港	2 232	3 791	6 268	22 334	23 871	49 581	60 066	31 363	28 379	31 539	32 633	24 407
合计	14 497	18 329	21 580	43 413	53 074	78 361	94 539	69 050	74 996	73 778	78 934	60 910

表 12-4　广西沿海港口货物吞吐量　　　　　　　　　　　　单位：10^4 t

港口	2001 年	2002 年	2003 年	2004 年	2005 年	2006 年	2007 年	2008 年	2009 年	2010 年	2011 年	2012 年
钦州港	181	203	263	321	523	762	1 206	1 509	2 014	3 022	4 716	5 622
北海港	252	311	597	644	762	794	675	935	1 001	1 241	1 578	1 744
防城港	1 003	1 116	1 319	1 608	2 006	2 506	3 032	3 701	4 500	5 056	6 168	6 760
合计	1 436	1 630	2 179	2 573	3 291	4 062	4 913	5 695	7 515	9 319	12 462	14 126

12.3　海岸带海洋环境污染防治对策

12.3.1　海洋环境污染防治对策

（1）工业企业污染防治

大量的工业企业污水排放首先使附近海域沉积物环境产生明显变化。2002—2012年，广西近岸海域中锌的超标率为4.8%，有机碳、石油类和铅超标率为2.4%，砷和铜超标率为1.7%，镉超标率为0.7%，硫化物和总铬超标率为0.3%；其次，就是对水质环境的影响。2001年，广西近岸海域中的化学需氧量、活性磷酸盐、铜的污染指数分别为0.36、0.18、0.08。2012年，化学需氧量、活性磷酸盐、铜的污染指数上升为0.40、0.26和0.11。这些因子对广西近岸海域污染防治带来很大的压力。近岸海域水质污染主要来源之一是工业企业园区（厂区）污染。所以，必须要加强工业园区和工业企业污水的管排措施，减少污染物排放。积极推进清洁生产实施，从源头和全过程控制污染物产生和排放，重点开发研究节能、节水、污染防治和资源综合利用与循环利用技术，制定和颁布实施排放入海主要污染物总量控制管理办法，减少污染物的入海排放；加强沿海地区各市工业企业和入海直排口的环境监管和达标考核，确保实现达标排放。新建排污口选址必须充分考虑海域水质保护需求，设置不合理的排污口要予以调整或取缔。调整和优化产业布局，逐步形成有利于资源节约和环境保护的工业体系；加强工业企业准入机制建设，严格限制资源消耗型、环境污染型企业在沿海地区的布局；加强工业企业园区化建设，实施工业园区集中排污、废水集中处理、限制零星向海排放的制度，采取综合治理措施，减轻工业企业给近岸海域水质环境带来的污染。

（2）船舶和港口污染防治

船舶和港口污染直接排入海域，易于造成海域水质环境污染。船舶和港口对海洋环境造成的污染主要体现在：①运输石油和使用燃油造成的油污染；②运输散装液体化学品造成的散装有毒液体物质污染；③运输包装危险货物造成的包装有害物质污染；④船舶生活污水以及船舶机械设备用水和压载水中的有害病原体污染；⑤船舶垃圾污染；⑥船舶废气造成的污染等。油污染对海域的危害最为严重，而油污染大多是因为突发性的船舶碰撞引起溢油事故。近几年来，在广西海域因船舶碰撞等各种原因引起的溢油事故时有发生。据统计，2002—2010 年，广西沿海共发生溢油污染事故 17 起，其中，钦州辖区 11 起，防城港辖区 3 起，北海辖区 3 起。钦州辖区最多，占总污染事故的 65%。所以，必须要强化船舶和港口污染防治管控措施，实施船舶及其相关活动的污染物零排放计划。加强船舶污染物接收处置设施建设，规范船舶污染物接收处理行为，完善主要港口船舶污染物接收处置设施建设，配备油污水回收船，对港口船舶油污水压载水、洗舱水集中处理，达标排放；加强渔港渔船的监督管理，新建渔港要同步建设废水、废油、废渣回收与处理装置，中心渔港和一级渔港要安装废水、废油、废渣回收处理装置，满足渔船油污水等的接收处理要求，并依法办理危险废物经营许可证，禁止随意向渔港和渔业水域倾倒垃圾、废旧鱼箱等废弃物，要设置渔港生活垃圾接收处理设施和设备，实现集中统一处理，防止垃圾污染海域。

在近岸海域航行的船舶实施含油污水"铅封"，实现近岸海域船舶含油污水"零排放"。在远洋船舶和沿海外贸港口中配置船舶压载水和沉积物灭活设备的设施，防止外来生物入侵。在煤炭、矿石运输量较大的港口新建雨污水应急系统，满足暴雨时收集初期雨水的需要。

（3）城镇生活污水污染防治

广西沿海城镇现有在建或已建成的污水处理厂共 20 座，其中，12 座污水处理厂均已建成投入运行，设计生活污水处理能力为 66.9×10^4 t/d，8 座工业园区污水集中处理厂均未建成投入使用。2012 年实际处理量合计达 $18\,664.04 \times 10^4$ t，年排化学需氧量 $4\,511.65$ t，氨氮 493.11 t，总氮 $1\,805.99$ t，总磷 314.01 t。沿海城镇生活污水的排放给近岸海域环境造成直接的污染。所以，一要加快城镇生活污水处理厂和配套管网建设，坚持"厂网并举，管网先行"，与城市道路、旧城改造、小区建设等工程统筹考虑、协调实施的措施，减少城镇生活污水的污染；二要强化城镇生活垃圾污染控制，加快建立合理的生活垃圾收运、处理处置体系，统筹城乡生活垃圾处理与管理，推进城市生活垃圾处理向无害化、减量化、资源化发展。合理布局和建设生活垃圾处理设施，促进不同区域城市的生活垃圾处理设施协调发展。进一步提升城市生活垃圾无害化处理能力和处理水平，配套完善城市垃圾转运设施。大力推进县城的生活垃圾无害化处理设施建设，重点建立和完善县城生活垃圾收运体系。进一步推进生活垃圾处理收费制度，完善生活垃圾处理市场竞争机制，推动生活垃圾处理产业化发展；三要加快完善城镇污泥处置及污水再生利用工程，积极鼓励污水再生利用工程建设，建立健全污水再生利用产业政策，加强新工艺新技术的开发利用，提高污水再生利用水平，合理处置污水处理厂污泥，鼓励污泥的无害化综合利用。

（4）海水养殖污染防治

2012年，排入广西海域的污染物总量为98 330 t，其中河流携带入海的污染物量最多，为80 784 t，占入海污染物总量82.2%，城镇排污口污染物入海量为5 088 t，占入海污染物总量5.2%，海水养殖污染物入海量为11 942 t，占入海污染物总量12.1%。海水养殖污染物入海量占入海污染物总量虽然比重不大，但海水养殖污染废水比流域及城镇等生活废水排放更为直接，养殖废水中氮、磷的比重比其他途径的污染源要大，且养殖方式多为粗放型、密度大、不规范，造成水质严重污染。因此，必须大力发展生态渔业，减少氮、磷污染物排放。加大对海洋水产养殖项目的管理，根据环境容量，合理调整养殖布局，科学确定养殖密度，优化养殖生产结构。加快推进养殖池塘标准化改造，改进进排水系统，配备水质净化设备，推广应用节水、节能、减排型水产养殖技术和模式，大力发展工厂化循环水养殖，推广高效安全配合饲料，减少养殖污染排放。禁止直接向海投放肥料，改善养殖环境和生产条件。加强标准化海水养殖示范场（区）的建设，对新建的养殖场要严格执行"三同时"环保验收的制度。逐步推行养殖废水弃物处理与利用技术，严格控制养殖污水的排放，对养殖废水污染的管理要纳入总量控制，在相对集中的规模化养殖场或养殖小区，建设废水处理利用设施，有效治理养殖集中区的污染，减轻海水养殖业的污染，发展生态健康养殖。

（5）流域农业面源污染防治

入海流域的农业面源污染是重要的污染源之一，许多河口或海湾的污染都是通过河流将流域农业面源的污染输送到海域的，最终污染海域环境。据调查，2012年，广西主要入海河流携带入海污染物80 784 t，其中，高锰酸盐指数46 469 t，总氮31 944 t，总磷2 286 t，石油类61 t，重金属24 t。在9条入海河流中，南流江携带入海污染物为36 425 t，钦江为15 693 t，茅岭江8 189 t，北仑河6 008 t，防城河5 967 t，大风江为3 801 t，白沙河2 670 t，西门江和南康江为最少，分别为1 062 t、969 t。河流携带入海的污染物量占排入广西海域的污染物总量的82.2%，所以，要强化流域农业面源的污染治理，大力发展农业清洁生产，积极建设生态农业示范区，推广测土配方施肥、保护性耕作、节水灌溉、精准施肥等农业生产技术，实施农田氮、磷拦截，在现有农田排灌渠道基础上，通过生物措施和工程措施相结合，改造修建生态拦截沟，吸附降解农田退水中的营养元素，改善净化水质，促进循环再利用，减少农田氮、磷流失。推进病虫害绿色防控，淘汰高毒、高残留农药，推广节能减排型种植制度，推广先进的化肥、农药施用方法；推进农村废弃物资源化利用，因地制宜建设秸秆、粪便、生活垃圾、污水等废弃物处理利用设施，合理有序发展农村沼气，推进人畜粪便、生活垃圾、污水、秸秆的资源化利用。

12.3.2 海洋生态环境保护对策

（1）控制近岸海域开发利用活动

近岸海域开发利用活动大多集中在半封闭海湾或海岸滩涂区域。根据统计，从2000 至 2012 年，广西近岸海域围填海面积约 60 km²，其中 85%以上位于海湾内，例如，钦州市围填海面积近 28 km² 全部集中在钦州湾。围填海方式的开发利用活动直接使海湾面积缩小，水交换能力下降，改变岸线功能，造成海湾生态环境的退化，生物多样性降低，海域水质环境污染加重。所以，严格控制近岸海域开发利用活动，加强近岸生态环境保护工作，强化对近岸开发利用活动的正确引导。基于近岸海域生态调查的结果，提出对生态敏感区、珍稀物种、资源及其生境等的保护要求。在近岸海域重要生态功能区和敏感区划定生态红线，防止对产卵场、索饵场、越冬场和洄游通道等重要生物栖息繁衍场所的破坏。合理利用海岸线，加强陆海生态过渡带建设，规范海岸带采矿采砂活动，避免盲目占用滨海湿地和岸线资源，制止各类破坏红树林、海草床、珊瑚礁、沿海防护林、自然岸线的行为，规范、引导近岸各种开发活动，尤其要加强围填海开发活动的规划管控，保护海域自然生态环境。

（2）强化海洋保护区建设和管理

海洋自然保护区对于海洋生物多样性和生态系统的保护起到极其重要的作用。目前，广西有 3 个国家级自然保护区（红树林、儒艮）和 1 个国家级海洋公园（珊瑚礁）以及 2 个自治区级自然保护区（珍珠贝）等。这些保护区的保护对象及生态环境非常重要，也很有特色。海域生态环境保护的重点应加强海洋自然保护区建设和管理，依据近岸海域环境功能区划和海洋功能区划，以海洋生态环境保护目标为约束条件，强化海洋保护区生态保护，有序安排各种开发活动，动态调控海洋开发利用强度，限制不良的海洋开发活动行为，建立协调的生态经济模式，使典型海洋生态系统、重要海洋功能区和栖息地、重要湿地、珍稀濒危野生物种、海洋生物资源集中分布区、特殊海洋自然景观和历史遗迹得到有效保护与恢复。开展海洋保护区红树林、珊瑚礁、海草床、河口、滨海湿地等典型海洋生态系统及生物多样性的调查与保护研究，推进典型海洋生态系统保护，制定并实施红树林栽种计划和珊瑚、海草人工移植保护计划，加强对浅海重要海洋生物繁育场的保护，保护近岸海域重要生态功能。加强生态示范区建设，探索创立海洋生态经济的发展模式，实现资源开发与养护相结合，生态建设与经济发展相结合，实现经济效益、生态效益、社会效益的协调统一。

（3）开展海洋生态环境综合治理

随着广西沿海开发建设项目增多，各种污染物入海排放量逐步加大。2012 年，广西临海工业企业污染物、生活污水处理厂污染物、规模化养殖污染物 3 种点源污染源合计排放化学需氧量 37 059.24 t，氨氮 2 785.74 t，总氮 6 050.94 t，总磷 1 034.17 t。这些排入海洋的污水、废水中含氮、磷等营养物质增多，造成近岸海水高度营养化，有些海湾生态环境出现恶化现象，所以，必须要加强河口海湾生态保护力度，开展海湾生态环境综合治理，积极修复已经破坏的海岸带湿地，维护海岸带湿地的生态功能，发挥海岸带湿地对污染物的截留、净化功能，进行海湾生态修复与建设工程，修复鸟类栖息地、河口产卵场等重要自然生境；开展近岸海域生态环境灾害治理，采取措施防止外来物种入侵。

在有条件的岸区及海湾，建立海岸生态隔离带或生态缓冲区，形成以林为主，林、灌、草有机结合的海岸绿色生态屏障，削减和控制氮、磷污染物的入海量。同时，要加强滨海区域生态防护工程建设，合理营建堤岸防护林，构建海岸带复合植被防护体系，减缓台风、风暴潮对堤岸及近岸海域的破坏。

还要结合广西海湾生态环境的特点，制定海岸利用和保护规划，合理利用岸线资源，加强对具有特色的海岸自然、护岸植被、人文景观的保护。对围填海工程较为集中的区域，根据其影响程度开展生态修复试点工程示范，主要包括植被移植、生态恢复、增殖放流、人工渔礁等，采取有效的技术措施减少工程建设对海洋生态环境的损害。

(4) 改善近海水域渔业生态环境

近岸水域是指鱼、虾、蟹类的产卵场、索饵场、越冬场、洄游通道和鱼、虾、贝、藻类的养殖场，它是水生动植物赖以生存和渔业可持续发展的基础。随着海洋经济的快速发展，近岸水域渔业生态环境保护越来越显示出其重要性，列入海洋环境保护的重要内容，受到人们的高度重视。2000 年 4 月 1 日，新修订施行的《海洋环境保护法》第三章"海洋生态环境保护"中强调："应采取有效措施，保护红树林、珊瑚礁、滨海湿地、海岛、海湾、入海河口、重要渔业水域等具有典型性、代表性的海洋生态系统，珍稀、濒危海洋生物的天然集中分布区，具有重要经济价值的海洋生物生存区域及有重大科学文化价值的海洋自然历史遗迹和自然景观"。可见，国家对渔业水域的保护非常重视。广西有滩涂（包括岛屿滩涂）总面积达 1 000 km²，其中软质滩地约占 98%。沿岸水深 0~20 m 的浅海面积 6 650 多平方千米，其中 0~5 m 浅海面积 1 430 多平方千米。但由于过度开发和保护力度欠缺，一些传统优质渔业资源日趋减少，局部海域受到较严重的污染，一些重要河口港湾生态环境已退化，生物多样化降低，赤潮时有发生；滩涂、海草床面积减少，天然渔业渔场受到破坏，广西近岸渔业生态环境形势不容乐观。所以，要结合《中国水生生物资源养护行动纲要》，加快开展渔业生态保护与修复。加强近岸海域水产种质资源保护区建设和海洋渔业生态修复与治理工程建设，有效保护湿地、河口、滩涂、海湾等重要分布区的渔业资源，改善海洋生态系统结构。

强化渔业行业生态环境监测，重点关注海洋生物的栖息地、产卵场、索饵场、洄游通道的环境监测，健全海洋渔业生态环境监测网络，建立生态灾害防治中心，开展防灾减灾技术研究，开展人工增殖放流，改善近海海洋渔业生态环境。

12.3.3 海洋环境风险防范对策

主要结合广西近岸海域，特别是工业企业污染事故风险、港口溢油事故风险、陆域储运事故风险、港口及其附近海域赤潮风险的发生原因及趋势，提出相应的防范对策，在此基础上建立环境风险应急响应程序和风险事故应急决策支持系统，提高突发性环境事件应急水平。

（1）沿海工业企业风险防范

工业企业是沿海污染"大户"，一旦发生污染，其危害极为严重，所以，要降低工业企业风险，从"头"做起，在环保安全规划、严格项目准入、建立完善的安全监管体系等方面做好工作，促进行业整体安全水平和环境友好程度的提升。要推进工业企业产业园区化、专业化发展，要合理布局进入园区的工业企业。实行对企业生产的废弃物集中处理、集中排放原则，强化危险品安全问题的监管。加强沿海工业企业风险防范，建立沿海高风险工业企业和危险品清单，建立定期风险处置核查制度。开展环境安全检查，重点排查沿海工业开发区和沿海石油、化工、钢铁合金等企业，消除环境隐患；建立高风险、重污染企业退出制度以及行业准入的风险评估制度；建立企业特征污染物监测报告制度、突发环境事件报告和应急处置制度，切实加强企业防范突发环境事件能力。对重点风险源、环境敏感区域定期进行专项检查，对存在环境安全隐患的高风险企业限期整改或搬迁，不具备整改条件的，要坚决予以关停。建设沿海工业企业环境风险防范体系与应急长效机制，把企业环境风险防范纳入日常环境管理中，从环评、质量标准制定、过程控制、竣工验收等环节建立企业环境风险防范制度。

编制重大环境污染事故应急反应预案，完善应急处置设施和应急能力标准化建设，建立应急响应平台，组建突发环境事件应急救援队伍，定期开展应急演练。对于有毒有害化学品、储油设施等可能发生涉海重大污染事故的海域，要制定并完善重大污染事故的应急安排。

（2）海上溢油及危险化学品泄漏风险防范

海上溢油事故风险大多是发生在港口船舶的碰撞及装卸和储运过程中的化学品泄漏，造成海域的污染。风险防范的主要工作就是要建立海上溢油立体监视监测网络，发展完善海面溢油鉴定技术，开展溢油事故风险评估。针对海上溢油及危险化学品泄漏，进行环境风险源排查，加强对风险责任主体的监管，防范溢油污染事故的发生。增强应对突发环境污染事件的应急能力，推动各项应急措施的落实，最大限度降低事故的危害程度，维护海域生态系统健康，确保近岸海域生态安全。

　　建立海上溢油立体监视网络，发展完善海面溢油鉴定技术，开展溢油事故风险评估。针对海上溢油及危险化学品泄漏，进行环境风险源排查，加强对风险责任主体的监管，防范溢油污染事故的发生。增强应对突发环境污染事件的应急能力，推动各项应急措施的落实，最大限度降低事故的危害程度，维护海域生态系统健康，确保海域生态安全。

　　建立健全防治船舶及其有关作业活动污染海洋环境应急反应机制，完善重大船舶污染事故应急反应体系。结合国家应急能力建设相关规划，制定防治船舶及其有关作业活动污染海洋环境应急能力建设规划，并按照规划逐步加大专业应急队伍和应急设备库建设力度。积极进行应急资源整合、应急技术研究、应急资金保障等工作，为突发性事故应急提供技术储备和现实保障。完善部门联动的应急响应管理机制，扩建溢油应急技术中心，增加溢油清除回收设备和人员，构建应急响应决策支持系统，建立各部门间海上污染信息互联互通信息平台。

　　根据水上危险品和原油运输、能源储备、敏感资源分布情况，统一配置船舶溢油应急设备库，并适当兼顾其他危化品应急处置需要；根据溢油应急设备库的建设规模、类型，通过改造与新建相结合，配置应急清污船舶。按照"统一管理、合理布局、集中配置"原则，依托重点水域海事基地，储备水上险情应急处置物资，分类编制储备方案和实施计划；建设应急物资统计、监测、调用综合信息平台。研究配置危险货物运输查验检测设备，方便海事执法人员现场检验货物的危险性，查验危险货物凭证及其是否符合包装运输要求。

12.3.4　陆海统筹综合防控对策

　　（1）推进海域污染物总量控制

　　积极推进重点海域近岸海域排污总量控制，依据广西近岸海域环境功能区和海洋功能区的环境保护要求，以及海域自然环境容量特征，加快开展污染物排海状况及重点海域环境容量评估，确定氮、磷、COD、石油类等重点污染物的控制要求，逐步实施重点海域污染物排海总量控制。按照海域—流域—区域控制体系，提出重点海域污染物总量控制目标，加强河流跨界断面和入海断面监测，建立完善流域综合污染防控机制，减少流域入海污染负荷量。

　　（2）重点抓好陆源污水排海控制

　　加快广西沿海城镇和工业区生活污水、工业废水、垃圾处理设施建设，实现污水、固废、废气的集中处理、达标排放。抓好农村非点源污染控制与整治工作。对广西沿岸铁山港工业排污区、北海红坎污水处理厂排污区、钦州港临海工业区排污水、企沙工业排污区等主要纳污海域实行入海污染物总量控制制度。对沿岸的南流江、钦江、大风江、茅岭江、防城江和北仑河等主要入海江河入海口，各类陆源排污口特别是大中型工矿企业和北海市、钦州市、防城港市的重点排污口加强监测管理力度，依据污染排放对不同海洋功能区的影响，制定符合广西区情的合理的陆源污染控制目标。

（3）开展入海河流流域环境整治

加强对南流江、钦江、茅岭江、北仑河等污染较重、对近岸海域环境影响较大的入海河流以及污染较重的支流、沟渠的环境综合治理。开展沿河生态带建设，恢复河流生态功能；进行水土流失防控，抓好农村地区环境综合整治，减少农村污染；进行河道底泥疏浚和河口湿地保护和恢复，逐步改善入海河流水质，削减河流入海污染负荷。加强流域节水和水资源综合利用，减少水资源浪费，维护河道正常的生态流量，以及河流对污染物的稀释和自净能力，改善河流入海水质。

（4）加强海上垃圾污染的治理

以源头污染防治、垃圾清理整治为重点，推进海上和海滩垃圾污染治理。强化海洋垃圾监测与评价，掌握近岸海域海洋垃圾的种类、数量及分布状况，分析评价海上和海滩垃圾的主要来源。强化海洋垃圾源头污染防治，以沿海地区为重点区域，加快完善流域内城镇和农村垃圾收运、处理、回收体系建设，切实控制海上船舶、水上作业、滨海旅游以及滩涂、浅海养殖产生的生产生活垃圾和各类固体废弃物，做到集中收集、岸上处置。推进海洋垃圾清理、清扫与整治，建立海滩垃圾定期清扫制度，实施海上垃圾打捞制度，减少海洋垃圾污染。完善海洋垃圾监督管理，强化日常执法检查，严格管理海洋垃圾倾倒，坚决查处违法倾倒和排放固体废弃物的行为；建立健全海洋垃圾管理工作机制，形成政府统一领导、部门齐抓共管、群众积极参与的治理格局。强化宣传教育，提升公众对海洋垃圾污染防治必要性的认识，全力推动公众参与，加强海洋垃圾污染治理。

（5）加强海上污染源控制管理

加强港口、船舶和海洋工程的污染防治，防城港、钦州港、北海港、铁山港等大中型港口和海洋工程全部安装废水、废油、垃圾回收与处理装置，达标排放；海洋工程建设严格执行海洋环境影响评价制度，环境保护设施应当与主体工程同时设计、同时施工、同时投产使用；工程建设和运营过程中，应采取有效措施，防止污染物大范围扩散对海洋环境的破坏，污水排放应符合国家和地方排放标准或污染物排海总量控制指标，建立和实施海洋工程污染物排海总量控制制度；采取科学的方式从事海水养殖，减少养殖饵料及药物对海洋环境的污染；严格执行倾倒区科学论证和审批程序，依法申报和批准废弃物海洋倾倒区；加强海洋倾倒区的监测、监督与管理，优化废弃物海洋倾倒区在沿海三市的区域布局，合理利用海域的纳污能力，充分保护海洋环境与海洋资源；通过政策引导，鼓励产生废弃物的企业采取清洁工艺，逐步减少废弃物产生数量，并采取有别于海洋倾倒的其他海洋处置方式或陆地安全处置。制定《广西海洋石油勘探开发海上溢油应急计划》和《广西沿海船舶溢油和船载危险化学品事故应急计划》以及沿海三市相应的海上溢油应急计划,并报政府颁布实施;建立完善环境污染、溢油与赤潮灾害监测及应急体系,控制重大涉海污染事故发生。

(6)开展重点港湾污染治理,实行污染物排海监控

加强北海外沙内港、防城港区、钦州港区、企沙港、铁山港湾、廉州湾、钦州湾、防城港湾以及南流江口、茅岭江入海口、防城江入海口等重点污染区域的综合整治和管理。依据海洋功能区环境保护要求,以及海域自然环境容量特征,调查、评估铁山港湾、廉州湾、钦州湾、防城港湾和珍珠港湾可容纳污染物总量,确定营养盐、COD、石油类、重金属等重点控制污染物的具体环境容量。实施污染物排放监控并定期通报重点排污单位污染物排放状况,对各类严重损害海洋环境的污染源进行全面监控,确保重点海湾总量控制目标的实现。

(7)加强近岸海域环境质量控制管理

近岸海域环境质量管理必须适应海洋可持续发展战略的总体要求,切实为海洋生态环境保护和海洋资源合理开发利用服务,坚持科学规划、严格管理、规范使用,充分发挥海洋功能区所划定的功能作用,全面提高海洋功能区环境质量的管理水平。通过"近岸海域海洋环境质量状况与趋势监测"、"陆源入海排污口及其邻近海域环境质量监测"、"海洋主要功能区监测"、"生态监控区监测"和海洋环境信息系统建设等掌握广西近岸海域环境质量,及时掌握海洋环境变化情况,为调整海洋产业结构、减轻海洋生态环境压力、维护海洋生态环境健康与安全提供依据。客货运港口一般控制在第四类水质以内,但竹山港、京岛港、茅岭港、沙井港、那丽港、大风江港等靠近保护区或重要生态区的港口应控制在第三类水质以内;各类航道区控制在第三类水质以内;沙田渔港、营盘渔港、电建渔港、涠洲渔港、北海地角渔港、龙门渔港、企沙渔港控制在第四类水质以内,其他渔港控制在第三类水质以内;养殖区控制在第二类水质以内,增殖区、沿岸刺钓作业区、季节性禁渔区控制在第一类水质;涠洲岛西南海域油气资源开发区等矿产资源开发区控制在第三类水质以内;涠洲岛、斜阳岛旅游区等旅游风景区一般控制在第二类水质以内;盐场附近海域控制在第二类水质以内;铁山港、地角等排污区控制在第三类水质以内;山口红树林生态自然保护区等海洋和海岸自然保护区、生物物种自然保护区、红树林区等控制在第一类水质;城市、工业排污口区控制在第三类水质,废弃物海洋倾倒区控制在第三类水质以内;各类预留区和功能待定区在明确功能和正式利用之前应控制在第二类水质以内。

12.3.5 海洋环境保护能力建设

(1)海洋环境监测能力建设

加强广西沿海海洋监测系统的建设,完善以卫星、船舶、浮标、岸站组成的多种监测技术集成的广西海洋环境监测技术体系。在现有海洋环境监测的基础上,进一步

加强海洋环境监测队伍建设和实验室建设，全面提升我区海洋环境监测能力，重点强化海洋功能区、污染源、海洋生态灾害及生态系统健康监测的能力建设。根据各种海洋灾害应急预案，加快应急体系的建设，提高海洋监测对突发性事件的应急处理能力。建立和实施海洋监测结果报告制度，积极地、及时地以海洋环境质量公报、海洋环境监测专题报告、海洋灾害监测评估报告、海水浴场监测报告等形式向沿海地方政府、有关部门和社会公众定期不定期发布海洋环境监测结果，有效服务于海洋环境保护、经济社会发展和海洋开发利用与管理。

（2）海洋灾害预警能力和海洋环境保护决策支持系统建设

加强海洋灾害监测系统建设，提高现场数据实时自动采集能力、传输能力、处理能力和监测信息预警发布能力。立足岸站、发展浮标、船舶监测，争取利用卫星遥感、航空遥感的成果，实现数据采集自动化、数据传输程控化、数据处理电脑化。加强海洋、气象、水文、地震等行业部门专业预警预报机构间的合作，完善和改进广西海洋灾害预报体系。建立广西沿海资源、环境、灾害和管理信息系统，实现自治区与沿海地方之间、各涉海部门之间的信息共享，为各涉海部门和自治区、沿海地区各级政府提供经济、社会、环境的可持续发展的决策支持，为广大公众提供快速、准确、有效的海洋环境保护信息咨询服务平台。

加强主要入海河流水质、临岸工业直排源和近岸海域生态环境监测工作，完善近岸海域环境监测基础设施建设，提升海洋环境监测预警能力。加强各专业预警报机构间的合作，建立稳定、有效的分工协作机制，提高信息资源的利用率，促进数据资料的交换与服务，实现信息资源共享和预报产品互补。此外，还要加强对重点企业、园区污水排放口的在线监测体系建设，在重要河流入海断面建立河流水质自动监测系统，在沿岸主要直排口以及深海排放口安装在线监视监测系统，在重点海域增设水质自动监测浮标站，配置必要的调查监测船，构建海陆污染源预警网络。

（3）海洋环境保护行政执法能力建设

在现有广西海洋执法监察力量的基础上，继续稳步推进海洋监察、渔政渔监、海事等行政执法体系的能力建设，并加强各支队伍间联合执法、协同行动的能力，重点加强海陆污染源监察执法和海洋生态保护监察执法的能力建设，改善装备、增加人员、提高人员素质、应用先进的技术手段，全面提高我区海洋环境保护行政执法能力，依法维护海洋权益、保护海洋环境。

强化近岸海域环境执法监督。加强各部门环境执法队伍和建设，逐步建立完备的环境执法监督体系，保障环境保护政策、法律法规的执行。加强对海岸工程、海洋工程、海洋倾废和船舶污染的环境监管，在生态敏感地区严格控制围填海活动。按照《全国环境监察标准化建设标准（修订稿）》和《全国环境监察业务用房标准化建设标准》，填平补齐各级环境监察机构仪器设备，逐步增加人员编制和业务用房面积。对照国家新颁布的标准化建设标准，按照市一级、县级市二级、县区三级的要求，加强沿海市级、县（市区）环境监察机构标准化建设，逐步建立完备的环境执法监督体系，保障环境保护政策、法律法规的执行。加强对重大环境风险源的监管，提高各部门的行政执法队伍的执法监察能力。

（4）完善海洋环保信息系统建设

在各涉海部门和沿海地区现有数据资料的基础上，统一规划、统一信息系统规范标准，建立重点海域资源、环境、灾害和管理信息系统，实现信息资源共享，为沿海地区各级政府提供经济、社会、环境的可持续发展的决策支持，为广大公众提供快速、准确、有效的海洋环境保护信息咨询服务平台。建立健全环境信息公开和新闻发布会制度，及时公布环境质量状况、污染减排等情况，推行阳光政务和企业环境报告书制度，保障社会公众的环境知情权、参与权和监督权。

（5）加强海洋环境保护科技支撑能力建设

针对近岸海域污染防治管理技术体系和治理技术体系中存在的问题与不足，进一步加强科技支撑力度。围绕陆源污染防治的技术需求，开展近岸海域污染防治总量控制体系研究与示范，开展行业脱氮除磷处理技术研究，开展海上污染源控制技术研究、海洋环境监控与应急技术等研究，构建基于生态系统的海陆统筹管理技术体系。

（6）加强公众参与和舆论监督体系建设

鼓励公众参与近岸海域环境保护决策，对涉及公众环境权益的发展规划和建设项目，通过召开听证会、论证会、座谈会或向社会公示等形式，广泛听取社会各界的意见和建议；实行重大建设项目审批前公示和验收公示制度。

开展海洋保护的普法宣传教育。提高近岸海域环境保护全社会的关注程度和参与意识。畅通环境信访、环境 12369 监督热线、网站邮箱等环境投诉举报渠道，健全社会监督员制度，加强环境保护工作的社会监督。

加强环境宣传教育机构组织机构建设。加强环境宣传教育机构的标准化建设，逐步推进县级环境宣传教育队伍建设，加强环境保护职业技术学院、环境教育馆、社区环境文化宣传橱窗等环境科普阵地建设，建立健全新闻发言人制度，建立上下协调的环境宣传教育网络平台。

主要参考文献

陈波. 2000. 铁山港水域环境容量计算及资源保护对策研究报告 [R]. 广西科学院.

陈波，侍茂崇，邱绍芳. 2003. 广西主要港湾余流特征及其对物质输运的影响 [J]. 海洋湖沼通报 (1)：13-21.

陈波，董德信，陈宪云，等. 2014. 历年影响广西沿海的热带气旋及其灾害成因分析 [J]. 海洋通报 (5)：527-532.

陈述彭. 1996. 海岸带及其持续发展 [J]. 遥感信息 (3)：6-12.

范航清，黎广钊，周浩郎，等. 2010. 广西重点生态区综合调查总报告 [R]. 广西红树林研究中心.

方秦华，张珞平，王佩儿，等. 2004. 象山港海域环境容量的二步分配法 [J]. 厦门大学学报（自然科学版），43 (S)：217-220.

高劲松，陈波，陆海生，等. 2014. 钦州湾潮流场及污染物输运特征的数值研究 [J]. 广西科学，21 (4)：345-350.

广西壮族自治区人民政府办公厅. 2014. 广西北部湾经济区发展规划（2014 年修订）[R].

广西壮族自治区港航管理局. 2014. 广西港口概况 [OL/EB]. 2014-12-05. http：//www. gxghj. cn/t_ showpage89_ 8720. html.

广西壮族自治区海岸带和海涂资源综合调查领导小组. 1986. 广西壮族自治区海岸带和海涂资源综合调查报告 [R].

广西壮族自治区海洋局，国家海洋局第三海洋研究所. 2012. 广西壮族自治区海洋主体功能区规划研究报告 [R].

广西壮族自治区海洋局，广西壮族自治区发展和改革委员会. 2011. 广西壮族自治区海岛保护规划 [R].

广西壮族自治区环境保护科学研究院. 2009. 广西北部湾经济区北海市铁山港工业区规划环境影响报告书 [R].

广西壮族自治区环境保护科学研究院. 2011. 北海炼油异地改造石油化工（20 万吨/年聚丙烯）项目调整工程环境影响报告书 [R].

广西海洋环境监测中心站. 2013. 广西近岸海域水环境质量变化及保护对策研究报告 [R].

国家海洋局. 2008-2012. 中国海洋环境状况公报（2008-2012）[R]. 北京：国家海洋局.

国家海洋信息中心. 2011. 广西海洋主体功能区规划专题研究报告 [R].

国家海洋局. 2011. 海洋主体功能区区划技术规程（HY/T 146-2011）[S].

国家海洋局. 2005. 近岸海洋生态健康评价指南（HY/T 087-2005）[S].

何碧娟，陈波，邱绍芳，等. 2001. 广西铁山港海域环境容量及排污口位置优选研究 [J]. 广西科学，8 (3)：232-235.

黄鹄，戴志军，胡自宁，等. 2005. 广西海岸环境脆弱性研究 [M]. 北京：海洋出版社.

黄秀清，王金辉，蒋晓山，等. 2008. 象山港海洋环境容量及污染物总量控制研究 [M]. 北京：海洋
　　出版社.

姜发军，陈波. 2014. 广西北部湾海洋环境生态背景调查及数据库构建 [M]. 北京：海洋出版社.

蒋磊明，陈波，邱绍芳，等. 2009. 钦州湾潮流模拟及其纳潮量和水交换周期计算 [J]. 广西科学，
　　16（2）：193-195.

匡国瑞. 1986. 海湾水交换的研究——海水交换率的计算方法 [J]. 海洋环境科学，5（3）：45-48.

匡国瑞，杨殿荣，喻祖祥，等. 1987. 海湾水交换的研究——乳山东湾环境容量初步探讨 [J]. 海洋
　　环境科学，6（1）：13-23.

Leveque R J. 2003. 双曲问题用的有限元法 [M]. 北京：世界图书出版社.

李谊纯，陈波. 2014. 防城港市入海污染物排放总量控制研究 [M]. 北京：海洋出版社.

李谊纯，牙韩争，董德信. 2014. 河口物质输运时间尺度研究综述 [J]. 广西科学院院报，30（3）：
　　143-147.

李谊纯. 2011. 瓯江下游河段污染物质滞留时间数值模拟研究 [J]. 水道港口，32（6）：434-439.

李树华，童万平. 1987. 钦州湾潮流和污染物扩散的数值模型 [J]. 海洋环境科学，6（2）：30-37.

李树华，夏华永，陈明剑. 2001. 广西近海水文及水动力环境研究 [M]. 北京：海洋出版社.

李信贤，温远光，何妙光. 1991. 广西红树林类型及生态 [J]. 广西农学院学报，10（4）：70-81.

梁士楚. 1999. 广西红树林资源及其可持续利用 [J]. 海洋通报，18（6）：77-83.

梁维平，黄志平. 2003. 广西红树林资源现状及保护发展对策 [J]. 林业调查规划，28（4）：59-62.

孟伟. 2009. 海岸带生境退化诊断技术：渤海典型海岸带 [M]. 北京：科学出版社.

孟宪伟，张创智. 2014. 广西壮族自治区海洋环境资源基本现状 [M]. 北京：海洋出版社.

宁世江，邓泽龙，蒋运生. 1983. 广西海岛红树林资源的调查研究 [J]. 广西植物，3（2）：139-145.

石洪华，丁德文，郑伟，等. 2012. 海岸带复合生态系统评价、模拟与调控关键技术及其应用 [M].
　　北京：海洋出版社.

孙英兰，张越美. 2003. 丁字湾物质输运及水交换能力研究 [J]. 青岛海洋大学学报，33（1）：1-6.

王金南，田仁生，吴舜泽，等. 2010. "十二五"时期污染物排放总量控制路线图分析 [J]. 中国人
　　口资源与环境，20（8）：70-74.

吴军，陈克亮，汪宝英，等. 2012. 海岸带环境污染控制实践技术 [M]. 北京：科学出版社.

熊永柱. 2006. 海岸带可持续发展评价模型及其应用研究——以广东省为例 [D]. 广州：中国科学院
　　广州地球化学研究所.

徐淑庆，李家明，卢世标，等. 2010. 广西北部湾红树林资源现状及可持续发展对策 [J]. 生物学通
　　报，45（5）：11-14.

叶属峰，过仲阳，魏超，等. 2012. 长江三角洲海岸带区域综合承载力评估与决策：理论与实践
　　[M]. 北京：海洋出版社.

张存智，韩康，张砚峰，等. 1998. 大连湾污染排放总量控制研究——海湾纳污能力计算模型 [J].
　　海洋环境科学，17（3）：1-5.

郑洪波，刘素玲，陈郁，等. 2010. 区域规划中纳污海域海洋环境容量计算方法研究 [J]. 海洋环境
　　科学，29（1）：145-147.

中国海湾志编纂委员会. 1998. 中国海湾志第十二分册（广西海湾）[M]. 北京：海洋出版社.

中国海湾志编纂委员会. 1998. 中国海湾志第十四分册（重要河口）［M］. 北京：海洋出版社.

中华人民共和国国家质量监督检验检疫总局, 中国国家标准化管理委员. 2007. 海洋调查规范［S］. 北京：中国标准出版社.

中华人民共和国国家质量监督检验检疫总局, 中国国家标准化管理委员. 2007. 海洋监测规范［S］. 北京：中国标准出版社.

中华人民共和国国家质量监督检验检疫总局. 1997. 海水水质标准［S］. 北京：中国标准出版社.

中华人民共和国国家质量监督检验检疫总局. 2000. 海洋沉积物质量［S］. 北京：中国标准出版社.

中华人民共和国国家质量监督检验检疫总局. 2000. 海洋生物质量［S］. 北京：中国标准出版社.

Awaji T, Imasato N, Kunishi H. 1980. Tidal exchange through a strait: a numerical experiment using a simple model basin［J］. Journal of Physical Oceanography, 10: 1499−1508.

Chandra S D, Cho Y K, Kim T W. 2012. Spatio−temporal variation of flushing time in the Sumjin River Estuary［J］. Terrestrial, Atmospheric and Oceanic Sciences, 23 (1): 119−130.

Costanza R, D'Arge R, De Groot R, et al. 1997. The value of the world's ecosystem services and natural capital［J］. Nature (387): 253−260.

Delhez E J M, Deleersnijder E. 2008. Age and the time lag method［J］. Continental Shelf Research (28): 1057−1067.

Dyer K R, Taylor P A. 1973. A simple segmented prism model of tidal mixing in well−mixed estuaries［J］. Estuarine and Coastal Marine Science, 1: 411−448.

Fan H Q. 1995. Mangrove resources, human disturbance and rehabilitation action in China［J］. Chinese Biodiversity, 3: 49−54.

Gillibrand P A. 2001. Calculating exchange times in a Scottish fjord using a two−dimensional, laterally−integrated numerical model［J］. Estuarine, Coastal and Shelf Science, 53: 437−449.

Oliveria A, Baptista A M. 1997. Diagnostic modeling of residence time in estuaries［J］. Water Resources Research, 33 (8): 1935−1946.

Pritchard D W. 1960. Salt balance and exchange rate for Chincoteague Bay［J］. Chesapeake Science (1): 48−57.

Takeoka H. 1984. Fundamental concepts of exchange and transport time scales in a coastal sea［J］. Continental Shelf Research, 3 (3): 322−326.

Zimmerman J T F. 1988. Estuarine residence times［M］//Kjerfve B. Hydrodynamics of Estuaries 1, Estuarine Physics. CRC Press, Inc., Boca Raton, Florida: 76−84.